"双高计划"建设课改系列教材

新一代信息技术讲堂

主 编 余明辉 李秀秀

副主编 杨震伦 刘国良 丁龙刚 匡龙江

参 编 蓝 茜 陈海山 邓 单 谢建华

　　　　钟闰禄 王 伟 汤双霞 谢海燕

　　　　黄建新

西安电子科技大学出版社

内 容 简 介

本书分为 3 篇，即新一代信息技术与科技创新篇、新一代信息技术篇和新兴产业篇，共 11 个项目。第一篇包含项目 1，介绍新一代信息技术与科技创新、新一代信息技术对科技创新的引领作用、产业革命和我国的创新驱动战略等内容。第二篇包含项目 2～项目 9，介绍新一代信息技术的基本概念、技术特点、典型应用和技术融合等内容。第三篇包含项目 10 和项目 11，介绍新一代信息技术催生的信息技术应用创新和数字经济新兴产业等内容。

本书注重理论与实践相结合，知识点对应案例同步讲解，实践项目具有体验式和探究性特征，选用新一代信息技术在日常生活中的典型应用案例，以激发读者的学习兴趣，带领读者逐步走进新一代信息技术的世界。

本书适合作为高等职业教育信息技术通识课程的教材，也可作为企事业单位进行新一代信息技术培训的学习用书。

图书在版编目(CIP)数据

新一代信息技术讲堂 / 余明辉，李秀秀主编. —西安：西安电子科技大学出版社，2022.10
(2025.8 重印)
ISBN 978–7–5606–6688–4

Ⅰ. ①新…　Ⅱ. ①余… ②李…　Ⅲ. ①电子计算机—高等职业教育—教材　Ⅳ. ①TP3

中国版本图书馆 CIP 数据核字(2022)第 182007 号

策　　划　毛红兵
责任编辑　宁晓蓉
出版发行　西安电子科技大学出版社(西安市太白南路 2 号)
电　　话　(029) 88202421　88201467　　　　邮　　编　710071
网　　址　www.xduph.com　　　　　　　电子邮箱　xdupfxb001@163.com
经　　销　新华书店
印刷单位　河北虎彩印刷有限公司
版　　次　2022 年 10 月第 1 版　　2025 年 8 月第 3 次印刷
开　　本　787 毫米×1092 毫米　1/16　印张 19.5
字　　数　461 千字
定　　价　54.00 元
ISBN　978–7–5606–6688–4

XDUP 6990001–3
如有印装问题可调换

前　　言

以数字经济为代表的新经济成为重要增长引擎，新一代信息技术是数字经济发展的主要驱动力，是建设创新型国家、制造强国、网络强国、数字中国、智慧社会的基础支撑。新一代信息技术集成创新，对人才的素质结构、能力结构、技能结构提出了全新的要求。

在此背景下，教育部 2021 年颁布的《高等职业教育专科信息技术课程标准》进一步明确了信息技术课程需要培养学生信息意识、计算思维、数字化创新与发展、信息社会责任四个方面的学科核心素养。面向数字经济发展和专业数字化转型的需要，依据《高等职业教育专科信息技术课程标准》，职业院校纷纷开展信息技术通识课程改革。其中，增加新一代信息技术教学内容，加强培养新一代信息技术素养是主要改革方向。

本书从新一代信息技术与科技创新、新一代信息技术和新兴产业 3 个维度呈现教学内容，包括 3 篇共 11 个项目。本书坚持立德树人，有机融入了我国在新一代信息技术领域的贡献和新技术活化传承中华优秀传统文化等多种思政元素，润物无声，涵养以科技创新为特色的工匠精神。本书坚持"真、准、新"，其内容来自新一代信息技术在各行各业应用的真实职业工作场景，对标国家与国际技术标准及职业标准。反映了新一代信息技术的最新应用。基于各行各业数字化升级背景，教学内容与各专业需求紧密结合，实践项目具有体验式和探究性特征，选用新一代信息技术在日常生活中的典型应用案例，激发学生的学习兴趣。

本书基于项目教学逻辑的结构设计，做到教材结构与任务驱动项目教学相一致，引导项目教学过程开展。项目首先明确认知目标、技能目标和职业素养要求，接着依次从项目背景、思维导图、项目知识准备、项目任务、小结与展望和课后练习几方面组织教材内容。

本书采用了方便阅读的版式，设计新颖、图文并茂，通过图片对重点知识原理进行图形化阐述，对操作步骤进行直观化表达，使教与学变得更轻松、更生动；全书结构合理，各项目配有思维导图，便于学习者清晰了解各项目的学习目标和主要内容。

本书建议学时为 32 学时，也可采用课内线下 16 学时、课外线上 16 学时的线上线下混合式模式进行教学。各项目内容及学时分配建议如下：

项目序号	项目内容	学时分配
第一篇　新一代信息技术与科技创新篇		
项目1	新一代信息技术与科技创新	3学时
第二篇　新一代信息技术篇		
项目2	大数据技术	3学时
项目3	人工智能技术	3学时
项目4	云计算技术	3学时
项目5	现代通信技术	3学时
项目6	物联网技术	3学时
项目7	虚拟现实技术	3学时
项目8	区块链技术	3学时
项目9	网络空间安全技术	2学时
第三篇　新兴产业篇		
项目10	信息技术应用创新	3学时
项目11	数字经济	3学时

　　本书在校本教材的基础上，通过校企合作共同开发，由广州番禺职业技术学院余明辉、李秀秀、陈海山、刘国良、邓单、杨震伦、谢建华、钟闰禄、王伟、汤双霞、谢海燕，南京工业职业技术大学和金肯职业技术学院丁龙刚，扬州工业职业技术学院蓝茜，广州赛宝联睿信息科技公司黄建新，以及金税信息技术服务股份有限公司匡龙江共同编写。本书是广州番禺职业技术学院云计算与大数据运用领域国家级职业教育教师教学创新团队、中国特色高水平高职学校、广东省大数据技术高水平专业群的建设成果，团队和专业群的石坤泉、杨鹏、胡耀民等老师在书稿编写过程中提出了中肯的建议。本书的出版得到了西安电子科技大学出版社的大力支持，副总编辑毛红兵为本书的出版付出了辛勤的劳动，在此表示衷心的感谢。

　　本书的项目微课、项目延伸等数字化教学资源可通过扫描书中的二维码进行学习，也可登录西安电子科技大学出版社网站(www.xduph.com)免费下载。

编　者

2022年7月

目　　录

第一篇　新一代信息技术与科技创新篇

第二篇　新一代信息技术篇

第三篇 新兴产业篇

第一篇

新一代信息技术与科技创新篇

项目 1　新一代信息技术与科技创新

 项目背景

　　1946 年世界上第一台通用计算机 ENIAC 诞生，使人类进入了一个真正意义上的信息时代。时至今日，我们几乎每天都离不开电脑、手机以及网络等信息通信技术的产品或应用。

　　近年来，信息技术飞速发展，仅以通信为例，从固定电话发展到移动电话，而移动电话(移动通信)又从 1G 发展到了 5G，如图 1-1 所示。目前，6G 的技术标准也正在研究制定过程中。

图 1-1　移动通信技术的演进过程

　　5G 是第五代移动通信技术的简称，具体来说，就是一个面向手机及多种移动终端通信的标准与技术。5G 的速度可达 4G 的 10 倍左右。1G～5G 通信技术应用的速度感知对比如图 1-2 所示。

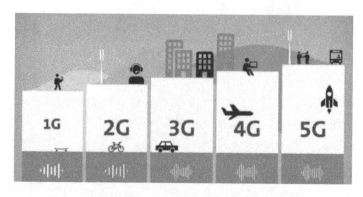

图 1-2　1G～5G 通信技术应用的速度感知对比示意图

目前 5G 网络还没有完全覆盖，在未来几年内 5G 网络完全建成后，下载一部电影只需要几秒，我们可以随时随地应用 VR(Virtual Reality，虚拟现实)，使用无人驾驶汽车(见图 1-3)，家里的电视、电脑、冰箱、空调等家电，甚至花盆、门锁都能联上网络。"4G改变生活，5G改变社会"这句话在通信业非常流行。5G 是非常特殊的新一代移动通信技术，5G 智慧警务、5G 网络 4K/8K 高清直播、虚拟专网、智慧教育、智慧医疗、智慧交通、智慧生态应用等，运用了 5G 技术的创新应用场景，真正印证了"通信，改变世界"这句话。

图 1-3   无人驾驶汽车网络连接

一般而言，信息技术(Information Technology，IT)是用于管理和处理信息所采用的各种技术的总称。随着科学技术的进步与发展，特别是数字技术的创新与应用，计算机与通信进一步融合，从而诞生了现代信息通信技术(Information and Communication Technologies，ICT)。ICT 技术是信息技术与通信技术相融合而形成的一个新的概念和新的技术领域，是21 世纪社会发展的最强有力动力之一。ICT 作为整体产业构架的基础，通过信息化和网络化路径，促进整个经济体系的知识化和数字化发展，已成为各国经济发展的主导方向。

科技创新是科学研究和技术创新的总称，具体包括：创造和应用新知识、新技术、新工艺的活动，以及采用新生产方式、经营管理模式的过程等。

目前初步的创新应用有无人驾驶、生命科学、3D 打印、量子通信……所有这些科技应用都在推动着第四次工业革命不断地向前发展和渗透。

清华大学工程科技战略研究院副院长薛澜教授在一次论坛主旨演讲中阐述了第四次工业革命两个特别重要的趋势：第一个重要的趋势是从多点突破到交叉渗透；第二个重要的趋势是从局部应用到全面渗透。"云、物、大、智"(云计算、物联网、大数据、人工智能)已经全面渗透到全社会的方方面面，构成了一个全球数字技术生态系统。

图 1-4 是国家工业信息安全发展研究中心与埃森哲商业研究院共同发布的近几年中国企业数字化转型的数据。从图 1-4 中可以看到，中国各行业企业整体数字化进程稳步推进，从 2018 年的 37 分上升至 2021 年的 54 分，数字化能力建设整体行程已然过半。

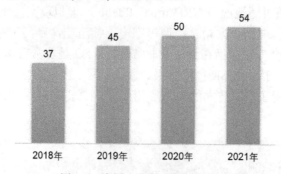

图 1-4　中国企业数字化转型指数

　　从上述内容可以了解到，科技创新与产业革命相互间有着密切的联系，但又是两个不同的方面，起到相互支撑、相互促进、相互推动的作用，其实这个作用就是"科学技术创新演变"与"产业生态系统构建"的过程。因此，本项目首先介绍新一代信息技术和科技创新的基本定义，然后从科技创新谈起，再延伸到产业革命，逐步阐述科技创新与产业革命的基本内涵和发展趋势，以及我国数字经济的发展规划与愿景，为后续项目的深入学习打下基础。

项目延伸

 思维导图

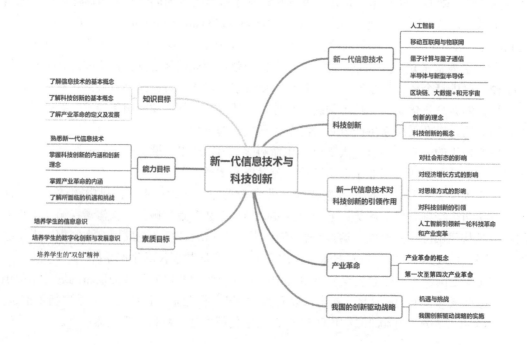

项目微课

✍ **项目相关知识**

1.1　新一代信息技术

随着科学技术的飞速发展和各个领域产业变革的深入开展，各个行业的重大技术突破正在深刻地影响以及重塑整个社会形态、改变人们的生活和工作方式。近年来，信息科技领域作为创新活动极为活跃的领域，已成为全球各政府、组织、机构创新的竞争高地，也是全球研发投入最集中、辐射带动能力最大的领域。

以互联网为代表的信息技术革命被称为人类生产力和生产工具的"第三次革命"。相比于前两次革命，互联网的兴起和迅猛发展，给人类带来了巨大的信息传输能力。它将分散在各处的计算机终端都连接起来，大大加快了信息的传递速度，使得社会的各类资源得以快速共享，有效提高了整个社会的生产效率，促进了经济的不断增长。

新一代信息科技领域涌现出很多颠覆性的创新技术，包括人工智能、移动互联网、物联网、量子信息、新型半导体、区块链、大数据+、元宇宙等，这些新技术都可能引起未来社会的重大变革。新一代信息技术被认为是继蒸汽技术革命(第一次工业革命)、电子技术革命(第二次工业革命)、计算机及信息技术革命(第三次工业革命)之后的第四次工业革命。本小节将简要介绍新一代信息技术的基本概念，给出其最新的研究动态，并分析创新驱动对国家和社会将会产生的重大影响。根据本书的安排，这些创新技术的具体内容将在后续项目中详细讲解。

1. 人工智能

2016 年 3 月，轰动全球的人机大战使人工智能(Artificial Intelligence，AI)重新回归到大众视野，引起了全球科技公司、政府和投资界的广泛关注。其实人工智能的概念早在 20世纪 60 年代就已提出，只不过近年来由于技术的发展和研究的深入而显示出巨大的应用前景。人工智能是通过研究人类智能活动的规律，构造出具有一定智能行为的人工系统。AI 的领域众多，以下对 AI 最热门的两个领域做详细介绍。

20 世纪 80 年代的专家系统是 AI 研究领域的一个重要分支，它将探讨一般的思维方法转到运用专门知识求解专门的问题上，实现了 AI 从理论研究向实际应用的重大突破。专家系统的研究和设计也反映出 AI 最核心的方法论，即在给定条件约束下的"信息—知识—智能"的转换。目前，具有代表性的专家系统是"机器人客服"、用于疾病的诊断和治疗的专家系统、用于求解复杂数理难题的专家系统等，该领域是目前 AI 比较活跃且最有成效的研究领域。

机器学习是研究如何使用计算机模拟或实现人类的学习活动的技术。深度学习是实现机器学习的一种技术，是利用深度神经网络来解决特征表达的一种学习过程。深度学习的思想来源于人脑的启发，通过大规模数据的训练，从而很好地预测最终结果。

AI 是基于对人类智能的模拟，构造出具有学习能力的"头脑"系统，将极大地推动各行各业的智能化进程，也将极大地推动全球经济和社会的智能化和现代化进程。

2. 移动互联网与物联网

移动互联网的迅猛发展得益于移动通信网的发展，但又不仅仅包括移动通信网，其真正指的是由移动通信网连接而形成的互联网及服务，包括移动通信网、移动终端和基于移动终端的互联网服务三个关键要素。移动互联网的兴起和发展，促进了互联网应用的飞速增长，各类业务与应用层出不穷，也产生了很多行业巨头，如百度、阿里巴巴、腾讯公司等。随着 5G 网络的部署，还将促进各类时间敏感业务的快速发展，如智能电网、工业物联网、远程医疗、无人驾驶等，将为经济增长提供新动能。

其中，物联网是信息技术和互联网发展到一定阶段的产物，通过运用现代通信技术、传感器技术和信息处理技术，物联网可实现"万物互联"。物联网产业结构复杂，应用领域多样，其价值的创造过程主要表现为促进数据获取的简单化、生产过程和管理的自动化，提升客户服务层次，让物体"具有智慧"，进而改变人类的生产和生活方式。目前，物联网已成为全球各国发展的战略方向，其研究主要集中于典型生产领域和家庭应用，包括零售、物流、医药、食品、健康、智能家居和交通等领域，主要解决自动化监控、通信、医疗监控与个人护理、供应链管理、产品跟踪等问题。物联网为经济提供了新的增长点，也促进了经济结构转型，使人类生产与生活步入自动化、智能化时代。

3. 量子计算与量子通信

量子信息是关于量子系统"状态"所带有的物理信息。量子通信是通过量子系统的各种相干特性(这种特性包括量子并行、量子纠缠和量子不可克隆)，进行计算、编码和信息传输的一种全新信息处理和传输方式。量子计算是新型结构的计算模型之一，完全不同于基于半导体材料的电子计算机所采用的计算模型。量子计算和量子通信是量子力学、计算机科学与信息论等交叉融合的新型学科。

4. 半导体与新型半导体

半导体材料是大部分电子产品的核心单元所需的材料，其产品包括集成电路、光电子器件、分立器件和传感器，其中规模最大的为集成电路，占半导体市场的 81%。集成电路是用半导体材料制成的电路的集合，而芯片则是由不同类型的集成电路或单一类型的集成电路形成的产品。

近年来，中兴通讯、华为等被美国制裁的事件使民众对我国具有自主知识产权的芯片研发能力产生了巨大担忧，也使得国内各公司、企业意识到芯片对于一个企业发展的重要性。芯片特别是高端芯片的核心技术是国家的核心竞争力。

新型半导体材料主要是以砷化镓(GaAs)、氮化镓(GaN)和碳化硅(SiC)为代表的化合物材料和以石墨烯为代表的碳基材料。新型半导体材料具有禁带宽度更大、击穿电场更高、抗辐射能力更强、电子饱和漂移速度更快等特点，能够制造出具有优异光电性能、高速、高频、大功率、耐高温和高辐射等特征的半导体器件，吸引了许多国家科研机构和大公司的投入。在我国，新材料在《〈中国制造 2025〉重点领域技术路线图》中是十大重点领域之一，其中先进半导体材料和石墨烯材料分别被纳入关键战略材料和前沿新材料两个发展重点，具有广阔的发展前景。

5. 区块链

区块链技术兴起并发展于金融、数字货币行业，由于其具有去中心化、零信任的特点，引起了各个国家、国际组织和众多公司企业的广泛关注，成为投资和研究的热点。区块链技术是分布式账本、共识机制、智能合约、加密技术等技术的有机结合，由于其天然去中心化的特性，引起了金融、数字版权、教育、物联网、数字医疗、社会管理等多个领域的研究热潮，也推动了区块链技术本身的不断迭代。

目前，区块链技术已从中本聪提出的区块链 1.0 的数字货币时代，经由区块链 2.0 的可编程区块链，演进到了区块链 3.0 时代。虽然目前业界对区块链 3.0 到底是什么还存在很多争议，但不可否认的是，区块链巨大的应用潜力将会对未来的社会产生颠覆性的影响。

6. 大数据+

当前，"数据"已经渗透到当今每一个行业和业务领域，成为重要的生产因素，而信息与互联网技术的飞速发展让数据量发生不同量级的改变，至此，大数据时代已然到来。借助于人们对大数据的挖掘和运用，带来了新一波生产力增长点。目前借助于其他技术的发展，如深度学习、知识计算、可视化等，大数据分析技术得以迅速发展，已逐渐被应用于不同的行业和领域，典型的有"大数据 + AI""大数据 + 行业""大数据 + 区块链""大数据 + 物联网"等，目前在防疫中广泛使用的行程码、健康码等都是大数据应用的产物。

7. 元宇宙

简单地说，元宇宙(Metaverse)就是虚拟时空的集合，运用 AI、VI(Visual Identity，视觉识别)等现代科技手段形成与现实世界映射和交互的虚拟世界。

可以这样理解，元宇宙其实是人工智能及现代信息技术发展和应用的一个高级阶段，其本质是对现实社会的生产生活数字化、虚拟化的过程。目前提出元宇宙还只是一个概念，它的研究、发展、应用可能还有一个较长的过程，还有大量的研究和应用方面的难题需要解决和突破，比如：怎样共享基础设施、标准及协议？众多不同规格的工具、平台如何进行融合？虚拟世界与现实世界如何从经济、社交、身份等角度在系统上实现密切融合？等等。

1.2　创新与科技创新

1. 创新的概念与内涵

在介绍科技创新之前，先介绍什么是创新。当今社会，创新是一个热词，各行各业都在说创新，很难对这个词进行一个明晰和统一的界定。但我们可以对创新的概念进行一些追本溯源，简述其内涵的演变。

早在商朝时期(约公元前 1600—公元前 1046)就有"苟日新，日日新，又日新"的记载，表达弃旧图新、自强不息的含义。西周时期形成的《易》有"革，去故也，鼎，取新也"的记载，战国时期有"吐故纳新""除旧布新"的记载。在南北朝时期的《魏书》中有"革弊创新"的表述，应该是目前已知"创新"一词的最早完整记载。在稍晚的隋唐时期的《周书》中两次提到"创新改旧"。可见中华民族创新意识和创新观念源远流长。

"创新"一词在中国古代最初主要指体制的变革、更新改旧；之后扩展到指军事设施的更新以及文化礼乐的创新改旧。随着时代的不断发展，"创新"指向的领域更加广泛，扩充到艺术的创造、经济措施的革新、科技创新等。到现代社会，创新甚至涵盖人类活动的方方面面，如科技创新、金融创新、制度创新、管理创新、创新驱动、国家创新体系、开放式创新、协同创新等。

在当前时代背景下，创新可以分为广义上的创新和狭义上的创新。广义创新涵盖了各个领域各个行业，可以理解为区别于以往的改进、更新现有的或引入新的事物或想法。狭义上的创新指经济学意义上的，实现生产要素的新组合。此外，创新从不同的角度可以有不同的定义：从哲学角度来说，创新是人类为了满足自身需要的创造性实践行为，是对旧事物所进行的替代和覆盖；从社会学角度来说，创新是人们为了发展需要，运用已知的信息和条件，突破常规，发现或产生某种新颖、独特的有价值的新事物、新思想的活动；从经济学角度来说，创新是人类在特定环境中，以现有的知识和物质改进或创造新的事物、方法、元素、路径、环境，并能获得一定有益效果的行为。

2. 科技创新的概念与内涵

科技创新属于广义创新的一个领域，是创新在原创性科学研究和技术领域的体现。科技创新是指创造和应用新知识和新技术、新工艺，采用新的生产方式和经营管理模式，开发新产品，提高产品质量，提供新服务的过程。科技创新可以分成三种类型：知识创新、技术创新和现代科技引领的管理创新。原创性科学研究是提出新观点(包括新概念、新思想、新理论等)、新方法、新发现和新假设的科学研究活动，并涵盖开辟新的研究领域、以新的视角来重新认识已知事物等。原创性的科学研究与技术创新结合在一起，使人类知识系统不断丰富和完善，认识能力不断提高，产品不断更新。

信息通信技术发展引领的管理创新作为信息时代和知识社会科技创新的主题，是当今时代科技创新的重要组成部分，也是新知识、新艺术的一部分，它自身也是电子信息或新概念、新思想、新理论、新方法、新发现和新假设的集成。

科技创新涉及政府、企业、科研院所、高等院校、国际组织、中介服务机构、社会公众等多个主体，包括人才、资金、科技基础、知识产权、制度建设、创新氛围等多个要素，是各创新主体、创新要素交互复杂作用下的一种复杂涌现现象，是一类开放的复杂巨系统。

从技术进步与应用创新构成的技术创新双螺旋结构出发，进一步拓宽视野，技术创新的力量主要来自科学研究与知识创新以及专家和人民群众的广泛参与。信息技术引领的现代科技的发展以及经济全球化的进程，进一步推动了管理创新，这既包括宏观管理层面上的创新——制度创新，也包括微观管理层面上的创新。科技创新正是科学研究、技术进步与应用创新协同演进下的一种复杂涌现，是这个三螺旋结构共同演进的产物。科技创新体系由以科学研究为先导的知识创新、以标准化为轴心的技术创新和以信息化为载体的现代科技引领的管理创新三大体系构成，知识社会新环境下三个体系相互渗透，互为支撑，互为动力，推动着科学研究、技术研发、管理与制度创新的新形态。

1.3 新一代信息技术对科技创新的引领作用

当今世界，人类社会生活的改变主要依靠的是社会生产力的提升，而科学技术就是第一生产力。信息技术作为现代先进科学技术中的前导要素，其推动和引领作用日益显现。无论是在工作和生活中，我们都可以体会到现代科学技术研究、开发与应用几乎都离不开现代信息技术的支撑。例如，汽车、电路、建筑等的设计需要专业设计软件和高性能计算机，航空航天科技需要导航定位，数字经济需要网络，现代战争首先是信息战、网络战等。自互联网诞生后，信息技术的发展与应用得到了快速提升，由此引发了全社会的信息化革命，很多国家也实施了"用信息化推动工业化"战略，作为国家基础设施建设的信息网络得到迅猛发展，特别是光纤通信和高性能计算机的运用，形成了"每9个月互联网用户增长一倍，信息流量增加一倍，线路带宽增加一倍"的"三倍"现象，这就是所谓的"新摩尔定律"。信息科学技术特别是新一代信息技术所引发的科技和社会变革正在或者将会更深刻地改变和影响社会的形态与经济增长方式，也会极大影响人们的生活方式和思维模式。

1. 对社会形态的影响

由于信息科学技术的快速发展，特别是在新一代信息技术方面的研究与应用方面的突破，使我们所处的现代社会形态发生了根本性甚至颠覆性的变革。首先，生产力的变革已经从"物质能量"特征的生产力转变到"信息知识和技术"特征的生产力；其次，经济方式从工业经济转变到知识经济，对人类感知方式而言，已从读写为主的时代转换到视听为主的"数字时代"。特别是"虚拟"概念的提出，是一次"中介"革命，是在人类"思维空间"上发生深刻变革，创造和勾画出了虚拟空间、数字空间、视听空间和网络世界，使人类的诸多"不可能变为可能"，再次激发了人类巨大的创造力和想象力。"虚拟"使人类由以前的语言符号文明进入到更高级的数字文明。因此，在新一代信息科学技术影响下，虚拟时代、数字时代即将或者已经到来，知识经济、数字经济将以前所未有的影响力推动人类文明进步。

2. 对经济增长方式的影响

传统工业的生产活动中，经济发展主要依靠机械、矿山、能源等重工业，增长方式主要靠资源投入来实现，必然带来资源的高度消耗和环境的高度污染，而信息科学技术引发的工业信息化，特别是知识经济、数字经济的兴起，可以摆脱高投入、高消耗、高污染的经济发展方式。据统计，目前在发达国家中，科技进步特别是信息技术的应用对经济增长的贡献率已达 60%～80%。

3. 对思维方式的影响

简单地说，思维方式是人们认识事物的一种方式，这里面包含结构、方法和程序等思维诸要素。在早期的工业社会时代主要采用大机器生产，思维主体以个人为主，产生于现实世界，思维中介主要由工业技术中介系统构成。但是，进入现代信息化时代，思维主体则由"个人"变化到"群体"，"人脑"发展到"人—机"，思维客体由"现实"进入到"虚拟"，思维中介变为网络信息技术，这种依托现代信息技术构成的虚拟性思维对现实思维方式的影响和冲击是巨大的。

4. 对科技创新的引领

当今世界正经历百年未有之大变局，新一代信息技术创新应用正引领新一轮科技革命和产业变革。在这场调整变革中，工业经济时代的产业运行体系正发生着根本性变革，共享经济、平台经济、新个体经济等以知识经济为特征的新业态加速兴起。尤其是近年来单边主义抬头，全球经济整体下行压力增大，但是数字经济却"逆势上扬"，给全球经济带来了新的发展动力和希望。

2021 年，全球数字经济规模已占 GDP 的 60%，而发达国家数字经济 GDP 占比已达80%以上。2020 年以来，新冠肺炎疫情的全球大流行，产业链供应受到严重冲击，为了保证防疫和经济发展"两不误"，线上教学、远程医疗、共享平台、云办公、网络销售、跨境电商等服务广泛应用，充分展现了数字经济的巨大潜力和发展空间。

5. 人工智能引领新一轮科技革命和产业变革

人工智能(AI)是新一代信息技术的重要领域之一。人工智能的概念早在 1956 年就已被提出，经过几十年的研究与应用，特别近年来的发展已对人类社会产生了重大影响。随着人工智能在移动互联网、大数据、超级计算、传感网、脑科学等领域研究的不断深入和广泛应用，必将产生并引领新一轮科技革命和产业变革。

我国经济已由高速增长阶段转向高质量发展阶段，由"粗放经济"转为"绿色经济"，人工智能等新一代信息技术研究与应用将加速这一转型升级的速度，形成"效率倍增器"。国家十分重视供给侧结构性改革，把新基建、数字化经济、智慧城市、乡村振兴等确定为发展战略。人工智能可以在构建数据驱动、人机协同、跨界融合、共创分享的智能经济形态和产业升级、产品开发、服务创新中发挥"催化剂"的作用，在高端消费、绿色低碳、共享经济、现代供应链、人力资本服务等领域培育新经济增长点，获得新动能，创造新经济新业态，从而实现经济转型升级的战略目标。

1.4　产　业　革　命

1. 产业革命(工业革命)的概念

产业革命也就是人们通常所说的工业革命。工业革命(The Industrial Revolution)开始于18 世纪 60 年代，一般认为起源于英国，是指资本主义生产完成了从工厂手工业向机器大工业过渡的阶段。工业革命使传统工业向现代工业过渡，它以机器取代人力进行大规模工厂化生产为主要特征，也是一次能源转换的革命。

工业革命的标志是蒸汽机的使用。19世纪40年代，蒸汽机在纺织、印染、冶金、采矿、交通等工业领域被广泛应用，整个欧洲和美国都普遍使用了蒸汽机，使各国经济获得迅猛发展，创造了难以想象的技术奇迹。

历史学家称这个时代为"机器时代"(the Age of Machines)，因为机器的发明及运用是那个时代的主要标志。一般认为，蒸汽机、煤、铁和钢是促成工业革命技术加速发展的四项主要因素，英国是最早开始工业革命也是最早结束工业革命的国家。

2. 第一次产业革命

第一次产业革命就是上面所说的始于18世纪英国的工业革命。这次以蒸汽机的发明与应用为标志的产业革命是人类发展史上的一次伟大创新和重大变化，它突破了"马尔萨斯陷阱"，使很多国家的经济和社会获得了空前发展。第一次产业革命也是一场按照一定逻辑和规律展开的创新，而不是无序的竞争，它有以下几个主要特征：

(1) 企业家精神的形成。

第一次产业革命以动力变革为基础，由纺织工业起步，先后在钢铁业、煤矿业、运输业等产业发展革新。这场革命的杰出发明者或者引领者很多都来自生产一线的技术工人，如纺纱工人詹姆斯·哈里夫斯基发明了珍妮纺纱机，理发师出身的理查德·阿克莱特发明了水力纺纱机，卖麦芽酒的亚伯拉罕·达比发明了用焦煤炼生铁，蒸汽机发明人詹姆斯·瓦特是个造船工人的儿子。在众多发明家中，只有自动织布机的发明者埃德蒙·卡特莱特具有大专文凭。

显然，如果仅仅作为技术发明人，是不能形成产业创新的充分条件的。技术发明人也必须具有企业家精神。企业家精神的核心是把技术创新转变为社会应用需求，通过一种创造性破坏，实现一种要素的新组合，形成一种新的产品或服务。企业家能够履行这样的职能，从而形成产业创新的源泉和动力。

(2) 现代工厂制度的建立。

工厂制度是英国工业革命形成的一个典型特征。简单地说，工厂制度就是采用机器大工业的生产方式。工厂制度实现了生产的机械化、规模化，形成了分工协作和专业化，催生了现代管理制度等，这是传统工业无法比拟的，它已成为现代经济的组成部分。

(3) 集群创新的作用。

产业革命不可能只是某个企业的创新与创造，而是由多个企业前向或后向、纵向或横向的相互关联，由一个行业与另一个行业的相互关联与支撑形成的集群创新变革。因此，历史和经济学家评价第一次产业革命是"一场基于大量企业的集群性创新""大规模的创造性破坏""构建新业态新结构的产业革命"。这场革命从表面看是整体性的"创造性破坏"，第一次产业革命导致大量工厂倒闭，从事手工业的工人失业，但实际上使得英国的国民经济及构成发生了根本变化。比如18—19世纪的英国，通过产业革命彻底改变了产业结构和发展方式，使得经济快速发展，国力显著增强，为后来的国家崛起打下了坚实的基础。

(4) 现代科学的发展。

在第一次产业革命时期，现代科学蓬勃兴起。1687 年牛顿提出了"三大定律"，可以说为工业革命打造了一把科学的钥匙，瓦特则用这把钥匙打开了工业革命的大门，而乔尔·莫基尔提出的工业启蒙的概念则架起了现代科学与工业革命的桥梁。现代科学的发展和方法的运用，为解决工业化问题提供了新的方案和形式。在第一次产业革命中，虽然技术创新与应用起到了主体作用，但是现代科学的兴起直接推动了技术创新，工业启蒙直接影响着人们的思维方式，这些都对产业革命产生了巨大的推动作用。因此，第一次产业革命是工业启蒙与理性觉醒背景下的产业革命。

(5) 市场经济的确立。

第一次产业革命创造和采用了相对宽松的工商业和社会团体发展环境与条件，初步形成了在法律框架下自由竞争的局面，确立了市场经济制度。

以英国为例，通过"光荣革命"，构建了新的政治结构和经济制度，打破了中世纪以来世袭制形成的社会分层架构，为工商业者提供了进入社会的新通道和实现机制。这种激励机制也激发起了企业家的创新精神、冒险精神和进取精神。

3. 第二次产业革命

1879 年爱迪生发明了电灯，由此引发了电的广泛应用，推动了石化、钢铁、汽车等各种新产业、新业态的爆发性增长。因为电的通用性和基础性，成为第二次产业革命的标志，就如同第一次产业革命中的蒸汽机一样，第二次产业革命对于第一次产业革命而言既有继承性又有革命性。第二次产业革命的主要特征包含以下几点：

(1) 科学发展的推动作用。

科学发展直接改变了技术创新的方向和源头。19 世纪被人们称为科学的世纪，在不到一百年的时间里自然科学得到了长足发展，如数学、物理、化学、医学、生物学、天文学等。19 世纪末，在人类认知和思维方式上，科学化代替了工业启蒙，科学价值更加深入人心，更多的企业家和工程技术人员把科学方法应用到技术创新中，以进一步增强企业竞争力。因此可以说，第二次产业革命是发生在科学世纪，是科学与技术相互推动、相互影响的产业革命。

(2) 科技人才的支撑作用。

在第二次产业革命中，产业创新中的"科学"元素比重上升，技术要求更高，因此对科技人才的需求非常旺盛，如高水准的工程师、设计师、技能大师等。传统的师徒传承、行会和大学满足不了新产业的需求，很多国家抓住了关键，大力兴办应用型大学，广泛开展新工科教育，全力培养应用型人才。因此，第二次产业革命也是一场现代教育蓬勃发展，依靠人才支撑的产业革命。

(3) 工业科学的推动作用。

简单地说，工业科学是指科学知识在工业中的应用，包括科学理论和方法，也可以说科学知识在工业设计、生产、管理等方面的应用产生了工业科学。如上所述，19 世纪科学得到前所未有的大发展，特别是原子、分子、电子、电、磁、细菌、病毒等这些不可见元素知识的产生与建立，只有受过训练的科学家或工程技术专业人员才能理解和运用，工业科学由之兴起。此时的大型企业争相聘请科学家担任科学顾问，成为产业创新的重要力量，如发明大王爱迪生聘用数学家艾普顿和物理学家克劳迪斯为他工作。

（4）企业创新的主导作用。

第二次产业革命时期，由于科学理论的发展与进步和认知空间的拓展，使得技术创新、产品创新、产业创新空前活跃。与第一次产业革命的创新逻辑不同，此时的许多企业组建了工业实验室和研发机构等开发新产品，企业创新成为主流。因此，第二次产业革命是企业研发组织化、专门化，由工业实验室主导的产业革命。

（5）大规模生产的催化作用。

"流水线"生产模式是相对于第一次产业革命中的"工厂制度"而言的，它便于组织大规模生产，实际上是一种技术和管理制度或生产方法上的创新。"流水线"最早在 1908 年的美国底特律应用于汽车生产工业，通过进一步完善，在流水线的基础上，产生了管理的自动化和精益生产的大规模生产组织形式，由此极大地提高了生产效率，降低了成本。可以说，流水线的影响和价值在第二产业创新中的作用是难以估量的。

4. 第三次产业革命

虽然第二次产业革命后期，电报、电话、电影等信息技术已融入社会经济生活并产生了巨大影响，但直到 1946 年世界上第一台通用计算机 ENIAC 诞生后，人类才从真正意义上进入了信息时代。而第三次产业革命往往以计算机的发明与应用为主要标志。20 世纪后期，随着信息技术的快速发展，人类逐步进入互联网、物联网时代，形成了规模大、影响远的信息产业，并成为一些国家的支柱产业。第三次产业革命的创新逻辑和特点包含以下几个方面：

（1）知识经济的来临。

所谓知识经济，即建立在知识和信息的生产、分配和使用上的经济，脑力劳动成为经济的主体。第二次世界大战后的几十年间，科学发展迅猛，人类对自然的认知进一步向广度和深度拓展，产业创新中知识含量也不断增长。第三次产业革命中企业仍然是创新的主体，一些企业通过兼并或者股份制改造不断成长壮大，实力不断增强，投入的研发费用大大增加，创新活动更加活跃。计算机的商业化、互联网的推广应用、手机的普及、大数据的形成、物联网概念的提出及应用等无一不是企业创新行为的结果。这一时期的企业具备的一个特点是知识型企业家在创新中群体性崛起，如信息产业的巨头谷歌公司、英特尔公司、思科公司等创始人大部分拥有博士学位，他们不仅具有传统企业家的"企业家精神"，而且大多怀有改变世界的梦想。另一个特点是研发成为公司的基石甚至是主要工作。如深圳的华为公司 2020 年的研发投入超过营收的 15%，超过 1400 亿元，从事研发的员工占比近半数。在研发团队中，数学家、物理学家、化学家超过千人，这个指标完全可以比肩知名的研究型大学，是传统企业难以想象的。因此，第三次产业革命也被称为信息化浪潮，它是一场知识经济时代来临、知识型企业引领的产业革命。

（2）产、学、研深度合作。

产、学、研深度融合是新兴产业创新的主要特征。要实现能够产生显著经济效益的深度融合的产、学、研模式，不能仅仅停留在"企业从事生产、科研部门从事研发、大学从事教育，然后建立密切联系"，或者简单理解为"科研成果产业化"的线性逻辑上，而是要在社会层面形成普遍认知和行动指南，即企业的生存和发展更依赖于知识的应用和人才作用的发挥，同时知识的增长和人的发展也需要企业创新提供支撑、反馈、验证和推动，两者之间你中有我，我中有你，水乳交融，浑然一体，互相融合，相互依存，彼此发展成长，这也是产、学、研深度融合的本质所在。美国的硅谷与斯坦福大学产、学、研融合的成功实践是一个典型范例，这里不再赘述。

(3) 政府的介入和推动。

在第三次产业革命中，政府对产业创新的介入和参与力度加深，对于影响国家战略和民生的领域，政府往往直接投资当"运动员"，如信息高速公路、互联网应用、军工生产等，产业创新日益复杂化、生态化。同时，政府对市场的监管和调控也进一步加大，任何企业都不可能生存在无政府状态，纯粹作为"守夜人"的政府也只存在理论的假设或幻觉之中。

例如，为掌握超大规模集成电路(VLSI)的关键技术，20世纪70年代日本政府组织产、学、研联合创新关键技术，由日本通产省组织成立了一个产业界和学术界人士在内的"VLSI研究开发政策委员会"，统筹和推进相关技术研发。VLSI研发项目取得了巨大成功，之前，日本半导体生产设备80%左右要从美国进口，而到了20世纪80年代日本的相关设备实现了国产化，并且在国际市场上的占有率超过了美国。我国在1986年3月启动了国家高技术研究发展计划，史称"863计划"，这是一个以政府为主导，高校科研院所和企业共同参与的以一些有限的领域为研究目标的一个基础研究国家性计划，计划的实施和项目的研究产生了丰硕成果，获得了巨大成功。目前，我国也由政府牵头，组织相关力量在高端芯片、精密制造、新型材料等领域进行集体攻关，突破"卡脖子"技术。这些案例表明，在技术高度复杂化、高研发成本、高产业风险的条件下，政府参与产业创新有时是十分关键的。

5. 第四次产业革命

当前，我们正经历着第四次产业革命，它是以人工智能、清洁能源、机器人技术、量子信息技术、可控核聚变、虚拟现实以及新材料和生物技术为主的绿色工业革命。中国能赶上这一革命的黎明期、发动期是不易的，也是幸运的。

第四次产业革命的形式和特征主要体现在以下几个方面：

(1) 高度"智能化"是最主要的呈现形式。

在第四次产业革命中，信息技术起到了主导作用，并在生产要素中发挥着基础性和引领性作用。电子器件的微型化、专用芯片的高度集成化、计量机及存储介质的性能大幅提升、人工智能研究和应用的突破使得"智能"成为第四次产业革命的关键词。我国著名制造企业海尔电器目前已实现了全生产周期的"智能化"，这其实只是智能的一个表现例子，在其他工作中，"智能"已成为工业的"心脏"和"大脑"。智能连接产品的爆炸式增长将重新定义整个产业链条，它会对产业结构产生影响，也会改变参与竞争的战略。

(2) 互联互通是第四次产业革命的重要手段。

显然，数字化的灵活性和融合性将更加强烈地影响当今世界。由于互联网的兴起与广泛应用，"互联网+"已不是一个简单公式，软件将不再仅仅是控制仪器或者执行某个工种的程序，或是被嵌入到产品或生产系统中，而是要实现数据与现实的交互，通过软件、电子、信息处理与传输及环境的结合，生产出全新的产品和服务。

(3) 芯片和传感器的研制与创新将成为影响第四次产业革命进程的重要因素。

信息的处理主要靠专用芯片。互联网、物联网都需要大量的信息及信息的处理，而这些信息的产生都是来自仪器、仪表或直接来自传感器，信息的采集、处理与传输主要依靠高性能的专用芯片。根据我国工信部制定的智能制造装备产业发展规划，智能制造装备的发展重点为：

一是九大关键技术，即新型传感技术、模块化芯片、嵌入式控制系统设计、先进控制与优化技术、系统协同技术、故障诊断与健康维护技术、高可靠实时通信网络技术、功能安全技术、特种工艺与精密制造技术和识别技术等。

二是八项核心部件，即新型传感器及其系统、智能控制系统、智能仪表、精密仪器、工业机器人与专用机器人、精密传动装置、伺服控制机构和液气密元件及系统等。

(4) 数字经济是最重要特征。

数字经济是指以使用数字化的知识和信息作为关键生产要素、以现代信息网络作为重要载体、以信息通信技术(ICT)的有效使用作为效率提升和经济结构优化的重要推动力的一系列经济活动。数字经济是继农业经济、工业经济之后的一种新的经济社会发展形态。

数字经济的另一个特征是它的融合性。其他行业借助于信息通信技术的应用向数字化转型所带来的产出增加和效率提升，将成为数字经济的主体部分，在数字经济中所占比重越来越高。

中国科学院院士、教育部部长怀进鹏 2020 年在世界数字经济论坛致辞中表示："科技革命和产业变革正在深入发展，数字经济已成为第四次工业革命最重要的特征，数字技术是其最核心的内容，社会正在发生转型，技术正在深刻影响着产业，影响着社会。"

据分析，数字化程度每提高 10%，人均 GDP 将增长 0.5%～0.62%，尤其是在单边主义盛行、全球经济增长乏力的当下，数字经济更是被视为撬动全球经济的新杠杆。据预测，到 2025 年，数字技能和技术的进一步应用将使得数字经济达到全球年经济总量的一半。

进入 21 世纪，中国第一次与美国、欧盟、日本等发达国家和地区站在同一起跑线上，在加速信息工业革命的同时，正式发动和创新第四次绿色工业革命。

在已经过去的三次工业革命 200 多年的时间里，特别是在前两次工业革命过程中，中国都是处于边缘化和落伍的地位。由于错失了工业革命的机会，中国 GDP 占世界总量比重由 1820 年的 1/3 下降至 1950 年的不足 1/20，落后就要挨打，这也是近代中国饱受欺凌的重要原因之一。新中国成立后，在极低的发展水平起点下，发动国家工业化，同时进行了第一次、第二次工业革命，即使是在 20 世纪 80 年代以来的第三次信息工业革命，我们也仅仅是侥幸上了末班车，但还是个"后来者"，因为改革开放才成为"追赶者"。现在，经过四十多年的奋力追赶，我国已成为产生链最齐全的国家，是世界上最大的 ICT 生产国、消费国和出口国，并正在成为并跑者、领先者。

1.5　我国的创新驱动战略

1.5.1　机遇与挑战

1. 企业科学技术研究存在的问题与分析

经过改革开放四十多年的建设，我们已取得了巨大成就，但企业创新的主体作用还有待加强。在一些企业的发展过程中，往往存在着科研队伍发展的不平衡、参与的不平衡、队伍建设不足等问题，缺乏全员性，企业缺乏自发、自觉、自我的开发意识，有"小富即安"的思想。传统职业技术培训中缺少理念与思维方面的训练，没有专门的教材和教师，也没有对企业人员系统的创新培训教育。

人的创新素质是企业创新的关键，技术创新和技能培训两者都是人的综合素质的有机构成，提高全体员工的创新素质是企业持续发展的重要因素。当前我们要克服企业"脱实向虚"、融资难融资贵、研究经费投入少、模式单一、资本市场活力差、激励机制不健全等现象，以及员工创新的组织薄弱、系统的职工创新培训潜力开发不足、面对新的机遇和挑战的能力较差、自己独立创新开发少等问题，尽快形成"大众创新、万众创业"的良好局面。

2. 形势与机遇及挑战

知识社会环境下的科技创新包括知识创新、技术创新和管理创新。知识创新的核心是科学研究，即研究能够产生新的概念范畴和理论学说，为人类认识世界和改造世界提供新的世界观和方法论；技术创新就是技术发明和创造，能够提高社会生产力的发展水平，进而促进社会经济的增长；管理创新包括宏观和微观层面，它能够引起管理层面的变革，其直接结果是激发人们的创造性和积极性，促使所有社会资源的合理配置，最终推动社会的进步。

面对经济全球化的今天，知识产权保护、科技创新活动等方面的规定和要求越来越苛刻、严格。在市场竞争越来越激烈的情况下，企业的经济需求对科技人员不断提出新的要求，在这样新的严酷的经济形势下，企业和企业科技人员都面临着机遇与挑战、改革与发展，甚至是生死存亡性的巨大挑战。而这一严峻挑战是实力的竞争、管理的竞争、机制的竞争、技术的竞争和创新水平的竞争。说到底，最为关键的是人才的竞争。人才的竞争主要表现在企业对人才的培训与开发方面，也表现在主体的自我开发方面。

3. 中国创新发展的新格局

经过多年的建设与发展，特别是改革开放以后，我国的创新体系得到了极大发展和根本性改变，由过去国家和高校科研机构是创新核心，转变为强调企业是创新的主体，这就是从"国家科研体系"转型到"国家创新体系"，如图1-5所示。这里面高校、科研机构发挥着很重要的作用，他们提供人才、技术等支持。另外，市场和资本也为企业的创新提供源源不断的支撑。政府的作用是引导创新生态的形成：制定政策法规、建立引导基金、建设基础设施等。

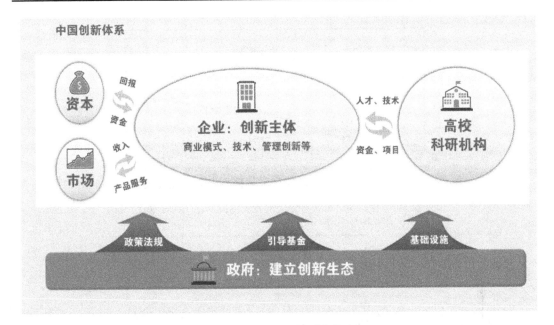

图 1-5　中国创新体系的构建

2021 年美国科学与艺术学院(AAAS)的报告中将中美两国近些年来的全社会研发资金投入进行了对比,如图 1-6 所示。

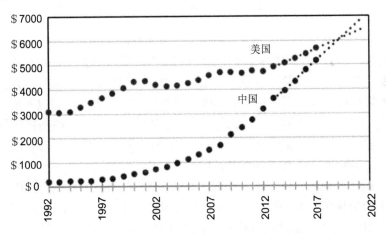

图 1-6　中美全社会研发投入比较(单位:亿美元)

图 1-6 中统计的起始点是 1992 年,与美国相比,那个时候的中国全社会的研发投入几乎可以忽略不计。到 2018 年,中国的全社会研发投入已经超过了美国,不过这是用购买力平价来计算的,如果按现价比,中国目前还是不如美国,但可以看到过去这些年中国对研发的投入在不断增加。这样的增加结果,非常重要的一点就是产出增长。

对于产出,可以从两个角度来衡量。一个是科技论文的数量(如图 1-7 所示),中国在科学工程方面英文文章的发表数量在持续不断地增长。到了 2017 年已经超过了美国,现在我们的数量已经跟欧盟国家总和接近,可以看到我国的科技产出正在快速增长。另一个是全球专利的授予情况(如图 1-8 所示),目前中国也已经超出世界其他的国家,排名最高。

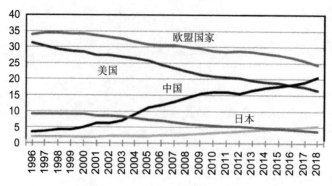

图 1-7　各国科学与工程论文的发表情况对比(单位：篇)

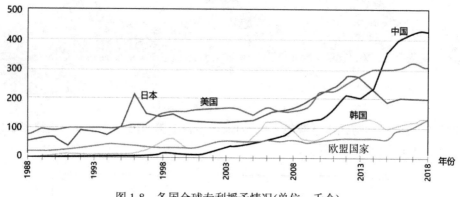

图 1-8　各国全球专利授予情况(单位：千个)

中国创新的产出有很大的增长，但也要看到一个现象就是我们是数量优于质量、整体优于局部。在"数量优于质量"方面，比如专利数量，包括我们的文章数量都是第 1，但是质量方面还需要进一步提高；在"整体优于局部"方面，比如在知识密集型行业的全球产出份额中，中国排在全球第 2，但是在一些局部领域，尤其在一些高精尖领域，我们还是有比较大的差距。各国高端及中高端技术生产占比，中国只排名第 13，还是有一定的差距，还有不少"卡脖子"技术需要我们去攻克。

由世界知识产权组织和康奈尔大学联合发布的全球创新指数的排名中，2020 年我国在知识和技术产出排名中位列第 7，在创意产出排名中位列第 12，在商业成熟度排名中位列第 15……由此可见，虽然我国确实在很多领域有很大的进步，但在有些方面，如在科技创新的制度安排、在基础设施等方面仍然有一定的差距，这就是目前中国科技创新的现状。

中国科技创新发展的另外一个新格局是国际环境。国际环境从开放为主转向开始竞争的态势越来越强，比较典型的就是美国的政策，从特朗普上任以后一直延续到今天，采取的一类措施被称作"小院高墙"。

"小院"针对一些关键性的技术领域，更加精准地对中国进行封锁和卡压，包括"卡脖子"技术、"护城河"技术、安全风险技术和加速器技术等；"高墙"是针对识别的这类重要技术建筑更高的墙，实施更加精准的技术防护措施，其中包括全球供应链网络、全球机构和组织以及新型的国家创新体系等。

　　第二类措施是通过各种联盟，用"小圈子"的多边机制来形成对中国的国际科技的卡压。多边机制通过国际联盟对中国进行卡压，美国的国内政策也在不断地去协调优化。

　　中国已经有这样的基础，但又面临新的国际环境，中国的未来将怎样发展？

　　我们主要要进行创新系统的演变。当今国际创新系统经过了三个范式的演变：其一是传统的线性方式，即从基础研究应用到开发，叫做创新范式 1.0；其二是创新范式 2.0，即从 20 世纪 80 年代开始提到的国家创新体系，特别是产、学、研的协同；其三是创新范式 3.0，它更多强调的是创新生态系统，把产、学、研、用共生作为一个重要的系统创新去推进。

　　在这样的新格局下，政府如何促进系统演变？政府需要通过以下政策措施促进国家创新系统从 2.0 到 3.0 的转变。

　　第一，要促进创新与规制的有机协调。一方面要有一系列的政策，进一步激发企业在研发方面的潜力。例如目前采取的研发费用加计抵扣、首台套保险补偿激励等，都是鼓励企业进一步创新；另一方面，在新兴科技领域，很多科技的应用背后也有一些潜在的风险，这方面也需要通过一些科技伦理、治理机制的建立，有效规避新型科技潜在的风险。

　　第二，面临新兴的国际环境，国家也在大力推动科技创新、自立自强体系的构建。在过去的几年中，国家推进了一系列措施：首先是国家战略科技力量的建设，其中的重点是国家实验室、研究型大学、企业核心科研力量的建设；其次是采取新型举国体制对一些战略性国家重大科技项目、关键核心技术进行攻关，通过这些来解决我们当前的一些"卡脖子"问题；最后是推动地方科创中心的建设，包括国际科技创新中心、国家科学中心、区域科技创新中心等。通过这些举措，使得我国的科技创新能够呈现多点齐发的局面。

　　第三，要进一步促进科技开放合作局面的拓展。首先，我们要进一步加快融入全球创新网络，尽管有美国的卡压，但是我们仍然必须努力减少全球产业链变迁的影响；其次，中国现在具有一定的实力以后，要能够为人类社会作贡献，要发起一些国际大科学的计划、大科学工程来解决全球面临的重大问题；最后，要设立全球科学研究基金，促进中国学者和海外学者的合作，吸引国际人才来真正为人类知识体系作出更大的贡献。

　　促进创新系统演变，企业和各类组织要做什么？

　　首先，企业应该充分利用数据和行业知识来加强与高校、政府的合作，充分参与知识生产和正式规则的制定；另外，要通过负责任的创新来推动差异化竞争，在创造商业价值的同时能够维护公共价值体系，积极参与承担公共职能，尤其是很多平台企业实际上有很多公共治理的职能，可以推动整个创新的可持续发展。

　　目前，高校研究机构的主要任务仍然是基础研究、人才培养和价值塑造，在政府和企业当中形成沟通的桥梁。

　　在创新系统 3.0 中，用户的作用非常重要，要通过诉求的表达来引导负责任的和可持续发展的需求，同时积极参与治理。很多对新兴科技的风险规制，实际上需要我们作为负责任的消费者去积极参与。当然，社会组织也可以不断发挥很多作用。

　　其次，中国创新治理未来的发展趋势是构建创新生态，其中最核心的是解决我们在新创新环境下的一系列问题。比如，怎样能够让企业成为负责任的创新者？怎样能够让政府合理承担创新风险？因为很多前沿领域的风险特别高，企业不愿意去投入，这时怎样让政府通过一定的投入补充去分担一些风险？在新兴领域的很多情况下，企业其实掌握着更多的信息，在这种情况下，怎样能够解决市场监管的信息不对称问题？怎样在国际环境下保护中国企业的合法权益？我们已嵌入全球生产链当中，美国的企业现在对中国的打压不仅仅是技术上的打压，还包括从资本投资等方面的打压，并且产生了很强的负面影响，中国怎样去运用国际规则来保护中国企业的合法权益，这也是我们面临的新的挑战。

在这个方面，有一些工作是需要我们去做的。第一是政府的作用，可以是多方合作的创新示范，通过政府采购公共项目为新兴技术提供实验的空间和收入的回馈，为技术的扩散提供更好的环境条件。第二是优势互补的资源供给。政府、研发机构、高校等各有各的优势、各有各的资源，需要在这个过程中形成一个良好的优势互补的条件。第三是平等互助的生态构建。在新兴的创新生态过程中，政府要成为一个重要的沟通中介，而且很多制度性的平台和桥梁也需要政府来发挥作用，真正构建一个产、学、研、用相互融合的生态。第四就是与时俱进的敏捷治理。在新兴技术的发展和应用过程中，企业、市场总是走在前面，此时政府如果采用传统的治理模式，那么永远是落后的。因此，政府要改变思路，采用敏捷治理的方式及时跟进，出现问题及时回应，引导创新领域的健康发展。第五是内外兼修的全球治理。我们要积极参与全球规则的制定，为我国的企业发展营造更好的国际环境。同时我们要改善国内的营商环境，鼓励更多的跨国公司到中国来，继续进行供给侧结构性改革，更好地发展。通过这样内外兼修的全球治理，就能够营造更好的创新生态，鼓励中国创新的发展。

1.5.2　我国创新驱动战略的实施

1. 把创新摆在国家发展全局的核心位置

当今世界科技发展突飞猛进，国际科技竞争日趋激烈，各国都把创新作为科技发展的重要战略。科技创新引领产业变革，使得全球经济进入深度调整，日益凸显了科技创新的重要性，科技创新成为引领经济社会发展的动力。我国科技发展的理念不断深化，实施创新驱动发展战略符合我国科技发展的规律性特征，也是我国科技发展的实践经验总结。

改革开放以来，我国转变到以经济建设为中心的发展道路上，初期主要依靠土地、资源和劳动力等各种生产要素和优势促进经济增长。而进入新的发展阶段后，面对国内外的发展态势，传统的增长模式亟须转变，产业也需要转型升级。技术创新具有不易模仿、附加值高、有专利保护等特点，只有获得创新优势才能更有竞争力。新时期需要进一步增强自主创新能力，以创新促转型，以转型促发展，以科技创新推动经济社会发展，走创新驱动、内生增长的道路。创新驱动发展战略有两个方面的意义：一是我国的未来的发展要依靠科技创新驱动，而不是廉价劳动力和消耗资源；二是创新的目的是驱动发展，而不是发表几篇论文或者取得几项科研成果，必须以产生显著经济效益为主要衡量指标。充分发挥创新优势，加快产业升级，是我国经济社会的可持续发展的强大动力。

2. 创新驱动为我国科技发展奠定基础

创新驱动，科技是基础也是关键，同时，创新也会反过来促进科技的进步与发展。实施创新驱动发展战略涉及社会的多个方面，也是全方位的创新，是一项巨大的系统工程。

一是发展理念的新变化。从要素驱动向创新驱动转变，从跟随式发展到引领式发展，是一种新的发展理念。绿色发展、数字经济、服务经济、"大众创业，万众创新"的理念不断深入人心，全社会创业创新的热情得到了激发，一个个高新技术开发区落地生根、开花结果。

二是发展方式向创新模式转变。创新驱动发展本质上是依靠科技创新，以产业创新调整结构方式，以科技创新引领培育未来重大产业的发展。新时代我国的很多产业只有以创新型的发展模式着力提升自主创新能力，才能在激烈的国际竞争中占据优势地位。

三是体制机制创新。国家要不断完善创新体系，进一步优化科技力量布局，在科技立项、计划管理、成果转化、评价奖励等方面进行改革，增强企业的创新主体地位和主导作用，重视科技创新人才队伍的建设与成长，进一步激发创新活力，以资本市场推动新产业和新业态的形成与发展。

四是管理模式创新。以管理创新促进效益增长，不断提高创新管理与服务效率，完善创新管理和创新氛围的构建。

3. 新时代实现科技高水平自立自强

创新驱动发展战略是符合我国科技发展规律的重大战略。当前，世界科技竞争越来越激烈，新一轮科技革命在量子技术、人工智能、生物科学、地球空间科学等领域都有许多突破与创新。但我国的高端芯片、光刻机等许多关键技术还受制于人，如果无法在这些关键技术中取得突破，就会影响我国的经济发展和在全球的竞争力。因此，新时代我国的科技发展要把攻克关键技术作为突破方向，推动我国在核心技术领域的创新发展，实现赶超战略、引领发展和高水平自立自强。实现思路包括：

一要秉承创新发展理念。新时代要贯彻新发展理念，构建新发展格局，强化科技战略支撑，推动经济社会高质量发展。

二要完善体制和机制创新。要创新科技体制，深化科技体制改革，以适应科技创新的规律和要求，形成以企业为主体、市场为导向、产学研深度融合的新型技术创新体系，进一步完善科技成果转化机制，有力促进科技成果转化，推动科技和经济社会发展的深度融合，进一步释放创新活力。要建立健全激励机制，整合并发挥科研力量优势，形成科技创新网络，推动科技整体创新。

三要激发人才的创新活力。创新驱动本质上是人才驱动，创新驱动发展的基础是人才。一方面要创造各种条件吸引全球最优质的智力资源，并注重培养和爱护科技人才，完善良好的创新生态环境建设，提升人的成才率；另一方面要完善人才培养、激励、评价等相关机制，特别要加强创新人才的培养，同时要激发每一个人的创新活力。

 项目任务

任务 1　今昔对比看发展

任务描述

当今世界已完全进入信息化时代，信息改变着社会，改变了我们的生活，而且随着科技的进步，信息技术对我们的影响将更为广泛和深入。我们可看一下 20 年前我们有哪些信息产品，现在可以尝试一下一周不用手机会是什么感受，工作学习中不使用电脑会是什么状况。我国已加快实施创新驱动战略，一批创新型企业正如雨后春笋般不断涌现、快速成长，我们应该从我国创新型典型企业的发展历程中得到启发。

任务实施

改革开放以来，我国经济飞速发展，科技创新也取得了巨大成就，最具代表性的就是华为公司的发展壮大。试搜集相关资料，看看我国近 30 年来在世界创新型国家的排名情况，同时对华为公司的科技创新之路作一个充分的了解和归纳，形成一个 2000 字左右的专项调研报告，报告要求有翔实的数据支撑。

任务 2　创新是企业发展的源泉

任务描述

iPhone 手机大家应该都不陌生，生产 iPhone 的苹果公司(Apple Inc.)是一家美国高科技公司，由史蒂夫·乔布斯、斯蒂夫·盖瑞·沃兹尼亚克和罗纳德·杰拉尔德·韦恩等人于 1976 年 4 月 1 日创立，是全球首个达到 3 万亿美元市值的公司，这一数值与 2020 年全球各国 GDP 进行参照，相当于全球第五大经济体，仅次于美国、中国、日本及德国。

任务实施

电影《史蒂夫·乔布斯》是阿伦·索尔金根据传记改编，由丹尼·鲍尔执导，迈克尔·法斯宾德、凯特·温斯莱特、塞斯·罗根等主演的剧情片，于 2015 年 10 月 9 日在美国上映。该片主要讲述的是乔布斯创业的故事，从他主导研制 Macintosh 计算机到离开苹果公司后创立 NeXT 公司，以及后来他又重新返回苹果公司并推出 iMac 产品，故事感人，催人奋进。观看这部电影，写一篇关于技术创新的观后感。

 项目小结与展望

本项目从背景介绍入手，重点通过对项目相关知识的学习，进一步了解信息技术的基本定义和创新发展历史，掌握现代信息技术包含的领域和主要特征及发展趋势，再从科技创新认识产业革命(工业革命)，从历史的角度阐述了科技创新和产业革命所经历的艰难而又辉煌的历史，说明其基本内涵、发展趋势及相互关系。通过本项目的学习可以发现：一方面科技创新推动了产业革命，另一方面产业革命反过来又激发了科技创新潜能，两者相互作用、相得益彰，并如此往复、循环上升，成就了人类文明和社会进步。

同时我们也要对我国现代信息技术的发展规划有个基本的了解，提高对"新基建"的认同感，为本书后续项目的学习打下坚实的基础。

我们学习这门新课程的主要特点在于：它是一门自己找答案、自己总结知识、自我训练、自我开发的课程，并在自己找答案的过程中自我觉醒，培养自己的创新素质，形成自己的创新品格和能力。在学习中，不断形成自己的思维思路，形成自己的思考，历练创新素质与品格，把所学及时运用于专业学习和社会实践中，在学习的同时加强自己的"自我开发"。这门课程的宗旨在于，把学习—思维训练—强化自身素质—历练创新品格和能力这几方面有机地联系成一个系统，并进行深层次的开发。

当今世界，新一代信息技术的发展日新月异，正加速改变人类的生产生活，推动各产业各环节要素发生深刻变革。新一轮重大信息技术创新将不断满足人民群众对美好生活的需求，促进信息产业价值链的提升，提高经济社会的发展质量和效益。畅想一下，下一个十年我们周边的情景：超高清视频进入千家万户，虚拟现实技术应用遍地开花，智能家居产品深入人心，量子信息技术进入产业化阶段，5G/6G 全产业链加速成熟，车联网方兴未艾，军民信息化融合日益紧密，智能制造稳步推进，云计算潜力巨大，大数据迭代创新发展……面对未来信息技术的发展和带来的机遇与挑战，你准备好了吗？

课后练习

1. 选择题

(1) 关于创新是以现有的知识和物质，在特定的环境中，(　　)。

A. 改进或创造新的事物　　　　　　　B. 研究科技

C. 创造新技术　　　　　　　　　　　D. 科学发展

(2) 创新包含(　　)。

A. 理论创新　　　　　　　　　　　　B. 制度创新

C. 科技创新　　　　　　　　　　　　D. 理论创新、制度创新、科技创新

(3) 智能制造装备的发展重点是(　　)。

A. 九大关键技术　　　　　　　　　　B. 八大核心部件

C. 十大发展趋势　　　　　　　　　　D. 九大关键技术和八大核心部件

(4) 中国第一次与发达国家站在同一起跑线上的是(　　)。

A. 第一次产业革命　　　　　　　　　B. 第二次产业革命

C. 第三次产业革命　　　　　　　　　D. 第四次产业革命

(5) 计算机与通信技术进一步融合，诞生了现代信息通信技术，其英文为(　　)。

A. Information

B. Communication

C. Information and Communication

D. Information Communication Technology

(6) 世界上第一台通用计算机 "ENIAC" 诞生于(　　)。

A. 1946 年 2 月 14 日　　　　　　　　B. 1932 年 2 月 15 日

C. 1943 年 4 月 2 日　　　　　　　　　D. 1918 年 3 月 2 日

(7) 电报的发明时间、发明人是(　　)。

A. 1844 年莫尔斯　　　　　　　　　　B. 1832 年莫尔斯

C. 1875 年贝尔　　　　　　　　　D. 1872 年杰克逊

(8) 台式微型计算机型号的发展历程是(　　)。

A. 386、387、388　　　　　　　　B. 286、386、486、586……

C. 186、286、386　　　　　　　　D. 286、396、496

(9) 计算机软件技术的发展历史可分成(　　)。

A. 两个阶段　　　　　　　　　　B. 三个阶段

C. 一个阶段　　　　　　　　　　D. 四个阶段

2. 简答题

(1) 阐述第四次产业革命的特征。

(2) 什么是科技创新？说明创新对社会进步的推动作用。

(3) 简述信息技术对科技创新的引领作用。

(4) 什么是创新驱动发展战略？谈谈我国在科技创新方面的规划与布局。

第二篇

新一代信息技术篇

项目 2　大数据技术

 项目背景

2022 年的北京冬奥会吸引着全世界数十亿人民的眼球，也牵动着亿万中国人民的心。你知道北京冬奥会的吉祥物是什么吗？你知道冬奥会的比赛项目有哪些？你知道北京冬奥会奖牌榜中国的排名吗？当我们打开"百度"搜索，点击查看"北京冬奥会"的网页信息时，相关的主题都会同步在搜索界面推送给我们，如历届冬奥会吉祥物、冬奥会相关体育项目等，如图 2-1 所示。

图 2-1　百度"北京冬奥会"的搜索结果

新冠肺炎疫情发生以来，健康码和行程码(见图 2-2)的应用为中国疫情的精准防控带来了极大的便利。通过健康码的不同颜色显示，我们可以快速识别一个人是否经过疫情严重的省市，是否直接或间接接触了一些感染患者，是否接种了新冠疫苗，还可以查看最新的核酸检测结果。行程码的全称为"通信大数据行程卡"，这项服务是工信部中国信息通信研究院联合三大电信运营商推出的，为全国 16 亿手机用户提供行程查询服务。其查询的方式很简单，只需要输入本人的手机号和验证码，就能一键查询到 14 天内的所有行程，但凡是停留时间超过 4 小时以上的城市都会在行程表上出现，就算是境外国家也会在行程表上出现。

图 2-2　健康码和行程码

上述应用的实现都离不开大数据技术。

近年来，伴随着云计算、移动互联网、物联网、5G 通信技术等信息技术的快速发展和传统产业数字化的转型，数据量呈现几何级增长。根据 IDC 发布的《数据时代 2025》预测，全球数据量将从 2018 年的 33 ZB(1 ZB = 1024 EB，1 EB = 1024 PB，1 PB = 1024 TB)增至 2025 年的 175 ZB，增长超过 5 倍，中国平均增速快于全球的 3%，预计到 2025 年将增至 48.6 ZB。这些海量的数据中蕴含着巨大价值，大数据已成为继土地、劳动力、资本、技术之后的第五大生产要素，成为国家不可或缺的战略资源，正在加速成为全球经济增长的新动力、新引擎，深刻地改变着人类社会的生产和生活方式。

那么，大数据的内涵和外延究竟是什么？如何从大量数据中获得价值？大数据处理的技术流程是什么？大数据的处理架构和传统数据的处理架构有何区别？大数据的行业应用有哪些？接下来，让我们一起学习吧！

项目延伸

思维导图

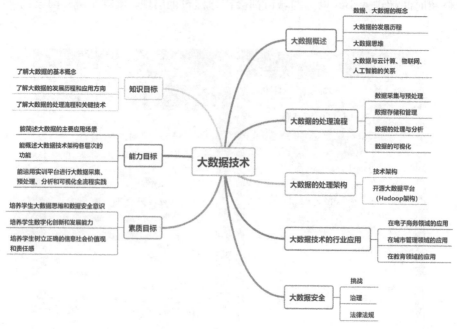

项目相关知识

项目微课

2.1　大数据概述

2.1.1　数据

1. 数据的概念

数据(Data)是指对客观事物进行记录并可以鉴别的符号，是对客观物的性质、状态以及相互关系等进行记载的物理符号或这些物理符号的组合。人们通过观察现实世界中的自然现象、人类活动，都可以形成数据，例如气温数据的记录，如图 2-3 所示。

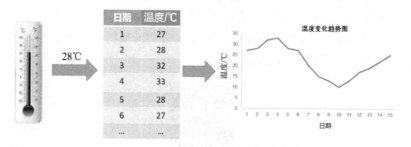

图 2-3　气温数据的记录

在计算机科学中，数据是指所有能输入计算机并被计算机程序处理的符号介质的总称，是具有一定意义的数字、字母、符号和模拟量等的统称。数据可以是连续的值，如声音、图像，称为模拟数据；也可以是离散的，如符号、文字，称为数字数据。在计算机系统中，数据以二进制信息单元 0、1 的离散形式表示。

2. 数据的类型

数据类型是多样的，根据数据表现形式的不同，可以分为文本、图片、音频、视频等。

(1) 文本是一种由若干行字符构成的计算机文件，常见的格式包括 ASCII、MIME、*.txt 等。

(2) 图片是由图形、图像等构成的平面媒体。图片的格式很多，大体可以分为点阵图和矢量图两大类，常见的 BMP、JPG 等格式都是点阵图形，而 SVG 和 EPS 等格式的图形属于矢量图形。

(3) 音频是存储声音内容的文件，音频文件的格式很多，包括 CDA、WAV、MP3、WMA 等。

(4) 视频是各种动态影像的存储格式，包括 AVI、MOV、WMV、MPEG 等。

根据数据结构模式的不同，可以分为结构化数据、半结构化数据和非结构化数据三类。

(1) 结构化数据：指具有较强的结构模式，可以使用二维表格或关系型数据库表示或存储的数据。结构化数据的一般特点是：数据以行为单位，一行数据表示一个实体的信息，每一行数据的属性是相同的，结构化的数据举例如表 2-1 所示。结构化数据的存储和排列是有规律的，因此查找和修改比较方便。

表 2-1　结构化数据举例

学号	姓名	性别	年龄
20220409	张三	男	18
20220410	李四	男	19
20220411	小丽	女	17

(2) 半结构化数据：半结构化数据不符合关系型数据模型的要求，它的同一类实体可以有不同的属性。常见的半结构化数据有 XML、JSON 等。

例如，XML 是一种文本格式的、带有结构化标签的可扩展标记语言格式。用 XML 语言来描述实体的格式如图 2-4 所示。

```
<books>
    <!-- 图书信息 -->
    <book id="bk101">
        <author>王珊</author>
        <title>.NET高级编程</title>
        <description>包含C#框架和网络编程等</description>
    </book>
    <book id="bk102">
        <author>李明明</author>
        <title>XML基础编程</title>
        <description>包含xml基础概念和基本用法</description>
    </book>
</books>
```

图 2-4　半结构化数据举例

(3) 非结构化数据：指没有固定数据结构的数据。各种文档、图片、音频和视频文件都属于非结构化数据，如图 2-5 所示。这类数据一般整体进行存储，存储为二进制格式。目前非结构化数据占数据总量的 90% 左右。

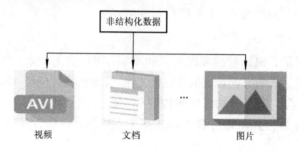

图 2-5　非结构化数据举例

3. 数据的价值

数据的价值在于通过对原始数据的处理和分析，揭示数据背后隐藏的事物运行规律，从而指导人类的生产生活实践。在数据时代，人们相信大数据的力量，然而如果只是记录数据，没有结合应用，数据就仅仅是一条条记录，不具备价值。因而具体的数据要获取相应的背景才能成为有用的信息；而具体的信息要通过相互的联结，才能成为有用的知识；人类在知识的基础之上，通过经验、阅历、见识的累积形成的对事物的深刻认识、远见，进而生成智慧。数据(Data)、信息(Information)、知识(Knowledge)、智慧(Wisdom)的关系模型如图 2-6 所示。

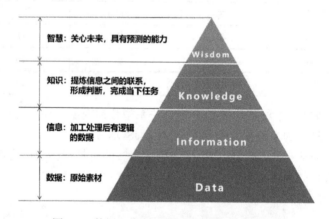

图 2-6　数据、信息、知识和智慧的关系模型

例如，1.82 就是个数据，在获取具体背景之前并不能为人所用，要怎样的背景呢？比如中国男子短道速滑队运动员武大靖的身高是 1.82 米，这就是一个信息。如果能够连接很多这样的信息，比如中国 80% 的男子运动员身高都在 1.82 米以上，这就成为一个能在具体场景下应用的知识。

当数据量呈几何级增长，它所能呈现的信息将实现从量变到质变的飞跃。例如，以往只能收集用户一天的上网行为数据，随着大数据技术的发展，可以存储和处理用户一年的上网行为数据，从而可以挖掘出他们的行为规律、喜好信息等。当数据量的增长实现质变时，就产生了更有价值的规律知识，为相关预测提供智慧决策依据。

2.1.2　大数据的概念

"大数据"(Big Data)已成为当下社会热词之一，大数据的概念几乎应用到了人类致力发展的各个领域。那么，究竟什么是大数据？它具备哪些特点？

其实，与"数据"有具体定义不同，大数据并非一个确切的概念。最初，大数据是指需要处理的数据量过大、超出了一般计算机在处理数据时所能使用的存储空间和计算能力。

研究机构 Gartner 从数据处理新模式的角度给出了这样的定义：大数据是需要新处理模式才能具有更强的决策力、洞察发现力和流程优化能力来适应海量、高增长率和多样化的信息资产。

IBM 提出了大数据的 5V 特点：数据规模大(Volume)、类型多样(Variety)、处理速度快(Velocity)、价值高(Value)和真实性(Veracity)。

麦肯锡全球研究所给出的定义是：大数据是一种规模大到在获取、存储、管理、分析方面大大超出了传统数据库软件工具能力范围的数据集合，它具有海量的数据规模、快速的数据流转、多样的数据类型和价值密度低四大特征。

综合以上四种定义，笔者认为大数据是指具有 4V 特征的数据，即数据规模大(Volume)、类型多样(Variety)、处理速度快(Velocity)和总体价值高(Value)。

1. 数据规模大(Volume)

数据规模大，指数据的采集、存储和计算的量都非常大。大数据的起始计量单位至少是 PB、EB 或 ZB。

2. 类型多样(Variety)

数据种类多样，指数据包括结构化、半结构化和非结构化多种类型，具体表现为网络日志、音频、视频、图片、地理位置信息等，多类型的数据对数据的处理能力提出了更高的要求。

3. 处理速度快(Velocity)

数据增长速度快，处理速度也要快，时效性要求高，这是大数据区别于传统数据挖掘的显著特征。比如搜索引擎要求几分钟前的新闻能够被用户查询到，个性化推荐算法尽可能要求实时完成推荐功能。

4. 总体价值高(Value)

总体价值高是指单个数据价值较低，但海量的数据汇总后价值高。随着互联网以及物联网的广泛应用，信息感知无处不在，海量信息，但价值密度较低，如何结合业务逻辑并通过强大的机器算法来挖掘数据总体的高价值，就是大数据技术最需要解决的问题。

大数据的这些特征对数据的存储和计算提出了新的挑战，以往传统的数据处理模式已无法应对，催生了一系列大数据处理的技术，如分布式文件系统 HDFS、NoSQL 数据库等大数据存储技术和并行计算框架 MapReduce、spark、storm 等大数据计算技术。

2.1.3　大数据的发展历程

从文明之初的"结绳记事"，到文字发明后的"文以载道"，再到近现代科学的"数据建模"，数据一直伴随着人类社会的发展变迁，承载了人类基于数据和信息认识世界的努力和取得的巨大进步。然而，直到以电子计算机为代表的现代信息技术出现后，为数据处理提供了自动化的方法和手段，人类掌握数据、处理数据的能力才实现了质的跃升。

"大数据"作为一种概念和思潮，由计算领域发端，之后逐渐延伸到科学和商业领域。大数据的发展阶段可划分为萌芽期、发展期(可细化为 2002—2006 年的突破期、2006—2009 年的成熟期)和兴盛期(也称应用期)。

1. 大数据的萌芽期(20 世纪 80 年代到 21 世纪初)

大数据的概念公认的最初起源目前并无定论，早在 1980 年，美国未来学大师阿尔文·托夫勒(Alvin Toffler)在其所著的《第三次浪潮》中将人类发展史划分为第一次浪潮的"农业文明"、第二次浪潮的"工业文明"以及第三次浪潮的"信息社会"，并预言，"如果说 IBM 的主机拉开了信息化革命的大幕，那么"大数据"则是第三次浪潮的华彩乐章"。

1998 年，Science 杂志发表了一篇题为《大数据科学的可视化》的文章，大数据作为一个专用名词正式出现在公共期刊上。

1999 年 8 月史蒂夫·布赖森、大卫·肯怀特、迈克尔·考克斯、大卫·埃尔斯沃思以及罗伯特·海门斯在《美国计算机协会通讯》上发表了《千兆字节数据集的实时性可视化探索》一文，这是《美国计算机协会通讯》上第一篇使用"大数据"这一术语的文章。

在这一阶段，大数据只是作为一个概念或假设，少数学者对其进行了研究和讨论，其含义主要是数量巨大，对数据的收集、处理和存储没有进一步探究。

2. 大数据的发展期(2003—2009 年)

21 世纪的最初 10 年，互联网行业迎来了一个快速发展的时期，Web2.0 的应用迅猛发展，非结构化数据大量产生，传统数据处理方法难以应对，大数据技术在互联网行业得到重视，从而带动了大数据技术的快速发展。

2003 年、2004 年、2006 年，谷歌先后发表了 GFS、MapReduce、BigTable 三篇重要论文，被称为大数据技术的"三驾马车"，可以说是大数据技术的奠基之作。数据分析的主要技术 Hadoop 就是在这"三驾马车"的启发下诞生的。

2006 年 Hadoop 从 Nutch 中分离出来成为 Apache 的顶级开源项目。此后，与大数据相关的技术就如雨后春笋一般迸发出来：2008 年的数据仓库 Hive、2010 年的列数据库 HBase、2012 年的资源管理器 Yarn、2013 年的流式计算框架 Spark 和 Storm、2014 年的实时计算框架 Flink，这些技术都让大数据产业得到长足发展。

2007 年，数据库领域的先驱吉姆·格雷(Jim Gray)指出大数据将成为人类触摸、理解和逼近现实复杂系统的有效途径，并认为在实验观测、理论推导和计算仿真等三种科学研究范式后，将迎来第四范式——数据探索，开启了从科研视角审视大数据的热潮。

2008 年年末，大数据开始得到部分美国知名计算机科学研究人员的认可，业界组织计算社区联盟(Computing Community Consortium)，发表了一份颇有影响力的白皮书《大数据计算：在商务、科学和社会领域创建革命性突破》，开启了大数据产业化的探索。

3. 大数据的兴盛期(2009—2022 年)

大约从 2009 年开始大数据逐渐成为互联网信息技术行业的流行词汇。2009 年中，美国政府通过启动 Data.gov 网站的方式进一步开放了数据的大门，这个网站向公众提供各种各样的政府数据，这一行动激发了肯尼亚、英国政府相继推出类似举措。

2010 年 2 月，肯尼斯·库克尔在《经济学人》上发表了大数据专题报告《数据，无所不在的数据》，报告中提到："世界上有着无法想象的巨量数字信息，并以极快的速度增长。"库克尔也因此成为最早洞见大数据时代趋势的数据科学家之一。同年 12 月，美国总统办公室下属的科学技术顾问委员会(PCAST)和信息技术顾问委员会(PITAC)向奥巴马和国会提交了一份《规划数字化未来》的报告，详细叙述了政府工作中对大数据的收集和使用，把大数据收集和使用的工作提升到体现国家意志的战略高度。

2011 年，美国 IBM 公司和得克萨斯大学开发了每秒可扫描和分析 4 TB 数据的沃森超级计算机，打破了世界纪录，大数据计算迈上了一个新的高度。随后，《大数据：创新、竞争和提高生产力的下一个新领域》的研究报告详细介绍了大数据在各个领域中的应用情况以及大数据的技术架构，提醒各国政府为应对大数据时代的到来，尽快制定相应的战略。

2012 年 7 月，联合国在纽约发布了一份关于大数据政务的白皮书，总结了各国政府如何利用大数据更好地服务和保护人民。

2014 年，我国首次将大数据写入政府工作报告；2015 年，国务院发布《促进大数据发展行动纲要》；2016 年，工业和信息化部正式发布了《大数据产业发展规划(2016－2020年)》；2017 年，十九大报告提出要推动大数据与实体经济的深度融合；2021 年 3 月，我国"十四五"规划正式发布，"大数据"一词在规划稿中出现了 14 次，而"数据"一词则出现了 60 余次，对大数据的发展作出了重要部署；同年 11 月，工信部发布了《"十四五"大数据产业发展规划》，在响应国家"十四五"规划的基础上，围绕"价值引领、基础先行、系统推进、融合创新、安全发展、开放合作"六大基本原则，针对"十四五"期间大数据产业的发展制定了五个发展目标、六大主要任务、六项具体行动以及六个方面的保障措施，同时指出，在当前我国迈入数字经济的关键时期，大数据产业将步入"集成创新、快速发展、深度应用、结构优化"的高质量发展新阶段。

概括来说，2009—2011 年，大数据开始逐渐流行；2012—2013 年，大数据达到宣传高潮；2014 年后，大数据体系逐渐成形，对其认知亦趋于理性和全面；2015—2022 年，大数据的相关技术、产品、应用和标准不断发展，逐渐形成了包括数据资源与API(Application Programming Interface，应用程序编程接口)、开源平台与工具、数据基础设施、数据分析、数据应用等板块构成的大数据生态系统，并持续发展和不断完善，其发展热点呈现了从技术向应用、再向治理的逐渐迁移。这一阶段，大数据应用渗透到各行各业，不断变革原有行业的技术和创造出新的技术，数据驱动决策，信息社会智能化程度大幅度提高，大数据的发展呈现出一片蓬勃之势。

2.1.4　大数据思维

大数据给人们带来的不仅是生产和生活的变革，更是一场思维的变革。随着大数据技术的不断发展，许多大数据战略专家、技术专家和未来学家等学者开始提出、解释和丰富大数据思维概念的内涵和外延。一般来说，大数据思维包括总体思维、容错思维和相关思维。

1. 总体思维——收集总体数据而非随机采样

在传统的统计分析中，由于数据不容易获取，我们是通过随机采样的方法收集数据，但是这种方式比较局限，它的结果依赖于采样的绝对随机性和即时性，无法统计目标对象全量的和变化的信息。大数据时代，随着数据源的不断增多和数据处理技术的不断提升，具备了获取海量数据的条件和方法，随机采样的意义则大大降低。

大数据不仅要数据量大，更要体现在"全"上，要分析与某事物有关的所有数据，而不是依靠分析少量的样本数据，我们的思维方式要向全面、系统地认识总体情况转变。

2. 容错思维——容纳原始数据的混杂性而非精确性

对于小数据而言，由于收集数据的方法和信息量有限，对数据的要求是数据要确保精确、无错误。然而，大数据通常具有不同的数据源、数据类型，多源数据之间会出现数据不一致、数据不完整的问题，如果还局限于精确思维，大部分的非结构化数据都没有办法被利用，保证完全精确所需的纠错成本也非常高，所以对于大数据要具有容错思维，不再一味追求精确。

3. 相关思维——大数据反映的是相关关系而非因果关系

人们通常会用因果关系或者关联关系去分析和预测某事是否会发生。大数据出现之前，人们比较重视基于逻辑的因果关系，因为无法通过有限的数据推测出一系列相关关系。

在大数据时代，海量数据能够被获取和处理，广泛采用的方法是使用关联关系来进行事物的预测。例如，2009 年谷歌的研究人员通过对每日超过 30 亿次的用户搜索请求及网页数据的挖掘分析，在甲型 H1N1 流感暴发的几周前就预测出流感传播，就是利用了搜索的关键词和流感发病率之间的关联关系而非因果关系。通常，数据中能够发现的更多是关联关系，因果关系的判断和分析需要有领域专家参与才能完成。因此，在大数据时代，我们要学会应用大数据分析所获取的相关关系信息，而不用先去精准探究关系背后的因果逻辑。

2.1.5 大数据与物联网、云计算、人工智能的关系

物联网、云计算、大数据和人工智能作为新一代信息技术的四大版块，它们之间既有区别又有着本质的联系，具有融合发展、相互助力的趋势。

1. 大数据与物联网、云计算和人工智能的区别

大数据侧重于对海量数据的存储、处理和分析，从海量数据中挖掘隐藏的规律和知识，服务于生产和生活；物联网的发展目标是实现万物互联，应用创新是物联网发展的核心；云计算本质上是整合和优化各种存储和计算资源并通过网络以服务的方式，廉价地提供给用户；人工智能的开发，是为了辅助和代替人类更快、更好地完成某些任务。

2. 大数据与物联网、云计算和人工智能的联系

从整体上看，大数据、物联网、云计算和人工智能是相辅相成、有机结合的。四者的关系是：通过物联网产生、收集海量的数据存储于云计算平台，再通过大数据分析甚至更高形式的人工智能提取云平台存储的数据为人类的生产、生活提供更好的服务，最终人工智能会促进物联网更加发达，四者形成一个循环，这将是第四次工业革命进化的方向。

2.2 大数据的处理流程

大数据处理技术是指与大数据的采集和预处理、存储和管理、分析和可视化等大数据处理全流程相关的技术，它包含对原始海量的、不同类型的数据进行处理到获得分析和预测结论的一系列数据处理和分析的技术。值得注意的是，从广义的层面来说，大数据技术既包括 21 世纪初发展起来的分布式存储和计算技术(如 Hadoop、Spark 等)，也包括在大数据发展期以前已经比较成熟的其他技术，如数据采集和预处理、数据可视化等。

本节重点介绍大数据处理各流程的相关知识，包括数据采集与预处理、数据存储与管理、数据的处理与分析和数据的可视化。

2.2.1 数据采集与预处理

1. 数据采集

1) 数据采集的概念

数据采集(Data Acquisition，DAQ)又称数据获取，是指从传感器和其他待测设备等模拟和数字被测单元中自动采集非电量或电量信号，送到上位机中进行分析和处理的过程。

2) 数据的采集源及采集方式

数据的采集源主要包括传感器采集的物理数据、系统日志文件、互联网的开放数据和企业信息系统数据等。数据源类型及其常用的采集方式如图 2-7 所示。

数据源类型	常用采集方式
图像、音频、速度、热度等物理数据	传感器采集
系统日志文件	前端埋点、后端脚本采集
互联网开放数据	网络爬虫采集
企业信息系统数据	通过ETL工具加载到数据仓库

图 2-7 数据源类型及其常用的采集方式

(1) 传感器采集的物理数据。

人类要从外界获取信息，必须借助眼、耳、皮肤等感觉器官。而单靠人们自身的感觉器官，在研究自然现象和规律以及生产活动中就远远不够了。为适应这种情况，就需要传感器。传感器是信息时代获取自然和生产领域中信息的主要途径和手段。

传感器(Sensors)是一种检测装置，能感受到被测量的信息，并能将感受到的信息按一定规律变换成为电信号或其他所需形式的信息进行传输和存储。通常工作现场会安装各种类型的传感器，如温度传感器、压力传感器、位移传感器、声音传感器、光学传感器等，常见的传感器如图 2-8 所示。传感器采集的基本是物理信息，如图像、音频、视频或某物体的速度、热度、压强等。

光电传感器

图 2-8　常见的传感器

(2) 系统日志文件。

系统日志记录系统中硬件、软件和系统问题的信息，还包含系统中发生事件的信息，大致可分为系统日志、应用程序日志和安全日志。日志可以在前端进行埋点，在后端进行脚本收集、统计来分析服务器的访问情况以及使用瓶颈等。

企业的业务系统每天都会产生大量的日志数据，通过对这些日志信息进行采集、存储，然后进行数据分析，可挖掘公司业务平台日志数据中的潜在价值，为公司的决策和后台服务器平台性能评估提供可靠的数据保证。系统日志采集就是收集日志数据提供离线和在线的实时分析使用，目前常用的开源日志采集工具有 Flume、Scribe 等。

(3) 互联网的开放数据。

互联网的开放数据是指人们在使用互联网的过程中产生的公开数据或交互数据，如政府、企业、学校等公开的数据。互联网数据的采集通常可以借助网络爬虫来完成。所谓"网络爬虫"，就是模拟人类进行网页登录和数据抓取的自动化程序。

(4) 企业信息系统数据。

大部分企业内部信息系统(如客户关系管理系统、客户服务系统、业务管理系统等)会采用传统的关系型数据库 Oracle 或 MySQL 等来存储数据。随着大数据时代数据库技术的不断发展，Redis 和 MongoDB 这样的 NoSQL 数据库也常用于数据的存储。企业不同业务部门的数据分散在企业不同的信息系统，企业可以借助于 ETL 工具将不同系统的数据进行抽取、转换、加载到企业数据仓库中，以供数据后续的商务智能分析使用。

2. 数据清洗

经过多源采集的不同质量的数据，需要进行统一的一致性处理，才能进行后续的数据分析和挖掘。例如，当某企业需要在数据仓库中面向某一主题进行数据分析时，这些数据从多个业务系统抽取而来，包括历史数据和实时数据，这样就避免不了有的数据是错误数据、有的数据命名不一致等情况出现，这些低质量的数据必然会影响后续的分析结果，所以被称为"脏数据"。如何去除或处理"脏"数据呢？这就是数据清洗的内容。

数据清洗一般针对具体应用，因而难以归纳统一的方法和步骤。常见的数据清洗的内容和方法主要包括以下几种。

1) 不一致性的检测及处理

一致性检查(Consistency Check)是根据每个变量的相互关系，检查数据是否合乎要求，发现逻辑上不合理或者相互矛盾的数据。具有逻辑上不一致性的情况可能以多种形式出现，如在学生信息表中，"有无成绩"字段显示为"无"，"成绩结果"字段却显示为"85 分"。发现不一致时，要筛选出记录序号、变量名称、错误类别等，便于进一步核对和纠正。

2) 无效值和缺失值的处理

由于信息缺失、编码或录入错误等原因，数据可能存在一些无效值或缺失值，如学生信息表的性别、年龄值无效或缺失，产品销售表的月销售额缺失等，这类记录需要过滤出来，进行适当的清洗处理。

常用的无效值和缺失值的处理方法有删除、填充等方法。

(1) 删除：包括相关记录删除和相关属性删除。如果一条记录大部分属性缺失，则可考虑删除该记录；如果大部分记录的某一属性都缺失，则可考虑放弃该属性的使用。删除方法较简单，但只适用于无效值和缺失值记录数占比较小的情况。

(2) 填充：包括统计值填充和预测值填充。统计值填充是指对于有无效值或缺失值的属性，用属性的统计值如均值、众数、中位数等对其进行替代或填充；预测值填充是指利用预测模型来估算缺失值并进行填充。预测值的填充方法主要依赖于数据类型和数据分布。例如：对于类别属性(如归属学校、性别等)，可以通过分类算法(决策树、贝叶斯算法等)进行预测填充；对于数值属性(如身高、销售额等)可以采取回归方法进行缺失值的预测值填充。

3) 重复记录的检测及其去重方法

数据表中属性值都相同的记录被认为是重复记录，通过判断记录间的属性值是否相等来检测记录是否重复，重复的记录合并为一条记录(即合并/清除)。合并/清除是去重的基本方法。

4) 异常值的检测及处理

异常值是指样本中的某个(或某些)值，其数值明显偏离它们所属样本的其他观测值。异常值分析的目的是检验数据集中是否有录入错误的数据或是否含有不合常理的数据，从而进行异常值处理，防止它对分析结论产生不良影响。

常用的异常值检测方法包括：均方差法、箱形图法、基于密度的聚类算法(DBSan)。

常用的异常值处理方法包括：删除含有异常值的记录、将异常值视为缺失值进行处理、修正异常值等。

2.2.2　数据存储与管理

数据存储和管理技术是指对数据进行分类、编码、存储、检索和维护，它是数据处理的中心问题。随着计算机软、硬件技术的不断发展，在不同数据类型和应用需求的推动下，数据的存储和管理技术经历了人工管理、文件系统、数据库系统和大数据管理四个阶段。

1. 人工管理阶段

人工管理阶段是指在计算机出现之前，人们运用原始的手段来从事数据的记录、存储和计算加工，如利用纸张来记录和利用计算工具(算盘、计算尺等)来进行计算，并主要使用人的大脑来管理和利用这些数据。

2. 文件系统阶段

20 世纪 50 年代后期到 60 年代中期，随着计算机硬件和软件的发展，磁盘、磁鼓等直接存取设备开始普及，这一时期的数据处理系统是把数据在计算机存储设备上组织成相互独立的被命名的数据文件，并可按文件的名字来进行访问，对文件中的记录进行存取的数据管理技术。操作系统中负责存储和管理文件数据的软件功能称为文件管理系统，简称文件系统。文件系统对磁盘空间进行管理和分配，支持用户对文件和目录进行创建、读写、删除等操作。我们在计算机上使用的文本文件、Office 文件、图片和音视频文件等，都是由文件系统进行统一管理的。

文件系统把数据组织成相互独立的文件，实现了文件内数据的结构化，但多个文件数据整体无结构。文件系统以接口的形式为应用程序提供文件服务，各个应用程序可以共享一组数据，实现了以文件为单位的数据共享。

3. 数据库系统阶段

数据库系统阶段主要包括面向事务的数据库系统和面向主题的数据仓库。

1) 数据库系统

20 世纪 70 年代，计算机性能不断提高，人们对数据管理技术提出了更高的要求：希望面向企业或部门，统一组织数据以减少冗余，提供更高的数据共享能力，同时要求程序和数据具有较高的独立性，当数据的逻辑结构改变时，不涉及数据的物理结构，也不影响应用程序，以降低应用程序开发与维护的费用。数据库技术正是在这样的应用需求的基础上发展起来的。

数据库管理技术的特点是：数据不再针对某一个应用，而是面向全组织，具有整体化结构；数据的共享性高，冗余度低；数据独立性高，并由数据库管理系统(DBMS)进行统一的控制。数据库发展以来，先后出现过层次数据库、网状数据库和关系数据库等不同类型的数据库，这些数据库分别采用了不同的数据模型(数据组织方式)，其中比较主流的是关系数据库。

关系数据库是指采用关系模型来组织和管理数据的数据库。1970 年，IBM 有"关系数据库之父"之称的研究员埃德加·弗兰克·科德(Edgar Frank Codd)首次提出了数据库的关系模型的概念，奠定了关系模型的理论基础。20 世纪 70 年代末，关系方法的理论研究和软件系统的研制均取得了很大成果，1981 年 IBM 公司宣布具有 System R 全部特征的新的数据库产品 SQL/DS 问世。由于关系模型简单明了，具有坚实的数学理论基础，所以一经推出就受到了学术界和产业界的高度重视和广泛响应，并很快成为数据库市场的主流。20 世纪 80 年代以来，计算机厂商推出的数据库管理系统几乎都支持关系模型。

一个关系数据库由许多关系表组成，每个关系表可以看成一张二维表，如表 2-2 所示为学生成绩表。

表 2-2　学生成绩表

学号	姓名	性别	年龄	成绩
C2001	李明	男	20	88
C2002	张三	男	21	93
C3001	王丽	女	21	95
C3002	李平	女	20	89

常见的关系数据库管理系统有 MySQL、Oracle、Microsoft SQL Server 等。

2) 数据仓库

被公认为"数据仓库之父"的美国威廉·英蒙(Willian H. Inmon)在其《建立数据仓库》一书中，对数据仓库下的定义是：数据仓库(Data Warehouse，可简写为 DW 或 DWH)是一种面向主题的、集成的、相对稳定的、反映历史变化的数据集合，用于支持经营管理中的决策制定过程。数据仓库架构图如图 2-9 所示。

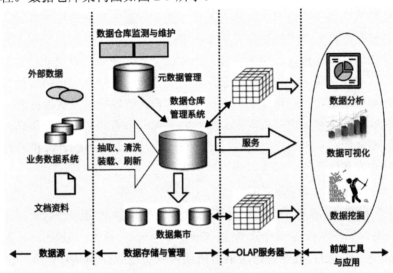

图 2-9　数据仓库架构图

(1) 面向主题。数据库的数据组织是面向事务处理任务而言的，而数据仓库中的数据是面向主题进行组织的。主题是指用户使用数据仓库面向一个决策问题进行统计分析时所关心的重点方面，一个主题通常与多个事务型信息系统相关。例如，银行的数据仓库面向的主题是客户，客户数据来源需从银行储蓄数据库、信用卡数据库、贷款数据库等三个数据库中抽取同一客户的数据整理而成。在数据仓库中能全面地分析客户数据，再决定是否继续给予贷款。

(2) 集成。数据仓库中的数据来自各个不同的数据库。由于历史的原因，各数据库的组织结构往往是不同的，在这些异构数据输入到数据仓库之前，需进行加工与集成、统一与综合。

(3) 相对稳定。数据仓库中包括了大量的历史数据，数据经集成进入数据仓库后是极少或根本不更新的。

(4) 反映历史变化。数据仓库内的数据时限在 5～10 年，因而数据的键码包含时间项，标明数据的历史时期，这适合进行时间趋势分析。

综上所述，数据库是面向事务而设计的，数据仓库是面向主题设计的；数据库一般存储在线生产数据，数据仓库存储的一般是历史数据；数据库是为捕获过程数据而设计的，数据仓库是为分析主题而设计的。

4. 大数据管理阶段

大数据管理阶段的数据管理系统主要包括分布式文件系统、非关系型数据库系统

(NoSQL)和基于分布式框架的数据库系统(NewSQL)。

1) 分布式文件系统

分布式文件系统(Distributed File System，DFS)是一种通过网络实现文件在多台主机上进行分别存储的文件系统。传统文件系统扩展存储容量只能通过本机添加硬盘来解决，在数据量快速增长的背景下，系统可扩展性、数据可靠性等方面的表现都不理想，而分布式文件系统可以有效解决这些难题。

分布式文件系统每个节点可以分布在不同的地点，通过网络进行节点间的通信和数据传输，可以对分布在各个节点的数据进行统一管理。人们使用它时，无须关心数据存储在哪个物理节点或如何进行传输，只需要像使用本地文件系统一样存储和管理数据。

相比于传统文件系统，分布式文件系统具有冗余性、安全性和可扩展性等特征：通过网络将大量计算机连接在一起形成的巨大计算机集群，可以把大量数据分散到不同的节点上存储，这些数据可重复备份，具有冗余性；如果部分节点的故障数据损坏，可以由其他节点的备份数据替代，不影响整体的运行，具有安全性；集群外的计算机经过简单的配置就可以加入分布式文件系统，具有很强的可扩展性。

2) 非关系型数据库系统(NoSQL)

传统关系型数据库以严格的关系模型对数据进行统一组织，支持事务的ACID(Atomicity，原子性或称不可分割性；Consistency，一致性；Isolation，隔离性或称独立性；Durability，持久性)特性，借助索引机制可以实现数据的高效查询。但是由于关系型数据库的数据结构不灵活、水平扩展能力较差等局限性，无法高效处理半结构化和非结构化数据，因而无法满足海量非结构数据的存储需求。在新的应用需求驱动下，非关系型数据库 NoSQL(Not Only SQL)应运而生。

NoSQL 是非关系型数据库的统称，是一种不同于关系数据库的数据库管理系统设计方式。NoSQL 有如下优点：

(1) 易扩展。NoSQL 数据库种类繁多，但都有一个共同的特点，就是都去掉了关系数据库的关系型特性，数据之间无关系，这样就非常容易扩展，这也无形之间在架构的层面上带来了可扩展的能力。

(2) 高性能。NoSQL 数据库都具有非常高的读写性能，尤其是在大数据量的情况下，同样表现优秀，这得益于它的无关系性和数据库的结构简单。NoSQL 数据库的出现，一方面弥补了关系数据库在当前商业应用中存在的各种缺陷，另一方面也撼动了关系数据库的传统垄断地位。

常见的 NoSQL 数据库包括键值(Key-value)存储数据库、列式(Column-based)存储数据库、文档型(Document-oriented)数据库和图形(Graph)数据库。

3) 基于分布式框架的数据库系统(NewSQL)

NewSQL 是对各种新的可扩展、高性能数据库的简称，这类数据库不仅具有 NoSQL 对海量数据的存储管理能力，还保持了传统数据库支持 ACID 和 SQL 等的特性。不同的NewSQL 其系统内部结构变化很大，但是它们都有两个显著的共同特点：一是它们都支持关系数据模型，二是都使用 SQL 作为其主要的接口。目前具有代表性的 NewSQL 数据库主要包括 Spanner、OceanBase、VoltDB、TiDB、SequoiaDB、MemSQL 等，此外，还有一些在云端提供的 NewSQL 数据库，包括 Amazon RDS、Data-base.com、FathomDB 等。其中，Spanner 是一个可扩展、多版本、全球分布式，并且支持同步复制的数据库，是谷歌第一个可以全球扩展并支持外部一致性的数据库。

2.2.3　数据的处理与分析

海量的数据经过数据库管理技术进行存储和管理后，可以通过数据统计和机器学习算法，结合大数据处理技术(MapReduce 和 Spark 等)，对海量数据进行计算分析，从而挖掘数据中隐含的内在规律和知识，以指导人们进行科学的推断和决策。

1. 数据统计分析

数据统计分析用于描述样本数据的整体特征情况。例如，研究喜欢购买某商品的消费者情况，可采用统计分析对样本的平均年龄、性别分布和平均消费水平等指标进行初步分析，以了解消费者总体的特征情况。统计分析主要用于计算数据的集中性特征(平均值)和波动性特征(标准差值)，以了解数据的整体分布情况，因此，在研究中经常是先进行统计分析，在此基础之上再进行深层次的分析。

数据统计分析的常见指标如表 2-3 所示。

表 2-3　数据统计分析的常见指标

术　语	指　标　说　明
最大值	数据的最大值
最小值	数据的最小值
平均值	数据的平均得分值，反映数据的集中趋势
中位数	样本数据升序排列后的最中间的数值，如果数据偏离较大，一般用中位数描述整体水平情况，而不是平均值
25 分位数	分析项中所有数值由大到小排列后第 25% 的数字，用于了解部分样本占整体样本集的比例
75 分位数	分析项中所有数值由大到小排列后的第 75% 的数字
四分位距 IQR	四分位距 IQR = 75 分位数 − 25 分位数
方差	用于计算每个变量(观察值)与总体均数之间的差异
标准差	样本均值的标准差，反映样本数据的分散程度
峰度	反映数据分布的平坦度，通常用于判断数据的正态性情况
偏度	反映数据分布的偏斜方向和程度，通常用于判断数据的正态性情况

2. 数据挖掘

数据的统计分析只能反映数据可确定的少量统计特征，面对海量的数据，如何能基于数据本身进行自动化分析，做出归纳性的推理，从中挖掘出潜在的模式，发现并提取隐藏在数据中的信息呢？这就需要基于机器学习的数据分析方法——数据挖掘。数据挖掘是从海量、不完全的、有噪声的、模糊的、随机的大型数据库中通过算法发现隐含在其中有价值的、潜在有用的信息和知识的过程，也是一种决策支持过程。

1) 数据挖掘的主要任务

数据挖掘分为有监督和无监督两种。有监督的数据挖掘是使用一个先前已知的属性或目标来指导数据挖掘过程，相当于使用有答案的练习册去反复练习和对比答案，形成解题模式；无监督的数据挖掘是在所有的属性中寻找某种关系，相当于开放式题目，需要自行探索数据的特点，从而建立能够处理数据的模型。数据挖掘主要有四个任务类，即分类、回归、关联和聚类，其中分类和回归属于有监督的数据挖掘，关联和聚类属于无监督的数据挖掘。

(1) 分类：首先从数据中选出已经分好类的训练集，在该训练集上运用数据挖掘技术，建立一个分类模型。如果对于检验样本组而言该模型具有较高的准确率，则可将该模型用于对新样本的未知变量进行预测。

(2) 回归：与分类类似，但回归最终的输出结果是连续型的数值，回归的量并非预先确定。回归可以作为分类的准备工作。

(3) 关联：也称为相关性分析，其目的是发现哪些事情总是一起发生的。

(4) 聚类：自动寻找并建立分组规则的方法，它通过判断样本之间的相似性，把相似样本划分在一个簇中。

2) 数据挖掘的一般流程

数据挖掘的一般流程可以参考 CRISP-DM(Cross-Industry Standard Process for Data Mining, 跨行业数据挖掘标准流程)模型，如图 2-10 所示。它从商业的角度给出对数据挖掘方法的理解，其流程主要包括：业务理解、数据理解、数据准备、建立模型、评价和实施。

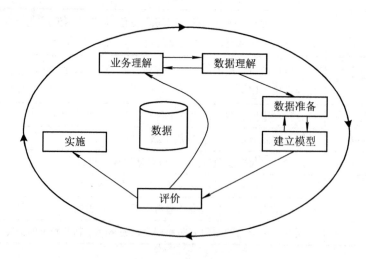

图 2-10　CRISP-DM 模型

跨行业数据挖掘标准流程中的每个步骤的具体内容如下：

(1) 业务理解。在开始数据挖掘之前最首要的就是理解业务问题，根据具体的业务问题，提出相应的解决方案，因此，需要对业务目标和需求进行研究与分析，进而将其转化为数据挖掘的问题，以及提出初步的计划。比如，想提高电子邮箱的利用率时，想做的可能是"提高用户的使用率"，也可能是"提高一次用户使用的价值"，要解决这两个问题而建立的模型几乎是完全不同的，必须做出决定。

(2) 数据理解。由于业务的行业属性，其数据也具备相应的特点，因此从数据的收集阶段开始，就有必要去熟悉数据，识别数据的质量问题，发现数据的一些内在属性，甚至提出一定的假设等。

前两步基本都是对特定的问题进行深入研究和分析，对数据的理解本质上还是对于问题的理解。

(3) 数据准备。数据准备阶段包括从未处理的数据中构造出最终数据集的所有活动。所谓最终数据集，可以理解为模型的直接输入部分。在这个阶段需利用各种技术、工具和方法从不同数据源中提取用于进行自动分析的数据集并进行数据清洗，以提高数据质量。这一阶段的任务涵盖了提取、记录、选择属性、清洗、转换等，获得的数据将用于输入真正的分析模型进行判断和评估。没有高质量的数据就没有有价值的数据挖掘结果，数据准备工作占用的时间往往在 60%以上。

(4) 建立模型。建立模型是一个反复的过程，需要选择和测试不同的建模方法以判断哪个模型对面对的商业问题最有用，哪个模型参数被调整到了最佳的数值。训练和测试数据挖掘模型需要把数据至少分成两个部分：一部分用于模型训练，称为训练集；另一部分用于模型测试，称为测试集；有时还有第三个数据集，称为验证集，因为测试集可能受模型特性的影响，这时需要一个独立的数据集来验证模型的准确性。

(5) 评价。模型建立好之后，必须评价得到的结果，解释模型的价值。从测试集中得到的准确率只对用于建立模型的数据有意义。在实际应用中，还需要进一步了解错误的类型和由此带来的相关费用的多少。经验证明，有效的模型并不一定是正确的模型，造成这一点的直接原因就是模型建立中隐含的各种假定，因此，直接在现实世界中测试模型很重要，先在小范围内应用，取得测试数据，觉得满意之后再向大范围推广。

(6) 实施。模型方案实施后，并不意味着流程的结束，需要持续对目标客户进行跟踪分析，设计各种手段不断收集用户的反馈信息，不断改进数据挖掘的产品，从而形成闭环。

3. 数据挖掘的常用算法

数据挖掘的主要任务有四种：分类、回归、关联和聚类。下面分别介绍四种任务的代表性算法：用于分类任务的决策树算法、用于聚类任务的 K-means 聚类算法、用于关联任务的关联规则算法和适用于多种任务的神经网络算法。

1) 决策树算法

决策树算法起源于亨特(E. B. Hunt)等人于 1966 年发表的论文 "Experiments in Induction"，该论文详细介绍了决策树算法的构建、应用的全过程。之后，罗斯·昆兰(J. Ross Quinlan)等人提出了 ID3 决策树算法，使得决策树算法的相关研究进入高潮，并由此衍生出 C4.5、CART 等相关决策树算法。

决策树是一棵多叉树，一颗决策树包含一个根节点、若干个内部节点和若干个叶子节点。叶子节点对应于决策结果，其他每个节点则对应于一个样本属性；每个节点包含的样本集合根据属性测试的结果被划分到子节点中；根节点则包含样本全集，从根节点到每个叶子节点的路径对应了一个判定测试序列。

下面将通过一个案例讲解决策树算法，决策树算法的示例如图 2-11 所示。

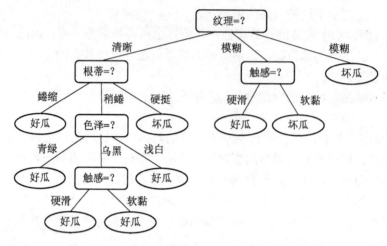

图 2-11　决策树算法的示例

从图 2-11 所示的例子可以看到决策树的一个基本结构，这是一个判断一个西瓜是好瓜还是坏瓜的例子。从图中可以发现首先通过瓜的纹理特征来对瓜进行划分，这里纹理特征就是根节点，划分为纹理清晰、纹理模糊及纹理稍微模糊的三类，然后再进行一步一步划分，直到最终得到是好瓜还是坏瓜的结论。根蒂特征、触感特征、色泽等属于内部节点，而最后得到的所有好瓜和坏瓜则称为叶子节点。

决策树算法的优点是速度快、准确性高、可解释性强及适合高维数据。

2) K-means 聚类算法

聚类是将物理或抽象对象的集合分成由类似的对象组成的多个类的过程。由聚类所生成的簇是一组数据对象的集合，这些对象与同一个簇中的对象彼此相似，与其他簇中的对象相异。聚类与分类的不同在于，聚类所要求划分的类是未知的，聚类技术属于无监督学习。

K 均值聚类算法(K-means Clustering Algorithm，KMA)是最著名的聚类算法，由于算法简洁而高效，使得它成为所有聚类算法中最广泛使用的。给定一个数据点集合和需要的聚类数目 K，K 由用户指定，K 均值算法根据某个距离函数反复把数据分入 K 个聚类中。

K-means 聚类算法的流程为：先随机选取 K 个对象作为初始的聚类中心，然后计算每个对象与各个种子聚类中心之间的距离，把每个对象分配给距离它最近的聚类中心。聚类中心以及分配给它们的对象就代表一个聚类，一旦全部对象都被分配了，每个聚类的聚类中心会根据聚类中现有的对象被重新计算。这个过程将不断重复直到满足某个终止条件，终止条件可以是以下任何一个：

(1) 没有(或最小数目)对象被重新分配给不同的聚类。

(2) 没有(或最小数目)聚类中心再发生变化。

(3) 误差平方和局部最小。

K-means 聚类算法流程示意图如图 2-12 所示。

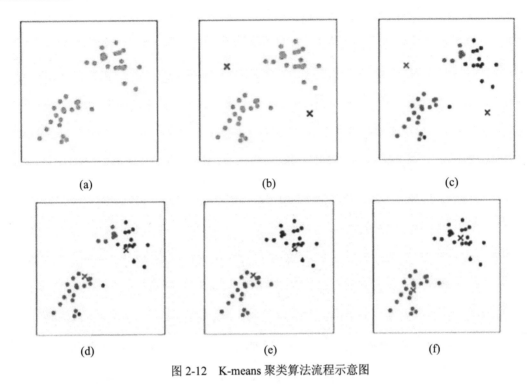

图 2-12　K-means 聚类算法流程示意图

3) 关联规则算法

关联规则算法(Association Rules)是一种基于规则的数据挖掘算法，用于从数据集中寻找物品之间的隐含关系。关联规则中一个非常有趣的例子就是啤酒与尿布的故事。这是发生在美国沃尔玛超市的真实例子，沃尔玛拥有当时世界上最大的数据仓库系统，为了能够准确了解顾客在其门店的购买习惯，沃尔玛在顾客原始交易数据的基础上，利用数据挖掘方法对这些数据进行分析和挖掘。一个意外的发现是：跟尿布一起购买最多的商品竟是啤酒！经过大量实际调查和分析，揭示了一个隐藏在"尿布与啤酒"背后的美国人的一种行为模式：在美国，一些年轻的父亲下班后经常要到超市去买婴儿尿布，而他们中有30%～40%的人同时也为自己买一些啤酒。

基于关联规则的算法主要包括著名的 Apriori 算法和 FP-树频集算法。

4) 神经网络算法

近年来，深度学习模型在机器学习领域大规模兴起，机器学习与深度学习算法的融合成为近年来的主流研究课题，而深度学习的基础就是神经网络，其在图像识别、图像检索、语义识别等各方面取得了巨大的成功。

人工神经网络(Artificial Neural Network，ANN)简称神经网络(NN)，起源于 20 世纪 40 年代，它从信息处理角度对人脑神经元网络进行抽象，建立某种简单模型，按不同的连接方式组成不同的网络。

神经网络中，神经元处理单元可表示不同的对象，如特征、字母、概念或者一些有意义的抽象模式。网络中处理单元的类型分为三类，即输入单元、输出单元和隐单元，如图 2-13 所示。输入单元 X 接受外部世界的信号与数据；输出单元 Y 实现系统处理结果的输出；

隐单元是处在输入和输出单元之间不能在系统外部观察的单元。神经元间的连接权值反映了单元间的连接强度，信息的表示和处理体现在网络处理单元的连接关系中。神经网络是一种非程序化、适应性、大脑风格的信息处理，其本质是通过网络的变换和动力学行为得到一种并行分布式的信息处理功能，并在不同程度和层次上模仿人脑神经系统的信息处理功能。

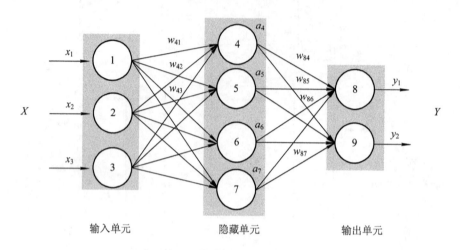

图 2-13　神经网络的结构

随着神经网络层数的不断增加，会得到各种各样更加复杂的深度神经网络，如卷积神经网络、循环神经网络、深度信念网络、生成对抗网络等。

2.2.4　数据的可视化

1. 数据可视化的概念和作用

数据可视化技术主要指通过将数据分析结果转化为图形或动画等，并通过有效的交互手段来清晰有效地表达与交互信息。

数据可视化的常用图表有柱状图、折线图、饼图、直方图、散点图、地图等。

数据可视化的作用是直观、高效地传达数据中的规律和知识。

2. 数据可视化工具

常用的数据可视化工具包括 Echarts、Matplotlib、DataV 等，下面将对这些工具进行简单的介绍。

1) Echarts

Echarts 是百度开发的一个基于 JavaScript 的开源可视化图表库，能够兼容当前绝大部分浏览器(IE8/9/10/11、Chrome、Firefox、Safari 等)及多种设备，可随时随地进行展示。Echarts 包括丰富的图表类型、强劲的渲染引擎、专业的数据分析、优雅的可视化设计、健康的开源社区及友好的无障碍访问等六大特性。图 2-14 中展示了 Echarts 的一部分图例，可以看到 Echarts 图例非常简洁、美观，并具有一定的数据交互功能。Echarts 在实际的案例中应用非常广泛，得到了市场的普遍认可。

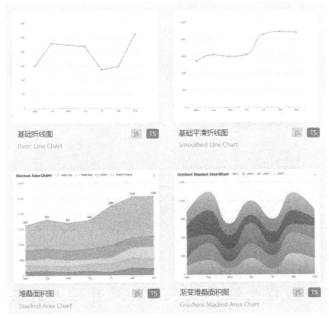

图 2-14　Echarts 折线图示例

2) Matplotlib

Matplotlib 是 Python 比较底层的可视化库，可定制性强、图表资源丰富、简单易用，有丰富的开发文档供参考，能够帮助开发人员快速地画出自己想要的图例，同样也能实现绝大部分可视化画图的功能。图 2-15 显示了 Matplotlib 的部分示例图。

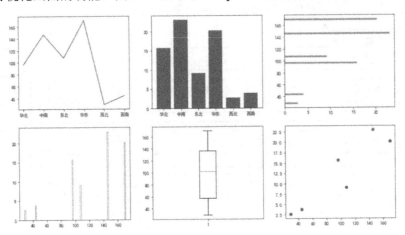

图 2-15　Matplotlib 的部分示例图

3) DataV

DataV(阿里云数据可视化工具)是使用可视化应用的方式来进行分析并展示庞杂数据的工具。DataV 旨在让更多的人看到数据可视化的魅力，帮助非专业的工程师通过图形化的界面轻松搭建专业水准的可视化应用，满足用户对于会议展览、业务监控、风险预警、地理信息分析等多种业务的展示需求。目前 DataV 是一个收费的可视化工具。图 2-16 是用 DataV 实现的 2020 年阿里巴巴"双 11"购物节的数据可视化，非常形象、生动地展示了"双 11"阿里巴巴购物平台的成交额数据信息，并且可以进行实时更新。

图 2-16　阿里巴巴"双 11"数据可视化示例

2.3　大数据处理的技术架构及开源大数据平台

随着大数据时代的到来，数据量迅猛增长，传统的基于单机的数据存储和处理模式已无法高效应对海量数据的处理需求，分布式的大数据处理架构已逐渐成为大数据行业应用的主流。

1. 大数据处理的技术架构

围绕大数据处理的一般流程，大数据处理的技术架构主要分为四层，即数据采集层、数据存储层、数据处理层和数据应用层，如图 2-17 所示。

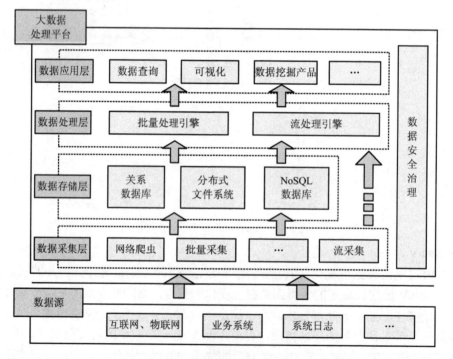

图 2-17　大数据处理的技术架构

1) 数据采集层

大数据采集层主要负责从不同的数据源采集数据到目标存储器。对于不同的数据源，需要采用不同的采集技术：

(1) 互联网数据：目前常用的网页爬虫系统有 Apache Nutch、Crawler4j、Scrapy 等框架，可以将半结构化数据和非结构化数据从网页中提取出来，将其清洗、转换成结构化的数据，并将其存储为统一的本地文件数据。

(2) 物联网数据：一般采用流采集的方式，动态地添加到大数据存储系统中或直接发送到流处理系统中进行处理分析。

(3) 业务系统数据：部分企业会使用传统的关系型数据库 MySQL、Oracle 等来采集和存储业务系统数据。除此之外，Redis 和 MongoDB 这样的 NoSQL 数据库也常用于业务系统数据的采集。

(4) 系统日志数据：目前常用的开源日志收集系统有 Flume、Scribe 等。

2) 数据存储层

数据存储层主要负责大数据的存储和管理工作。大数据技术架构中数据采集层采集的数据通常存放在分布式文件系统(如 HDFS)或云存储系统。为了便于大数据访问和管理，大数据存储层通常会采用一些非关系型数据库(NoSQL)对数据进行存储和管理。对于不同的数据结构和管理要求，可以选择不同类型的非关系型数据库。常见的非关系型数据库有键值对(Key-value)数据库 Redis、列族数据库 Hbase 和文档数据库 MongoDB 等。

3) 数据处理层

大数据处理层主要负责大数据的计算和分析工作。大数据的计算根据分析数据的方式不同有两个类别。一种叫做批处理计算，主要针对的是某个时间段(如某"月"某"天")的数据进行计算，这种计算由于数据量大，需要花费几十分钟甚至更长时间。同时由于这种数据是非在线实时获取的离线数据，所以这种计算又被称为"离线计算"。目前"离线计算"具有代表性的处理引擎有 MapReduce、Spark。离线计算针对的是历史数据，与之对应的就是针对实时数据进行的计算，这种计算叫做"流式计算"。由于处理的数据是实时在线产生的，又被称为"实时计算"。"流式计算"具有代表性的框架有 Storm、Flink 和 Spark Streaming 等。

4) 数据应用层

数据应用层是大数据技术应用的实现层，主要面向用户。大数据架构为大数据的业务应用提供了一种通用的架构，还需要根据不同的业务场景，从业务需求、产品设计、技术选型到实现方案流程上具体问题具体分析，利用大数据可视化技术，进一步深入，形成更为明确的应用，包括基于大数据的交易与共享、基于开发平台的大数据应用、基于大数据的工具应用等。

2. 开源大数据平台(Hadoop 架构)

Hadoop 是目前应用最为广泛的分布式大数据处理框架，其具备可靠、高效、可伸缩等特点，几乎已经成了大数据技术的事实标准。Hadoop 是由 Apache 基金会开发的分布式系统基础架构，用户可以在不了解分布式底层细节的情况下，开发分布式程序，充分利用集群的威力进行高速存储和运算。Hadoop 框架最核心的设计就是 HDFS 和 MapReduce：

HDFS 为海量的数据提供存储，MapReduce 则为海量的数据提供计算。

1) 分布式存储——HDFS

HDFS(Hadoop Distributed File System，Hadoop 分布式文件系统)是一个适合运行在通用硬件上的分布式文件系统，是整个 Hadoop 体系的基础，负责数据的存储与管理。HDFS 有着高容错性(Fault-tolerant)、高吞吐量(High throughput)且适合部署在低价((Low-cost))的硬件上的特点，非常适合超大数据集的应用程序。

HDFS 采用主/从(Master/Slave)结构模型，一个 HDFS 集群由一个主节点(NameNode) 和若干个从节点(DataNode)组成。其中：NameNode 负责管理文件系统的名称空间和数据块映射信息、配置相关副本信息、处理客户端请求；DataNode 用于存储实际数据，并汇报状态信息给 NameNode，默认一个文件会备份三份在不同的 DataNode 中，以实现高可靠性和容错性。

2) 分布式计算——MapReduce

MapReduce 是 Map(映射)和 Reduce(归约)的组合，是面向大数据并行处理的计算模型、框架和平台，包含以下三层含义：

(1) MapReduce 是一个并行程序设计模型与方法。基于函数式程序设计语言(Lisp)的设计思想，提供了一种简便的并行程序设计方法，用 Map 和 Reduce 两个函数(Map 对杂乱无章的互不相关的元素进行解析，提取出数据特征 key 和 value，由于这一阶段元素之间互不相关，因而非常适合并行独立处理；Reduce 再对已归纳 key 和 value 的数据进行迭代计算)编程实现基本的并行计算任务，为程序员提供一个抽象、高层的编程接口和框架，从而通过简单、方便的编程实现大规模数据的计算处理。

(2) MapReduce 是一个并行计算与运行的软件框架。它提供了一个庞大且精良的并行计算软件框架，能自动完成计算任务的并行化处理，即自动划分计算数据和计算任务，在集群节点上自动分配任务、执行任务并收集计算结果，将并行计算涉及的很多系统底层的复杂细节(如数据分布存储、通信、容错处理等)交由系统处理，大大减轻了软件开发人员的负担。

(3) MapReduce 是一个基于集群的高性能并行计算平台。它允许用市场上通用的商用服务器构成一个包含数十、数百乃至数千个节点的分布式并行计算集群。

3) 分布式数据库——HBase

HBase 是 Hadoop Database 的缩写，它是一个非关系型的、高可靠性的、高性能的、可伸缩的、面向列的开源分布式数据库系统。由于最初 HBase 是 Apache 的 Hadoop 项目的一部分，将 HDFS 作为底层文件存储系统，在此基础上运行 MapReduce 进行分布式的批量处理数据，为 Hadoop 提供海量数据管理的服务，所以利用 HBase 技术可在廉价 PC Server 上搭建起大规模结构化存储集群。

HBase 是一个可以进行随机访问的存取和检索数据的存储平台，存储结构化和半结构化的数据，如果数据量不是非常庞大，则 HBase 甚至可以存储非结构化的数据。它不要求数据有预定义的模式，允许动态和灵活的数据模型，也不限制存储数据的类型。另外，由于 HBase 是非关系型数据库，所以也不要求数据之间有严格的关系，同时它允许在同一列的不同行中存储不同类型的数据。

4) 数据仓库工具——Hive

Hive 是 Hadoop 架构的数据仓库工具，在 HDFS 之上，可以将结构化的数据文件映射成一个数据表。Hive 提供了一套 Hive SQL 实现 MapReduce 计算，可以使用与 SQL 十分类似的 Hive SQL 对这些结构化的数据进行查询和统计分析。Hive 的优点是学习成本低，可以通过类似 SQL 的语句实现快速 MapReduce 统计，而不必开发专门的 MapReduce 应用程序。Hive 十分适合对数据仓库进行统计分析。

2.4　大数据技术的行业应用

2.4.1　在电子商务领域的应用

随着电子商务规模的不断扩大，商品个数和种类快速增多，顾客需要花费大量的时间才能找到自己想买的商品，这种浏览大量无关的信息和产品过程无疑会使淹没在信息过载中的消费者不断流失，为了解决这些问题，个性化推荐系统应运而生。个性化推荐系统是建立在海量数据挖掘基础上的一种高级商务智能平台，是大数据在电子商务领域的典型应用，它可以通过分析用户的历史记录来了解用户的兴趣特点和购买行为，从而主动为用户推荐其感兴趣的信息和商品，满足用户的个性化推荐需求。

1. 推荐系统

推荐系统的目的是建立用户与物品的关联关系，根据推荐算法的不同，推荐方法主要分为以下几类。

1) 基于内容的推荐

基于内容的推荐方法是以推荐物品的内容描述信息为依据来进行推荐，实质是基于对物品特征和用户喜好特征的关联分析和计算。例如，假设已知电影 A 是一部科幻剧，而恰巧我们得知某个用户喜欢看科幻电影，那么基于这样的已知信息，就可以将电影 A 推荐给该用户。

2) 协同过滤推荐

协同过滤推荐技术是推荐系统中应用最早和最为成功的技术之一。它一般采用最近邻技术，利用用户的历史喜好信息计算用户之间的距离，然后利用目标用户的最近邻用户对商品评价的加权评价值来预测目标用户对特定商品的喜好程度，系统根据这一喜好程度来对目标用户进行推荐。协同过滤最大的优点是对推荐对象没有特殊的要求，能处理非结构化的复杂对象，如音乐、电影等。

3) 基于关联规则推荐

基于关联规则的推荐是以关联规则为基础，把已购商品作为规则头，规则体作为推荐对象。关联规则挖掘可以发现不同商品在销售过程中的相关性，在零售业中已经得到了成功的应用。关联规则就是在一个交易数据库中统计购买了商品集 X 的交易中有多大比例的交易同时购买了商品集 Y，其直观的意义就是用户在购买某些商品的时候有多大倾向去购买另外一些商品。比如购买牛奶的同时很多人会同时购买面包。

4) 混合推荐

在实际应用中，单一的推荐算法往往无法取得最优的推荐效果，因此，推荐系统会用多种推荐算法进行有机组合，如在基于内容的推荐中加入协同过滤推荐。

2. 典型应用案例

在阿里巴巴旗下的淘宝网上不乏个性化推荐的场景。随着大数据热潮的兴起，快速捕捉海量用户行为并精确分析人群偏好等商业信息已经成为可能。

阿里全域数据提供了足够的数据基础，正是基于用户网购、搜索和娱乐影音等行为的数据洞察，可以利用数据分析辅以算法的视角对用户进行特征刻画，为用户打上各种各样的标签，如商品品牌偏好、商品类别偏好等。这些标签可以为用户推荐更合适的商品、为用户提供更好的服务等。例如：分析某用户为女性，可能仅仅是将与女性相关的服装、个人护理等商品作为推荐结果推送给该用户；若根据用户以往的浏览、交易等行为挖掘出进一步的信息，如用户的地理信息为海南，买过某几类品牌的服装，则可以将薄款的、品牌风格类似的服装作为推荐结果。推荐系统架构如图 2-18 所示。

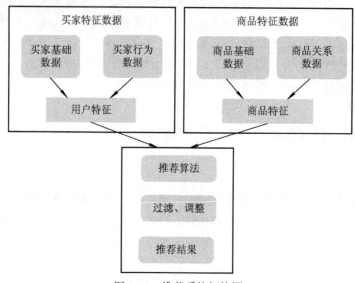

图 2-18　推荐系统架构图

2.4.2　在城市管理领域的应用

在智慧城市建设中，大数据的作用与地位正在发生深刻的变化，大数据从以前的单纯技术支撑手段逐步向智慧城市的核心建设内容与应用抓手转变。随着城市规模越来越大、城市人口越来越多、构成越来越复杂，传统的按条块分工模式早已无法满足城市的管理与运营，城市的精细化治理只有依靠全面的分析与科学的决策才可持续，只有大数据对城市运行产生的数据进行充分理解与分析，才可以支撑新型智慧城市的有序运行。大数据已经逐步成为智慧城市的信息化基础设施之一，是数据驱动下的新型智慧城市的重要组成部分。

安全有序是城市运行的基本要求，也是新型智慧城市建设与治理的核心目标之一。大数据在智慧城市中的公共安全领域无疑也具有极广阔的应用空间，通常体现为智慧警务的建设，下面以某市智慧警务建设的案例进行解析。

1. 总体规划设计

该市的智慧警务是以云计算、物联网、人工智能、视频联网、数据分析挖掘等为技术支撑，以公安信息化为核心，通过泛在连接、深刻洞察、智能赋能的方式，促进公安机关信息化建设与应用的集约化、协同化运作，以实现警务信息"强度整合，高度共享，深度应用"为目标的警务发展新理念和新模式。

2. "智慧警务"大数据平台的总体架构

为满足新形势下该市智慧警务信息化建设的需要，建设一个可扩展、可伸缩、可协同、可维护的完整信息化体系架构，从公共安全的全局战略出发，构建由信息采集层、数据层、服务层和应用层四个层级组成的总体架构，如图 2-19 所示。

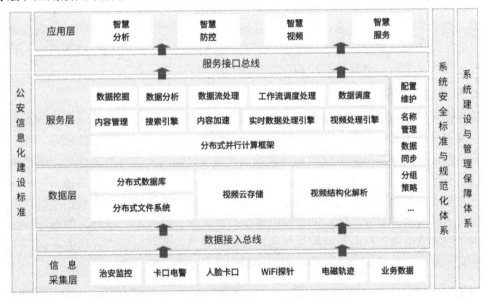

图 2-19   某市"智慧警务"大数据平台的总体架构

该大数据平台总体架构的各层功能如下：

信息采集层依托"三张网"，即公安信息专网、公安视频专网和互联网，汇聚社会各个层面的感知数据并传输至数据中心。

数据层为数据中心的数据处理、存储层，对信息采集层的感知数据进行集中整合分析并存储在相对应的数据资源库中。

服务层对数据层的资源数据进行筛选、归类和统计，用于顶层服务的数据源。

应用层基于数据源对外提供智慧警务四大应用，包括智慧分析、智慧防控、智慧视频和智慧服务。

2.4.3   在教育领域的应用

随着时代的发展，教育领域也发生了许多变革，尤其是教育大数据的引入。当前，教育大数据的研究和应用已经引起我国政府的高度重视，《教育信息化"十三五"规划》强调积极发挥教育大数据在教育管理平台建设和学习空间应用等方面的重要作用。"十四五"期间，大数据与教育的深度融合已成为必然趋势。可以预见，在今后一段时间我国教育大数据研究和应用将获得更快发展。

下面以某校教育大数据的应用案例——基于大规模多源异构数据融合的智慧校园系统为例进行案例解析。

1. 案例分析

教育大数据具有独有的特点，存在一定的复杂性。校内外的信息环境异常复杂，数据不仅来源于校内的各项信息，也来源于互联网的主流媒体，如贴吧、论坛、微博、微信、邮件、QQ 等。校内的信息也如校外的一样存在多源多样的情况，如来源于校内业务应用系统的结构化数据，来源于校内网络访问网站的半结构化数据，还有来源于校园监控系统的序列化视频数据等。本案例是利用大数据技术融合多源异构的学生行为数据，同时综合考虑不同类型学生的属性信息，如素养、兴趣爱好、年龄结构和社会时代的影响因素，并根据应用方向进行系统分析，形成学生多维数据分析信息，从而为校园舆情监测、教育发展分析提供决策依据，有效提高校园智慧化管理工作的效果。

2. 技术实现路径

智慧校园大数据系统的采集存储、特征提取、特征融合、模型构建、应用分析等各个环节的技术有机串联在一起，形成有序、逐步推荐的技术路线，如图 2-20 所示。整个技术路线先从大数据采集与存储平台的构建出发，丰富项目研究所需的数据源后，根据项目研究的目标与产业应用，重点研究多源异构数据融合处理与特征提取和融合技术，所得到的特征将为基于机器学习技术的事件或行为感知算法的研究提供可靠的输入；项目将根据数据的特性，利用深度学习、强化学习等机器学习技术研究不同事件或行为的感知算法，不断提高算法的准确率，从而为应用系统的研发提供支撑；最终根据产业化的不同需求，利用事件或行为的感知算法构建可推广的校园综合态势感知应用系统。

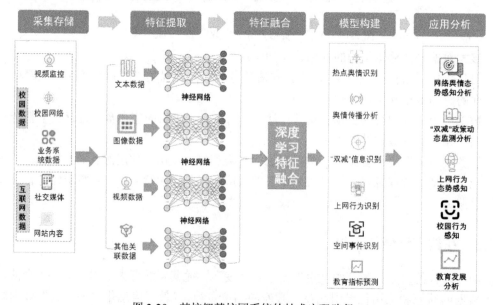

图 2-20　某校智慧校园系统的技术实现路径

2.5　大数据安全

数据在互联网、金融、交通、医疗、政务等行业以前所未有的速度产生、流转，在创造商业价值和应用价值的同时，背后的安全风险也越来越突出。近几年出现的一些大数据安全事件让人们意识到大数据安全已经不仅局限于个人和企业层面的保护问题，甚至可以深刻影响国家安全和社会稳定。例如：2016 年 8 月，犯罪团伙利用非法获取的高考考生信息，实施针对性诈骗，山东女生徐玉玉因学费被骗导致心脏问题抢救无效死亡；2018 年 3 月，Facebook 公司的两家裙带机构 SCL(Strategic Communication Laboratories)和剑桥分析公司(Cambridge Analytical)在未经用户同意的情况下，曾获得 5000 万 Facebook 用户资料数据来创建档案，并在 2016 年美国总统大选期间进行定向宣传，干扰总统选举。

2.5.1　挑战

传统的信息安全重点关注数据的保密性、完整性和可用性等静态安全特性，而大数据环境下，数据生命周期增加了共享、交易等环节，数据的流动是"常态"，数据的静止存储才是"非常态"，这使得大数据安全面临新挑战。

1. 数据流转复杂多元使得泄露风险增大

大数据正是通过共享、交易和流通实现数据质量和数据价值的变现和增值，在海量数据的复杂聚散中，往往会导致数据的多环节的信息隐性留存和数据流转追踪难、控制难等现象的发生，如何防止在整个过程中不发生非法传播、复制和篡改等泄露问题，成为很大挑战。书面合同或协议难以实现对相关方数据处理活动的实时监控和审计，极易造成数据滥用风险。

2. 攻击手段更为多样，传统安全手段难以防护

大数据技术本身由于数据规模海量、采集多源、成分异构，流转路径复杂，对应的存储、计算和分析技术的复杂度也大大提升，系统、网络和业务边界模糊也导致更多潜在的被攻击点和脆弱性，黑客能更容易找到隐藏手段，而传统防护体系侧重于单点防护，无法有效解决跨组织的数据授权管理和流向追踪问题，针对大数据环境下的高级可持续攻击很难被监测和防御。

3. 大数据整合能力使得个人信息和隐私安全问题突出

传统的数据往往单独、分散地存在于各个系统，相互不关联或弱关联，一般也难以完整还原或描绘出"具体个人画像"，但大数据通过聚合，将身份信息、轨迹信息、消费信息、金融信息、社交媒体信息、家庭信息等关联融合后，能够将匿名化处理的数据再次复原，从而精准、全面地绘制个人生活轨迹和全貌，使个人隐私信息无处遁形。

2.5.2　治理

1. 数据安全治理的理念

数据安全治理是以数据为中心，面向数据全生命周期的分类分级防护体系，其核心思

想是面向业务数据流转的动态、按需防护，其依托网络安全等级保护中面向网络、设备、应用等数据载体的静态防护能力为基石，扩展面向数据本身的分类分级动态防护能力，补充并完善面向数据安全管理的制度、策略和运营规范，形成围绕数据本身和数据载体的整体数据安全的防护能力。

数据安全治理需平衡数据发展与数据安全两者之间的关系，正如数据安全法中所述"统筹发展和安全，坚持以数据的开发利用和产业发展促进数据安全，以数据安全保障数据的开发利用和产业发展"。

数据安全治理能力建设并非单一产品或平台的构建，而是一个覆盖数据全部生命周期和使用场景的数据安全体系，需要从决策到技术，从制度到工具，从组织架构到安全技术通盘考虑。在对国家法律法规、行业规范、企业现况进行详细分析的基础上，结合业务目标来构建数据安全治理的架构。在很多情况下，数据安全治理能力的构建需要有一个长远的目标和计划，需要分步骤、分阶段地逐步完成。

2. 数据安全治理框架

数据安全治理框架是以数据安全动态管控为核心、以数据安全管理体系为指导、以数据安全运营体系为纽带、以数据安全技术体系为支撑的治理框架，如图 2-21 所示。

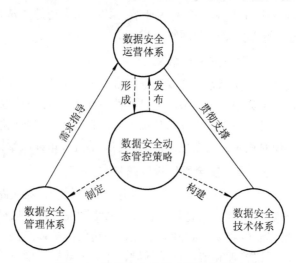

图 2-21　数据安全治理体系的关系图

在运营方面，以业务安全需求和满足法律法规及行业标准为驱动，建立一套日常化、集中化、规范化、流程化的数据安全运营工作方法。数据安全运营体系建设的参考框架如图 2-22 所示。

在管理方面，通过深入研究国家及行业的合规要求，建立数据安全管理制度的四级文件，即一级方针文件，二级制度规范文件，三级细则指引文件，四级表单、模板、记录文件。

在技术方面，依照企业或组织数据安全建设的总方针，结合企业或组织机构自身人员架构和制度规范，选择实施适宜的数据安全产品、服务等技术手段。参考 I(识别)、P(防护)、D(监测)、R(响应)模型，对数据生命周期的各个环节进行风险监控。数据安全技术体系建设的参考框架如图 2-23 所示。

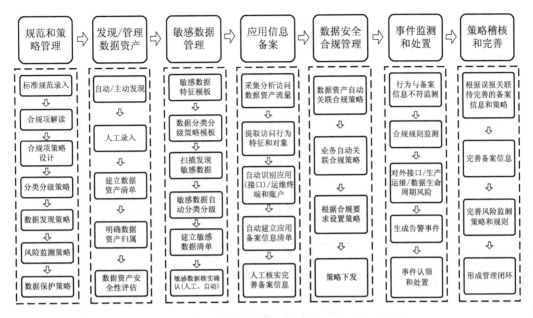

图 2-22　数据安全运营体系建设的参考框架

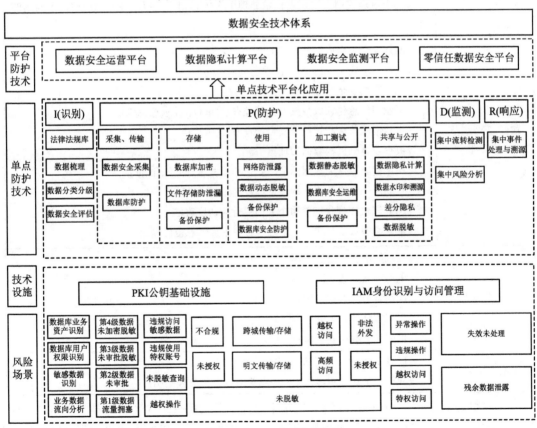

PKI：Public Key Infrastructure，公钥基础设施
IAM：Identity and Access Management，身份识别与访问管理

图 2-23　数据安全技术体系建设的参考框架

2.5.3　法律法规

数据的开发利用必须要依法依规开展，满足合规要求是数据安全底线。通过对国内、国际数据安全相关的法律法规解读，了解监管层面对有序推动数据价值发挥的安全保障要求，为数据安全治理的开展奠定合规依据。

1. 国内法规政策介绍

我国在数据安全治理方面已经形成了与法律、行政法规、部门规章和规范性文件、地方性法规以及相关行业标准、指南等相结合的综合性治理体系，不断加强数据治理的规范建设。我国数据安全法律法规及规范的脉络关系如表 2-4 所示。

表 2-4　我国数据安全重要法律法规及规范的脉络关系

类　型	名　称
法律	基本法律：《网络安全法》
	基础性法律：《数据安全法》《个人信息保护法》
行政法规	《关键信息基础设施安全保护条例》
	《网络数据安全管理条例(征求意见稿)》
	《关于审理使用人脸识别技术处理个人信息相关民事案件适应法律若干问题的规定》
部门规章/规范性文件	《网络安全审查办法》
	《数据出境安全评估办法(征求意见稿) 》
	《汽车数据安全管理若干规定(试行)》
	《工业和信息化领域数据安全管理办法(试行)(征求意见稿)》
	《中国银保监会监管数据安全管理办法(试行)》
	《银行业金融机构数据治理指引》
	《国家健康医疗大数据标准、安全和服务管理办法(试行)》
	《互联网信息服务算法推荐管理规定(征求意见稿)》
	《APP 违法违规收集使用个人信息行为认定方法》
	《常见类型移动互联网应用程序必要个人信息范围规定》
地方性法规	《深圳经济特区数据条例》
	《上海市数据条例》
	《广东省公共数据条例》
	《广东省公共数据管理办法》
	《贵州省大数据安全保障条例》
标准、指南等	《信息安全技术 个人信息安全规范》
	《网络安全标准实践指南——网络数据分类分级指引》

《网络安全法》于 2016 年 11 月 7 日第十二届全国人民代表大会常务委员会第二十四次会议通过，是我国网络安全管理方面的第一部基础性立法，以制度建设加强网络空间治理，规范网络信息传播秩序，惩治网络违法犯罪。该法全面地规定了网络与信息安全治理的基本规则，以网络运营者及关键信息基础设施运营者为主要规制对象，明确了网络运行

安全、网络信息安全、监测预警与应急处置等方面的义务，是国家的一部基本法律。

《数据安全法》于 2021 年 6 月 10 日由第十三届全国人民代表大会常务委员会第二十九次会议通过，全文共七章五十五条，围绕保障数据安全和促进数据开发利用两大核心，从数据安全与发展、数据安全制度、数据安全保护义务、政务数据安全与开放的角度进行了详细的规制。

《个人信息保护法》于 2021 年 8 月 20 日由第十三届全国人民代表大会常务委员会第三十次会议通过，该法建立了一整套个人信息合法处理的规则，从法律层面提供了数据安全保障和个人信息保护，是相关领域的基础性法律。

以上三部法律共同构成了我国数据保护的基础体系。

在数据基础法律体系搭建完成后，针对工业、电信、金融、汽车等行业数据的基础性规范和指导性文件密集出台，关键信息基础设施建设、数据跨境和数据垄断等热点问题得到及时回应，着眼于人脸识别、算法等数据应用的规制也迅速跟进，为保护公民个人信息、保障国家安全的诸多难点和热点问题提供了有力保障。

2. 国际法规政策介绍

在数字经济时代，数据安全是各行各业的运行关键，数据安全所带来的风险及损失也不可估量，因此，全球各主要国家均颁布了相关法律法规，通过各种组织措施和技术措施强化数据安全，推动数据开发利用、价值挖掘与安全防护的并举发展。下面对全球几个代表性国家或地区的相关法律法规作简单列举，如表 2-5 所示。

表 2-5 全球几个代表性国家或地区的相关法律法规

国家或地区	法 律 法 规
美国	《澄清域外合法使用数据法案》 《联邦数据战略与 2020 年行动计划》 《国防部数据战略》 《外国公司问责法案》
欧盟	《通用数据保护条例》 《网络信息系统安全指令》
德国	《联邦数据安全法》
日本	《个人数据保护法》
阿根廷	《个人数据保护法》

 项目任务

任务 1 今昔对比看发展

任务描述

2013 年以来，我国大数据技术应用出现了爆发式增长，大数据应用渗透到各行各业，数据驱动决策，信息社会智能化程度大幅度提高。作为新时代青年和新时代的建设者，你是否注意到大数据技术应用带来的巨大变化呢？

任务实施

以大数据的案例应用为例(表 2-6 列出了六种应用)，通过回顾、调查和讨论等方式对现有的大数据技术应用及其引入前、后带来的各种变化和为人类经济、生活带来的便利进行分析，并谈谈你的想法。

表2-6　大数据技术应用的现实影响分析表

案例应用	引入前的方式	现在的方式	你的想法
电商网站购物			
交通信息监测			
交通导航			
传染类疾病防控			
客户流失预测			
电信欺诈监测			

任务 2　利用数据挖掘相关技术进行电影票房预测

任务描述

该任务是利用数据挖掘相关技术对电影票房进行预测的一个案例。这个案例利用训练集数据进行模型训练，然后将测试集数据导入模型进行预测，得出目标值 revenue 即票房，数据集包含电影编号、拍摄年份、预算、语言、名称、类型、总票房等 53 个字段。

任务分析

电影票房预测的流程如下：

1) 获取原始数据

从网站上下载目标数据集，并用 Python 的 Pandas 库把电影票房数据集加载到内存。

2) 数据预处理

获取到相应的数据集之后，接下来需要对数据进行预处理，主要包括缺失值填充、异常值处理、特征归一化等步骤。

(1) 对于缺失值，这里使用 −1 对所有的缺失值进行填充。

(2) 对于异常值，这里直接把对应的一行数据进行删除。

(3) 特征归一化，对特征变化较大的字段进行特征归一化处理，使得每一列特征的变化范围均为 0~1。

3) XGBoost 模型训练

XGBoost 是一个优化的分布式梯度增强库，旨在实现高效、灵活和便携功能，它在 Gradient Boosting 框架下实现机器学习算法。XGBoost 提供并行树提升，可以快速、准确地解决许多数据科学问题。

对数据集进行划分，划分比例为 8∶2，即 80%是训练集，20%是测试集；接下来输入训练集的特征，使用 XGBoost 模型进行训练，在训练的过程中进行参数调优，通过训练后得到一个预测模型。

4) 对票房进行预测及模型的判断

将上一步得到的模型对测试集中的数据进行票房预测，并与真实的票房结果进行对比，计算均方值误差来对模型进行评估。

任务实施

1) 对数据集进行基本分析

(1) 图 2-24 展示了电影票房预测数据的 19 个字段，主要属性包括电影 budget(预算)、original_language(语言)、popularity(流行度)、production_companies(发行公司)等字段。

```
1  <class 'pandas.core.frame.DataFrame'>
2  Int64Index: 3000 entries, 0 to 2999
3  Data columns (total 53 columns):
4  id                      3000 non-null int64
5  belongs_to_collection   604 non-null object
6  budget                  3000 non-null int64
7  genres                  3000 non-null object
8  homepage                946 non-null object
9  imdb_id                 3000 non-null object
10 original_language       3000 non-null object
11 original_title          3000 non-null object
12 overview                2992 non-null object
13 popularity              3000 non-null float64
14 poster_path             2999 non-null object
15 production_companies    2844 non-null object
16 production_countries    2945 non-null object
17 release_date            3000 non-null object
18 runtime                 2998 non-null float64
19 spoken_languages        2980 non-null object
20 status                  3000 non-null object
21 tagline                 2403 non-null object
22 title                   3000 non-null object
```

图 2-24　数据集字段

(2) 图 2-25 展示了电影预算与电影票房之间的关系，横坐标是电影的预算，纵坐标是电影上映的票房，可以看到电影预算与电影票房之间大概率是一个正比的关系，即拍摄电影投入的资金越多，电影票房也会相对高一些。

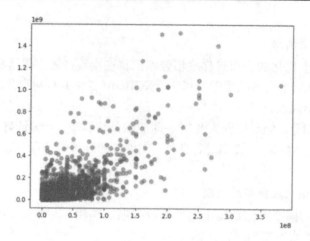

图 2-25　电影预算与电影票房之间的关系

(3) 图 2-26 展示了 1920—2019 年之间每年电影票房预算的统计情况，从图中可以看到电影预算投入的总体趋势一直在递增。

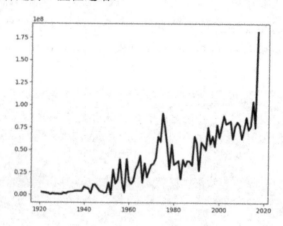

图 2-26　电影预算投入的总体趋势

(4) 从图 2-27 中可以看到 1920—2019 年之间每年电影票房的总体趋势一直在递增，并且在 2019 年达到了一个顶峰。

图 2-27　电影票房的总体趋势

2) 数据预处理与模型训练

(1) 对训练数据集的数据进行特征提取，其内容包括：

① 对于缺失值 NA 和 NaN，这里使用 −1 对所有缺失值进行填充。

② 对电影上映年份、月份、日期等进行处理，转化为对应的特征，加入模型中进行训练。

③ 对电影预算进行对数处理。

④ 对电影的类型进行热编码处理。

(2) 模型训练。

把电影数据集中所有的数据经过特征工程之后，输入到 XGBoost 模型中并对其进行训练。

3) 模型预测与模型评估

利用 XGBoost 算法对训练数据集进行训练，得到最后的电影票房预测结果。

项目小结与展望

本项目介绍了大数据的内涵和外延，包括大数据的定义和作用、大数据的发展历程、大数据思维，以及大数据与物联网、云计算、人工智能的关系；阐述了大数据采集与预处理、存储与管理、大数据分析和大数据可视化等处理流程的基本概念和技术演变，简要介绍了面向海量数据处理的大数据技术架构及开源大数据平台 Hadoop 的核心组件，并举例讲解了大数据在各行业的典型应用，最后探讨了随着大数据技术的高速发展所带来的数据安全挑战、数据安全治理的理念和框架以及数据安全的法律法规。

当前，数据已成为重要的生产要素，大数据产业作为以数据生成、采集、存储、加工、分析、服务为主的战略性新兴产业，是激活数据要素潜能的关键支撑，是加快经济社会发展质量变革、效率变革、动力变革的重要引擎。面对世界百年未有之大变局和新一轮科技革命及产业变革深入发展的机遇期，世界各国纷纷出台大数据战略，开启大数据产业创新发展新赛道，聚力数据要素多重价值挖掘，抢占大数据产业发展制高点。

2021 年 12 月，工业和信息化部发布的《"十四五"大数据产业发展规划》指出：我国进入由工业经济向数字经济大踏步迈进的关键时期，经济社会数字化转型成为大势所趋，数据上升为新的生产要素，数据要素价值释放成为重要命题。"十四五"规划的新方向为立足推动大数据产业从培育期进入高质量发展期，在"十三五"规划提出的产业规模 1 万亿元目标基础上，提出了"到 2025 年年底，大数据产业测算规模突破 3 万亿元"的增长目标，以及数据要素价值体系、现代化大数据产业体系建设等方面的新发展目标。

课后练习

1. 选择题

(1) 大数据最显著的特征是(　　)。

A. 数据规模大　　　　　　　　　　B. 数据类型多样

C. 数据处理速度快　　　　　　　　D. 数据价值密度低

(2) 以下大数据处理的流程，正确的是(　　)。

A. 数据清洗、数据采集、数据呈现、数据分析、数据管理

B. 数据采集、数据清洗、数据管理、数据分析、数据呈现

C. 数据采集、数据分析、数据清洗、数据管理、数据呈现

D. 数据采集、数据呈现、数据分析、数据清洗、数据管理

(3) 下列不属于数据存储与管理技术的是(　　)。

A. MySQL
B. Storm
C. HDFS
D. Hbase

(4) 不属于大数据应用案例的是(　　)。

A. 物联网的发展
B. 搜索引擎的推送
C. 社交网络分析
D. 云计算的应用

(5) Hadoop 框架中，最基础的存储组件和计算组件分别是(　　)。

A. HDFS 和 MapReduce
B. YARN 和 PIG
C. Hbase 和 Hive
D. YARN 和 Hive

(6) 描述数据的统计学特征常用的统计学指标有(　　)。

A. 分位数
B. 逻辑回归
C. 决策树算法
D. 神经网络

(7) 属于可视化工具的是(　　)。

A. Echarts
B. Sklearn
C. Python 的 Pandas 工具包
D. PPT 演示

(8) 数据仓库所存储的数据通常具有一定的特点，下列不属于其特点的是(　　)。

A. 面向特定主题
B. 数据来源多样
C. 面向事务
D. 存储历史数据

(9) 智能健康手环的应用开发体现了(　　)的数据采集技术的应用。

A. 统计报表
B. 网络爬虫
C. API 接口
D. 传感器

2. 简答题

(1) 简述数据处理的基本流程，分别包含哪些技术？

(2) 分析讨论：相对于传统统计分析而言，大数据时代在思维方式上的主要变化是什么？

(3) 大数据环境下如何保障数据的安全性和隐私性？

项目 3　人工智能技术

 项目背景

2022 年 2 月北京冬奥会，AI 智慧餐厅、L4 级无人驾驶车、AI 裁判、AI 手语主播等人工智能应用集体亮相(如图 3-1 所示)，让观众在欣赏精彩冰雪赛事的同时，深深体会到了人工智能(Artificial Intelligence，AI)的科技魅力，不少人甚至发出了"北京冬奥就是人工智能奥运"的感慨。

(a) AI 智慧餐厅

(b) L4 级无人驾驶车

(c) AI 裁判

(d) AI 手语主播

图 3-1　北京冬奥会人工智能典型应用

事实上，人工智能技术早已深深地融入我们的生活之中，有些我们已深有体会，而还有不少我们经常使用却未能察觉。作为我们学习和生活的标配，智能手机就是 AI 科技的结晶，其装载的人工智能应用大家也已耳熟能详，例如指纹解锁、人脸解锁、语音输入、手写输入、健康助手等。然而，你有没有想过，这些应用是如何实现的呢？

　　回想一下，当你拿到新的智能手机首次开机时，手机是否需要进行配置，是否要求你反复录入指纹，而在指纹录入成功后，你是否只需要把手指放在指纹识别区轻触屏幕就可以立刻开屏？又或者，在手机配置时是否要求你多次录入人脸，而在录入之后使用手机时，只需要正对手机屏幕就可以刷脸打开屏幕？总结一下，使用刷指纹或者刷人脸功能时，系统期望的是验证你的个人身份，因此需要你首先反复录入数据。指纹解锁和人脸解锁的使用过程虽然简单，但却蕴含着人工智能技术的实现原理和技术特点。

　　还可以考虑另一种智能应用场景，如语音输入、手写输入等，这些应用是否与刷指纹或者刷人脸一样有一个配置过程？还是拿过来就可以直接使用？答案一定是不需要配置过程。那么问题来了，为什么语音输入、手写输入不需要预先录入信息就可以直接使用呢？其根本原因在于，语音输入、手写输入需要识别的是你说的内容或手写的内容，而不是你的个人身份。因此，语音输入、手写输入等人工智能应用希望所有人都方便使用，考虑的是应用的共性问题，而刷指纹和刷脸要求你的机器只能你一个人使用，考虑的是个性问题。总结起来就是，语音输入、手写输入等人工智能应用追求共性求同、个性存异。

　　在人工智能技术被称为世界第四次工业革命的当今社会，人工智能领域已经成为当今世界各国一争高下的战场，而人工智能的基础知识已成为新时代建设者们必备的素养之一。本项目主要讲解人工智能的基础知识和技术，首先介绍人工智能的发展历史、基础知识及核心技术、应用领域，然后通过项目实践任务让读者更深入地了解人工智能这一领域。

项目延伸

🔍 思维导图

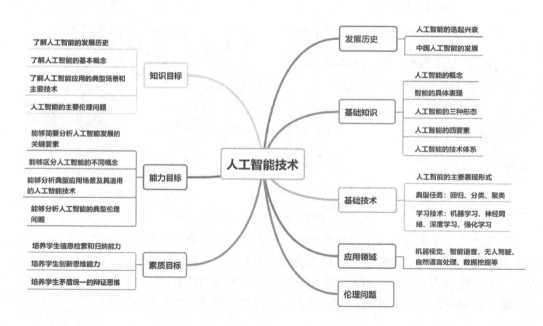

项目相关知识

3.1 人工智能的概念

项目微课

说到人工智能，首先要了解什么是智能，智能的本质又是什么。这是古今中外许多哲学家、脑科学家一直在努力探索和研究的问题，但至今仍然没有得到完全的解决。为此，宇宙的起源、物质的本质、生命的本质和智能的发生一起被列为自然界的四大奥秘。一般来说，智能是知识与智力的总和，其中知识是一切智能行为的基础，而智力是获取知识并应用知识求解问题的能力，智能具有感知能力、记忆与思维能力、学习能力、行为能力等特征。

从科学体系上来讲，人工智能是一门典型的交叉性学科，涉及计算机科学、数学、认知科学、哲学、心理学、信息论、控制论、社会结构学等众多学科的知识。关于人工智能，有一个比较宽泛的定义："人工智能就是机器展现出来的智能，所以只要机器有智能的特征和表现就应该将其视为人工智能。"百度百科则倾向于从学科角度给出其定义："人工智能是研究、开发用于模拟、延伸和扩展人的智能的理论、方法、技术和应用系统的一门新的技术科学。"然而，时至今日，人工智能仍没有一个大家一致接受的定义。本书采用我国《人工智能标准化白皮书(2018 年)》给出的定义："人工智能是利用数字计算机或者由数字计算机控制的机器，模拟、延伸和扩展人类的智能，感知环境、获取知识并使用知识获得最佳结果的理论、方法、技术和应用系统。"

上述定义反映了人工智能学科的基本思想和基本内容，即人工智能研究的是人类智能活动的规律，研究如何让计算机去完成以往需要人的智能才能胜任的工作，从而构造具有一定智能的人工系统，也就是研究如何应用计算机的软、硬件来模拟人类某些智能行为的基本理论、方法和技术。人工智能的目标是用机器实现人类的部分智能，使机器能听、能说、能看、能写、能思维、能学习、能适应环境变化、能解决面临的实际问题。简单来说，人工智能就是对人的意识、思维的信息过程的模拟。

3.2 人工智能的起源与发展

1. 人工智能的起源

1956 年，在美国召开的达特茅斯(Dartmouth)会议上，"人工智能(Artificial Intelligence)"这个概念被正式使用。

达特茅斯会议由达特茅斯学院年轻的助理教授约翰·麦卡锡(John McCarthy)、哈佛大学数学与神经学初级研究员马文·明斯基(Marvin Minsky)、IBM 信息研究经理纳撒尼尔·罗切斯特(Nathaniel Rochester)、贝尔电话实验室数学家克劳德·香农(Claude Shannon)发起，会议的主题是"用机器来模仿人类学习以及其他方面的智能"，包括自动计算机(Automatic Computer)、如何通过编程使计算机使用自然语言(How Can a Computer be

Programmed to Use a Language)、神经元网络(Neuron Nets)、计算规模理论(Theory of the Size of a Calculation)、自我提升(Self-improvement)、抽象概念(Abstraction)、随机性和创造力(Randomness and Creativity)等 7 个相关的基础议题。

达特茅斯会议是人工智能发展史上的里程碑会议，麦卡锡、明斯基、纽厄尔、西蒙等 10 余位先驱共同叩开了人工智能领域的大门，他们一起谱写了"人类群星闪耀时"的壮丽诗篇。在这次会议上，麦卡锡还发明了人工智能领域的著名语言——LISP(List Processing，表处理)。因在人工智能领域的杰出贡献，麦卡锡于 1971 年荣获计算机领域国际最高奖项——图灵奖，被世人称为"人工智能之父"。

2. 人工智能技术的螺旋式发展

1) 第一次繁荣(1956—1974 年)

达特茅斯会议后，人工智能研究走向了持续近二十年的第一个繁荣期，在机器学习、定理证明、模式识别、问题求解、专家系统及人工智能语言等方面都取得了引人注目的成就。

除学术界外，各国政府也对人工智能领域产生了浓厚的兴趣，大量资金的注入也使人工智能应用领域在这二十年间可谓是百花齐放。特别是在机器人领域，我们当今很多用于生产和研究的机器人在当时便出现了原型，后续的繁荣期也诞生了许多具备一定人工智能的机器人。下面介绍两个非常有代表性的例子。

(1) 世界上的第一台工业机器人尤尼梅特(Unimate)。

1959 年，乔治·德沃尔(George Devol)和约瑟夫·恩格尔伯格(Joseph F.Engelberger)发明了世界上第一台工业机器人，命名为 Unimate，意思是"万能自动"。恩格尔伯格负责设计机器人的"手""脚"和"身体"，即机器人的机械部分和完成操作部分；由德沃尔设计机器人的"头脑""神经系统"和"肌肉系统"，即机器人的控制装置和驱动装置。Unimate 与现在的很多工业机器人一样，是一台机械臂，如图 3-2 所示。它在通用汽车生产线的职责主要是从装配线运输压铸件并将零件焊接至汽车上，这对于工人来说是一项非常危险的工作，因为会有气体中毒及受伤的风险，这也是乔治·德沃尔和约瑟夫·恩格尔伯格发明这个机器人的原因。这个机器人还在当时的电视节目中表演了打高尔夫球、倒啤酒等。

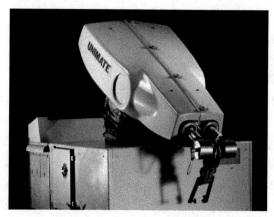

图 3-2　Unimate 机器人

(2) 机器人 WABOT-1。

1967 年，日本早稻田大学开启了 WABOT 项目，并于 1972 年完成了 WABOT-1，这是世界上第一个全尺寸人形智能机器人，如图 3-3 所示。它高约 2 m，重达 160 kg，有双手双脚、摄像头视觉和听觉装置，具备了肢体控制系统、视觉系统和会话系统，WABOT-1 可以通过它的人工嘴用日语与人进行简单的交流，它的肢体控制系统使其具备了行走和抓握并运输物体的能力，通过视觉系统中的各类传感器，它可以测量身前物体的距离与方向。以我们现在的眼光来看，虽然这个机器人能够搬东西也能移动双脚，但每走一步要 45 s，而且只能走 10 cm，相当笨重缓慢。但以当时的技术来说，这已经震惊了世界。

图 3-3　机器人 WABOT-1

人工智能研究人员总是喜欢用人工智能技术挑战人类自己的棋类智力游戏，这个阶段挑战的是西洋跳棋。1959 年，计算机游戏先驱亚瑟·塞缪尔(Arthur Samuel)在 IBM 的首台商用计算机 IBM 701 上编写了西洋跳棋程序，这个程序顺利战胜了当时的西洋跳棋大师罗伯特·尼赖(Robert Nilai)。这个阶段也诞生了世界上第一个聊天程序 ELIZA，它由麻省理工学院的人工智能学院在 1964—1966 年期间编写而成，能够根据设定的规则，根据用户的提问进行模式匹配，然后从预先编写好的答案库中选择合适的回答。

即便人工智能领域已取得了一些成果，可这对大众和投资者来说远远不够。昂贵的价格(20 世纪 50 年代租用一台计算机需要近 20 万美金/月)和一些重点项目(如机器翻译)的失败让投资者在看不到实际成果的情况下对人工智能逐渐冷淡。我们知道现在的人工智能的智慧都是基于对海量的数据进行分析而得到的，而当时的信息与存储技术完全不足以支持人工智能的发展，当时计算机有限的内存与处理速度也不可能让人工智能解决任何实际性的复杂问题。人工智能领域陷入的僵局令各方的投资人与机构逐渐对没有明确方向的研究项目停止了资助，这也直接导致了人工智能领域在第一次繁荣后走向了第一次"寒冬"。

2) 第一次"寒冬"(1974—1980 年)

1973 年，针对当时的机器人技术、语言处理技术和图像识别技术存在的缺陷，著名数学家拉特希尔(Rathill)向英国政府提交了一份关于人工智能研究现状的研究报告,直言当时人工智能的目标根本无法实现,研究已经完全失败。后来,科学界对人工智能的现状和发展情况进行了一轮深入的探讨,对人工智能的实际价值提出了质疑。鉴于此,各国政府和机构也停止或减少了资金投入,人工智能在 20 世纪 70 年代中期陷入了第一次"寒冬"。

这次"寒冬"不是偶然的,在人工智能的黄金时代,虽然创造了各种软件程序或硬件机器人,但它们看起来都只是"玩具"或是实验室的成果,要将人工智能成果转化为实用的工业产品,科学家们遇到了许多很难战胜的挑战,其中最大的挑战是算力和数据。

(1) 算力。

让科学家们最头痛的就是很多人工智能的难题理论上可以解决,看上去只是少量的规则和几个很少的棋子,但带来的计算量惊人,实际上根本无法解决。当时有科学家计算得出,用计算机模拟人类视网膜视觉至少需要执行 10 亿次指令,而 1976 年世界上最快的计算机 Cray-1 造价数百万美元,但速度还不到 1 亿次/秒,普通计算机的计算速度还不到 100 万次/秒。人工智能也需要足够的算力才能真正发挥作用。很多人工智能科学家发现,数学推理、代数几何这样的人类智能,计算机可以用很少的算力轻松完成,而对于图像识别、声音识别和自由运动这些人类无需动脑,靠本能和直觉就能完成的事情,计算机却需要巨大的运算量才可能实现。

(2) 数据。

人工智能还需要大量的人类经验和真实世界的数据才能进行机器学习,形成"智能",即使要达到一个 3 岁婴儿的智能水平,也是要观看过数亿张图像、听过数万个小时声音之后才能形成,而当时计算机和互联网都没有普及,不可能获取如此庞大的数据。

3) 重整旗鼓阶段(1980—1987 年)

英特尔的创始人兼当时的首席执行官戈登·摩尔(Gordon Moore)于 20 世纪 70 年代提出了一个非常有趣的预言:集成电路上可容纳的晶体管数目约每两年便会增加一倍。这个预言也被称为摩尔定律。事实也确如其所言,直至 2013 年年底,半导体的发展速度才有所放缓。到了 20 世纪 80 年代,电子计算机的性能与 10 年前已不可同日而语,在这样的前提下社会与各机构对人工智能又重新燃起了希望,专家系统和日本的第五代计算机推动了 20 世纪 80 年代人工智能的发展。

(1) 专家系统。

这一时期,专家系统开始在特定领域发挥威力,带动整个人工智能技术进入了一个繁荣阶段。专家系统的起源可以追溯到"黄金时代"(20 世纪 50~60 年代)。1965 年,美国著名人工智能专家 E.A.费根鲍姆(Edward Albert Feigenbaum)在斯坦福大学带领学生开发了第一个专家系统 Dendral,这个系统可以根据化学仪器的读数自动鉴定化学成分。卡耐基梅隆大学(CMU)1978 年研发的 XCON 在 1980 年正式投入工厂使用。XCON 是一款能够帮助顾客自动选配计算机配件的软件程序,这是个完善的专家系统,包含了设定好的超过 2500 条规则,在后续几年处理了超过 8 万条订单,准确度超过 95%,每年节省的费用超过 2500 万美元。这成为一个新时期的里程碑。XCON 取得了巨大的商业成功,20 世纪 80 年代三分之二的世界 500 强公司开始开发和部署各自领域的专家系统。据统计,在 1980—1985

年这 5 年期间就有超过 10 亿美元投入人工智能领域，大部分用于企业内的人工智能部门，也涌现出很多人工智能软硬件公司。

专家系统把自己限定在一个小的范围，避免了通用人工智能的各种难题，它充分利用现有专家的知识经验务实地解决人类特定工作领域需要的任务。它不是创造机器生命，而是制造更有用的活字典、好工具。

(2) 日本的第五代计算机系统研究计划。

计算机技术和人工智能技术的快速发展点燃了日本政府的热情，1982 年 4 月，日本制订了为期十年的"计算机系统研究计划"(Fifth Generation Computer Project)，目的是抢占未来信息技术的先机，创造具有划时代意义的超级人工智能计算机。第五代计算机是一种结合了信息采集、存储、处理、通信和人工智能的智能计算机系统，能够面向知识处理，具备形式化推理、联想、学习和解释的功能，能够帮助人类研究未知领域和新的知识，同时在人机的交互上也有创时代的理念，人机可以通过自然语言(声音、文字)或图像来交换信息。

日本尝试使用大规模多 CPU 并行计算来解决人工智能的算力问题，并希望打造面向更大的人类知识库的专家系统来实现更强的人工智能。图 3-4 所示为当时日本研发的具有512 颗 CPU 并行计算能力的第五代计算机。

图 3-4　日本研发的第五代计算机

这个项目在 10 年后基本以失败结束，主要是当时低估了 PC 发展的速度，尤其是 Intel 的 x86 芯片架构在短短的几年内就发展到足以应付各个领域专家系统的需要。然而，第五代计算机计划极大地推进了日本工业信息化进程，加速了日本工业的快速崛起；另一方面，这开创了并行计算的先河，至今我们使用的多核处理器和神经网络芯片都受到了这个计划的启发。

人工智能领域当时主要使用约翰·麦卡锡的 LISP 编程语言，所以为了提高各种人工智能程序的运输效率，很多研究机构或公司都开始研发制造专门用来运行 LISP 程序的计算机芯片和存储设备，打造人工智能专用的 LISP 机器。这些机器可以比传统计算机更加高效地运行专家系统或者其他人工智能程序。

4) 第二次"寒冬"(1987—1993 年)

专家系统最初取得的成功是有限的，它无法自我学习并更新知识库和算法，维护起来越来越麻烦，成本越来越高，以至于很多企业后来都放弃陈旧的专家系统或者升级到新的信息处理方式。虽然 LISP 机器逐渐取得进展，但同时 20 世纪 80 年代也正是个人电脑崛起的时期，IBM PC 和苹果电脑快速占领了整个计算机市场，它们的 CPU 频率和速度稳步提升，越来越快，甚至变得比昂贵的 LISP 机器更加强大。

直到 1987 年，专用 LISP 的机器硬件销售市场严重崩溃，包括日本第五代计算机在内的很多超前概念都最终失败，原本科幻美好的人工智能产品承诺都无法真正兑现。硬件市场的溃败和理论研究的迷茫，加上各国政府和机构纷纷停止向该领域投入资金，导致人工智能研究数年都处于低谷，人工智能领域再次进入"寒冬"。人们开始对于专家系统和人工智能的信任都产生了危机，一股强烈的声音开始对当前人工智能的发展方向提出质疑，他们认为使用人类设定的规则进行编程，这种自上而下的方法是错误的。

当然，这一时期也取得了一些重要成就。1988 年，美国科学家朱迪亚·皮尔(Judea Pearl)将概率统计方法引入人工智能的推理过程中，这对后来人工智能的发展起到了重大影响；IBM 的沃森研究中心把概率统计方法引入到人工智能的语言处理中，实现了英语和法语之间的自动翻译；1989 年，AT&T 贝尔实验室的雅恩·乐昆(Yann Lecun)及其团队使用卷积神经网络技术，实现了人工智能识别手写的邮政编码数字图像；1992 年，当时在苹果公司任职的华人李开复使用统计学的方法，设计开发了具有连续语音识别能力的助理程序 Casper，这也是 20 年后 Siri 最早的原型。Casper 可以实时识别语音命令并执行计算机办公操作，类似于用语音控制生成 Word 文档。

5) 稳健时代(1993—2011 年)

经历过半个世纪风雨起伏的人工智能行业，终于进入了稳健发展期。在 20 世纪 90 年代和 21 世纪的前 10 年里，一方面人工智能技术逐渐与计算机和软件技术深入融合，为了让自己的工作内容听起来更切实而不科幻，很多研究者都不再使用人工智能这个术语，而是叫作数据分析、商业智能、信息化、知识系统、计算智能等，研究成果或开发的功能往往也直接成为软件工程的一部分；另一方面，在这个阶段，人工智能算法理论的进展并不多，很多研究者都只是基于以前时代的理论。回想一下摩尔定律，随着计算机算力的大幅提升，人工智能领域自发地走向了稳健发展期，人工智能领域中许多具有里程碑意义的目标已经得到实现。

(1) 稳健发展期的人工智能里程碑事件。

1995 年，理查德·华莱士(Richard Wallace)受到 20 世纪 60 年代聊天程序 ELIZA 的启发，开发了新的聊天机器人程序 Alice，这是第一个基于互联网的聊天机器人，它能够利用互联网不断增加自身的数据集并优化内容。2013 年奥斯卡获奖影片 *Her* 就是以 Alice 为原型创作的。

1997 年，两位德国科学家塞普·霍赫赖特(Sepp Hochreiter)和于尔根·施密德胡伯(德语：Jürgen Schmidhuber)提出了长短期记忆网络(LSTM)，这是一种今天仍用于手写识别和语音识别的递归神经网络，对后来人工智能的研究有着深远的影响。

2000 年，日本本田公司发布了机器人产品 ASIMO，该机器人能走会跳，能说善道，可帮助主人端杯送水，经过多年的升级改进，目前已经是全世界最先进的机器人之一。

2002 年，人工智能进入家居领域，美国先进的机器人技术公司 iRobot 面向市场推出了 Roomba 扫地机器人，大获成功。iRobot 至今仍然是扫地机器人中最好的品牌之一。

2004 年，美国神经科学家杰夫·霍金斯(Jeff Hawkins)出版了《人工智能的未来》一书，深入讨论了全新的大脑记忆预测理论，指出了依照此理论如何去建造真正的智能机器，这本书对后来神经科学的深入研究产生了深刻的影响。

2007 年，在斯坦福任教的华裔科学家李飞飞发起创建了 ImageNet 项目。为了向人工智能研究机构提供足够数量可靠的图像资料，ImageNet 号召民众上传图像并标注图像内容。ImageNet 目前已经包含了 1400 万张图片数据，超过 2 万个类别。自 2010 年开始，ImageNet 每年举行大规模视觉识别挑战赛，全球开发者和研究机构都会参与贡献最好的人工智能图像识别算法进行评比。尤其是 2012 年由多伦多大学在挑战赛上设计的深度卷积神经网络算法，被业内认为是深度学习革命的开始。

2009 年，华裔科学家吴恩达及其团队开始研究使用图形处理器(GPU)进行大规模无监督式机器学习工作，尝试让人工智能程序完全自主地识别图形中的内容。2012 年，吴恩达取得了惊人的成就，向世人展示了一个超强的神经网络，它能够在自主观看数千万张图片之后，识别那些包含有小猫的图像内容。这是历史上在没有人工干预的情况下机器自主强化学习的里程碑式事件。

2009 年，谷歌开发了第一款无人驾驶汽车。2014 年，谷歌成为第一个通过美国内华达州自驾车测试的公司。

(2) "深蓝"超级计算机。

这一时期人工智能的标志性事件是"深蓝"(Deep Blue)超级计算机的研发。

1988 年，正在卡内基梅隆大学攻读博士学位的美籍华人计算机科学家许峰雄开发出来超级计算机"深思"(Deep Thought Chess Machine)，这台超级计算机正是"深蓝"的雏形，它也在当时击败了国际象棋特级大师，成为第一台达到特级大师水平的计算机。1989 年，许峰雄获得卡内基梅隆大学博士学位后，立刻加入了 IBM，开始"深蓝"计划的研究。1992 年，谭崇仁在 IBM 的委任下，担任了超级计算机研究计划主管，领导研究小组开发专门用以分析国际象棋的"深蓝"超级计算机。

然而"深蓝"的征程并非一帆风顺。1996 年 2 月 10 日，"深蓝"首次正式向国际象棋世界冠军卡斯帕罗夫发起挑战，经历了 7 天的鏖战后，"深蓝"以 2∶4 落败。其后研究人员对"深蓝"加以改良，甚至有一个非官方的昵称"更深的蓝"(Deeper Blue)。1997 年 5 月，"深蓝"再次向卡斯帕罗夫发起挑战，这一次"深蓝"以 3.5∶2.5 正式击败国际象棋世界冠军卡斯帕罗夫，成为首个在标准比赛时间内击败国际象棋世界冠军的计算机系统。人工智能在某个领域正式超越人类的消息广为传播，引起了世界的轰动。

6) 大数据驱动发展期(2011 年至今)

2012 年，辛顿实验室的一名学生使用 CUDA 实现了神经网络的 AlexNet 模型，其实验效果惊动了整个学术界，开启了以深度学习为核心技术、以大数据为学习对象、以高性能计算设备为载体的人工智能研究和应用的爆发式发展时期。目前常用的人工智能应用，一般是此阶段人工智能技术的产物，读者可以在 3.5 小节中了解人工智能的典型应用领域。

3. 中国人工智能的发展

中国的人工智能研究起步较晚。1978 年 3 月，全国科学大会在北京召开，国家领导人发表了"科学技术是生产力"的重要讲话，大会提出了"向科学技术现代化进军"的战略决策，"智能模拟"纳入国家研究计划。

20 世纪 80 年代初期，钱学森等主张开展人工智能研究，中国的人工智能研究进一步活跃起来。自 1980 年起，中国选派大批留学生赴西方发达国家研究现代科技、学习科技新成果；1981 年 9 月，中国人工智能学会(CAAI)在长沙成立，秦元勋当选第一任理事长，圈内开始正视人工智能；1982 年，中国人工智能学会刊物《人工智能学报》在长沙创刊，成为国内首份人工智能学术刊物。

1986 年起，智能计算机系统、智能机器人和智能信息处理等重大项目列入国家高技术研究发展计划(863 计划)；1986 年，清华大学校务委员经过三次讨论后，决定同意在清华大学出版社出版《人工智能及其应用》一书，之后，中国首部人工智能、机器人学和智能控制著作分别于 1987 年、1988 年和 1990 年问世；1987 年，《模式识别与人工智能》杂志创刊；1989 年，首次召开中国人工智能联合会议(CJCAI)；1993 年，智能控制和智能自动化等项目被列入国家科技攀登计划。

2006 年 8 月，中国人工智能学会联合其他学会和相关部门，在北京举办了"庆祝人工智能学科诞生 50 周年"大型庆祝活动，并举办了多项人机对弈的比赛。同年，《智能系统学报》创刊；2009 年，由中国人工智能学会牵头组织，向国家学位委员会和教育部提出设置"智能科学与技术"学位授权一级学科的建议。

2014 年，国家领导人开始在讲话或者报告中提出人工智能的发展；2015 年 7 月，在北京召开了"2015 中国人工智能大会"，发表了《中国人工智能白皮书》，包括《中国智能机器人白皮书》《中国自然语言理解白皮书》《中国模式识别白皮书》《中国智能驾驶白皮书》和《中国机器学习白皮书》，为中国人工智能相关行业的科技发展描绘了一个轮廓，也给产业界指引出一个发展方向；2016 年 4 月，工业和信息化部、国家发改委、财政部等三部委联合印发了《机器人产业发展规划(2016—2020 年)》，为"十三五"期间中国机器人产业发展描绘了清晰的蓝图；2017 年 7 月，国务院发布了《新一代人工智能发展规划》，明确将人工智能作为未来国家重要的发展战略。

3.3　人工智能的基础知识

下面详细介绍人工智能的基础知识，包括智能的具体表现、人工智能的三种形态、人工智能的四要素和人工智能的技术体系。

1. 智能的具体表现

人工智能是对人的智能的模拟与扩展，而智能体就是具有智能的实体。智能体对外界具有感知能力，具有对感知信息的分析、判断的能力，以及有目的地行动的能力，可以看作是人的感知能力、智力和体力的模拟与扩展。

作为人类各项能力的模拟与扩展，人工智能在感知能力、智力和体力三个领域发展迅速，在部分领域甚至已经远超人类，这种趋势在将来将会愈演愈烈。物联网技术的发展，尤其是各种传感器设备的发明，扩充了人类的感知能力、增强了人类获取外界信息的能力。伴随着信息来源的增加和信息量的增大，辅助人脑进行计算、推导和控制的计算机智力技术也飞速发展，出现了包括超算、图形处理单元(Graphics Processing Units，GPU)在内的高性能计算设备，以及模式识别、机器学习、深度学习等算法和模型。以蒸汽机、柴油机、汽油机、电动机甚至航天发动机为代表的动力设备，弥补了人类体力的局限性，增强了人类改造世界的能力。

2. 人工智能的三种形态

根据智能水平的高低，产业界将人工智能分为三种形态(也称为人工智能的三个阶段，见图 3-5)：弱人工智能、强人工智能和超人工智能。目前，弱人工智能技术已经相对成熟并成功应用在很多行业中，而强人工智能仍处于实验室研究阶段。

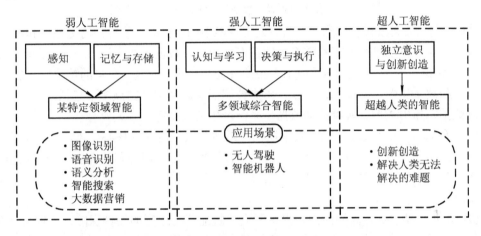

图 3-5 人工智能的三种形态

(1) 弱人工智能。弱人工智能(Artificial Narrow Intelligence)是指智能发展水平并没有达到模拟人脑思维的程度，属于"工具"范畴。一般来说，弱人工智能仅专注于某个特定领域并完成某个特定的任务，不必具备自主意识、情感等，其优点是人类可以很好地控制其发展和运行。常见的弱人工智能技术有语音识别、图像识别等，其典型应用包括 Google 的人工智能围棋机器人 AlphaGo、深蓝计算机、手机导航系统、翻译软件等。

(2) 强人工智能。强人工智能(Artificial General Intelligence)是指智力程度和人类旗鼓相当的人工智能形态，其特点是机器能够像人一样思考和推理，具有自主意识，能够达到人类的智能水平。与弱人工智能相比，强人工智能有能力思考、做计划、解决问题，具备抽象思维、理解复杂概念、快速学习、从经验中学习等特征。目前，强人工智能主要处于实验室研究阶段，小部分应用开始进入实用阶段，如无人驾驶汽车。

(3) 超人工智能。超人工智能(Artificial Super Intelligence)是指超出人类智力水平的人工智能形态。人工智能思想家尼克·博斯特朗姆(Nick Bostrom)对超级智能进行了诠释：在几乎所有领域比最聪明的人类大脑都聪明很多，包括科学创新、通识和社交技能，到那个时候，人工智能将打破人脑受到的维度限制，在道德、伦理、人类自身安全等方面或许会出现许多无法预测的问题，需要人类未雨绸缪，提前规划与超人工智能共处的方式。

3. 人工智能的四要素

一般认为，人工智能有四个要素，即数据、算法、算力和场景目标，如图 3-6 所示。四者相互关联、缺一不可，在人工智能应用中需要结合在一起通盘考虑。下面分别介绍这四要素。

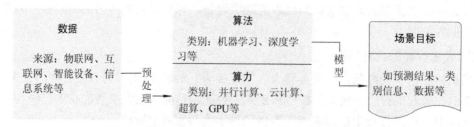

图 3-6　AI 技术四要素：数据、算法、算力和场景目标

(1) 数据。数据蕴含着信息和经验。人工智能中的"智能"蕴含在历史数据和经验中，需要经过一定的算法进行处理和转换才能被发掘出来。数据来源广泛，一部分来源于感知设备(即传感器)，也有大量数据来源于人类的行为和系统的行为。常见的传感器有摄像头、麦克风、脑波采集器、温湿度传感器、压力传感器等。数据种类众多，包括视频、音频、温湿度数据、压力数据、人类活动数据、系统产生的数据等。

(2) 算法。算法是实现智能的根本途径，是达成数据智能的核心技术。算法的作用是建立处理数据的模型，相当于人类的大脑，能够根据一定的规则和计算步骤处理数据，最终输出适合应用场景的数据、信息和决策等。人工智能的算法往往比较复杂，需要较高的算力支撑。

(3) 算力。算力是计算的能力，提供了人工智能正常运行的硬件保障，一般由计算设备提供，常见的算力设备有 CPU 和 GPU。随着数据规模的增加以及任务复杂性的提高，人工智能所需的算力要求往往随之增加。

(4) 场景目标。场景是人工智能系统的应用场景，蕴含着应用背景中的知识和经验。在人工智能技术应用中，数据、算力和算法三要素一般需要考虑与场景相关的特定约束和背景知识，从而满足场景的目标要求。一般认为，人工智能技术只有适配应用场景才具有实际的价值。举个非常形象的例子：如果把炒菜作为我们的场景，那么数据相当于炒菜需要的食材和调料，算力相当于炒菜需要的煤气、电力或柴火，算法相当于烹饪的步骤与方法，做出的菜品的好坏则受地域、环境、时间以及人的心理等就餐因素的影响，而后者就是场景。

在人工智能四要素中，场景目标限定了 AI 的服务对象和应用领域，同时也是 AI 技术是否成功的检验标准。与人类活动过程相似，人工智能工作需要"脚踏实地"、瞄准场景需求，根据实际需求设定系统方案并开展研发工作。

4. 人工智能的技术体系

人工智能的技术体系分为三个层次，即基础层、技术层和应用层，如图 3-7 所示。人工智能的基础层包括算力设施、框架与平台和传感器。其中，基础层技术应用广、影响大、技术难度高、研发时间长，一旦基础层技术缺失或不足，往往会出现"卡脖子"的严重问题。目前，我国正在大力推进基础研究工作，弥补基础科研的短板。

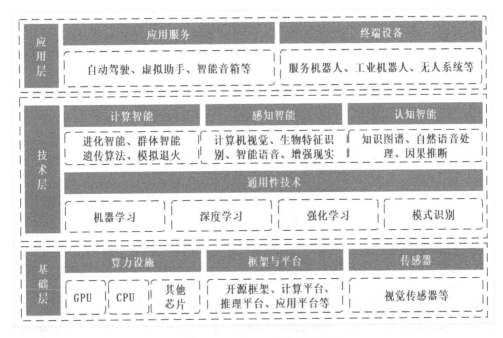

图 3-7　人工智能的技术体系

技术层主要是人工智能的技术和算法，既包括机器学习、深度学习、强化学习、模式识别等通用性技术，也包括计算智能、感知智能和认知智能等专项领域技术。技术层具有承上启下的作用，既扩展了基础层技术的功能，又解决了各应用场景共同的核心难题。我国高校和各科研院所的研发工作更多地集中于技术层，部分龙头企业也加入了技术层面的研发工作。

应用层包括应用服务和终端设备，主要面向应用场景，向不同行业提供定制的解决方案，向用户提供个性化的智能应用服务。我国企业在 AI 应用层面较活跃，其相关产品已经"飞入寻常百姓家"。我国部分企业家颇具家国情怀，在做好 AI 应用的同时，也开始进军技术层甚至基础层的研发工作。

3.4　人工智能的通用性技术

自人工智能的概念被正式提出以来，涌现出了种类众多的机器学习算法，根据强调侧面的不同可以有多种学习方法(见图 3-8)。根据机器学习策略的不同，人工智能技术可以分为模拟人脑的机器学习方法(如神经网络、符号推理)和基于数学的机器学习方法(主要是基于统计的机器学习)；根据学习方式的不同，可以分为有监督学习和无监督学习。

有监督学习相当于既知道练习题的内容也知道其答案，通过反复练习和对比答案就可以形成正确的解题模式，根据模型就可以完成考题。常见的有监督学习算法是回归和分类。无监督学习则相当于开放式题目，在机器学习过程中需要自行探索数据的特点，从而建立能够处理数据的模型。常见的无监督学习算法是聚类，常用于数据的预处理和提高有监督学习的数据质量等方面。

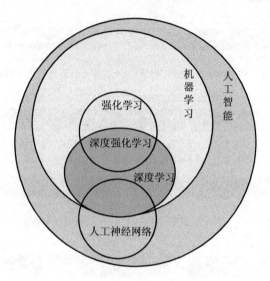

图 3-8　人工智能的通用性技术体系

下面主要介绍当前主流的人工智能技术：基于统计的机器学习(Machine Learning，ML)、人工神经网络(Artificial Neutral Network，ANN)、深度学习(Deep Learning，DL)和强化学习(Reinforcement Learning，RL)。

1. 机器学习

1) 机器学习的概念

机器学习是人工智能的核心技术和实现手段。简单来说，机器学习就是让计算机具有学习的能力，从而使得计算机能够模拟人的行为。在实际应用中，机器学习可以理解为一种数据科学技术，通过算法帮助计算机从现有的数据中学习、获得规则，从而预测未来的行为、结果和趋势，如图 3-9 所示。机器学习的特点是只能解决存在过的、能够提供经验数据的场景，而不能解决未遇见过的问题或场景，所以属于弱人工智能范畴。

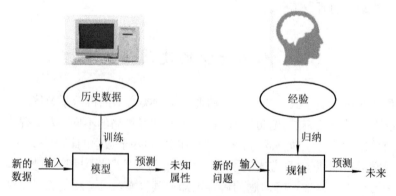

图 3-9　机器学习的逻辑模型

2) 机器学习的基本原理

机器学习一般包括三个步骤：一是收集历史数据，二是通过算法学习获得分布模式，三是应用模型处理新数据从而预测未来。其中，步骤二是机器学习研究的重点，学习的过程就是根据数据确定模型参数的过程。因此,机器学习的过程可以简化为寻找一个函数的过程,学习的结果也就是一个确定了参数的数学函数,如图 3-10 所示。

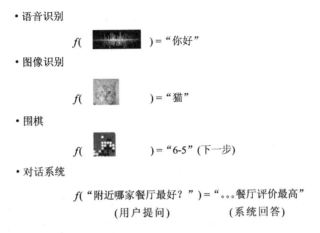

图 3-10　机器学习的学习过程示意图

图 3-11 采用数学语言描述了机器学习的过程,以数学模型(对应于函数)和学习算法为核心,通过学习算法从训练样本集合中将数据实例化为数学模型(即具有最优参数的函数)。采用优化的数学模型就可以处理实际数据,为用户计算输出预测结果或者出现不同结果的概率。比如在语音识别、图像识别、棋类对弈、对话系统中,机器学习的任务就是训练一个算法模型从而找到一个与任务相关的最优化函数,计算出相应的结果。

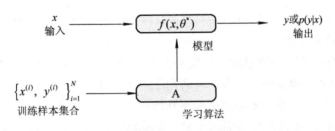

图 3-11　机器学习的数学描述

由机器学习的数学描述可知,机器学习有三大要素:数学模型、学习准则和优化算法。其中,学习准则是模型好坏的判断依据,优化算法是提高模型性能的计算过程,两者共同构成了学习算法。

3) 机器学习的主要算法

机器学习算法众多,从不同视角有不同的分类方式,这里主要介绍学习任务和学习方式两种视角。根据学习任务的不同,可以把人工智能算法分为分类、聚类、回归以及降维四种类别。其中,降维是数据预处理的一种方法,其作用是降低计算量,服务于回归、聚类和分类三种任务。根据学习方式的不同,机器学习算法可以分为有监督学习、无监督学习、半监督学习和强化学习。表 3-1 列举了不同分类下常见的人工智能算法。

表 3-1　人工智能常见算法及其分类

算　法	分　　类							
	学 习 任 务				学 习 方 式			
	分类	聚类	回归	降维	有监督	无监督	半监督	强化
回归算法	√		√		√			
K 近邻	√				√			
K 均值		√				√		
决策树	√		√		√			
贝叶斯方法	√		√		√			
核方法	√		√		√			
期望最大化	√		√		√	√		
神经网络	√	√			√			
深度学习	√	√			√	√		
主成分分析				√		√		
图论推理算法	√						√	
拉普拉斯支持向量机	√		√				√	
Q 学习	√	√	√					√
时间差学习	√	√	√					√

4) 机器学习的开发平台

根据应用目的的不同，机器学习开发平台可以分为科研开发平台和生产环境开发平台，前者用于学习和实验室研究工作，后者用于产品开发。

机器学习的科研开发平台主要包括以下几种：

(1) 基于 scikit-learn 的 Python 开发平台，主要采用 scikit-learn、numpy、scipy、pandas、Matplotlib 等 Python 开发工具，是主流的学习平台。此平台的特点是类库多、资料多、案例多、学习交流方便，缺点是 Python 工具库多、开发环境配置较为复杂。

(2) 基于 Spark Mlib 的开发平台。该平台的优点是可为科研开发平台和生产环境平台提供无缝切换，缺点是类库少、对开发环境要求高，因此不是开展机器学习的合适选择。

(3) 基于 R 语言的机器学习开发平台使用 R Studio 作为开发环境。R 语言历史较久但语言较为封闭，开发社区没有 Python 活跃。

(4) 基于 Matlab 的机器学习平台。Matlab 是美国 MathWorks 公司出品的商业数学软件，用于数据分析、机器学习、深度学习、图像处理与计算机视觉等领域。虽然不如 Python 开放，但 Matlab 也提供了大量机器学习算法，常见的如 PCA、SVM、决策树、集成学习等，常用于实验室研究。

机器学习的生产环境开发平台主要是 Spark Mlib，常与分布式数据处理容器(YARN)、流处理平台 Kafka 集成在一起组成大数据处理与分析平台。

2. 人工神经网络

1) 人工神经网络的概念

人工神经网络是一种模拟生物神经系统结构和功能的计算网络，因而生物神经网络是人工神经网络的技术原型。人类大脑皮层由大约 140 亿个生物神经元(简称神经元)组成，每个神经元又与大约 103 个其他神经元相连接，形成了一个高度复杂又高度灵活的不断变化的动态网络。

自 1943 年 MCP 人工神经元诞生以来，神经网络技术已经具有近 80 年的发展历程。伴随着人工智能技术的发展，神经网络经历了三次技术起伏，目前仍在蓬勃发展过程中，是近年来人工智能技术发展的主要领域。神经网络的模型众多，不同模型具有不同的网络结构，形成了不同的神经网络算法。值得注意的是，深度学习网络也属于神经网络，与非深度神经网络相比，深度学习网络框架的层数往往较多、计算量巨大。

2) 人工神经网络的基本原理

人工神经网络是由大量处理单元互联组成的非线性、自适应的信息处理系统，其处理单元为依据生物神经元的原理构造的人工神经元，人工神经元之间按照一定结构相互连接形成人工神经网络模型。

(1) 生物神经元(Neurons)。生物神经元是生物神经系统的基本结构和功能单位，如图 3-12 所示。神经元以细胞核为中心，细胞核外有树突与轴突，树突接收其他神经元的脉冲信号，而轴突将神经元的输出脉冲传递给其他神经元，一个神经元传递给不同神经元的输出是相同的。一个神经元的状态有两种：非激活和激活。非激活状态的神经元不输出电脉冲，而激活状态的神经元会输出电脉冲。神经元的激活与否由其接收的所有脉冲信号决定。因此，一个神经元可以描述为一个处理电脉冲信号的非线性单元，该单元能够接收来自多个其他神经元的电脉冲，对接收到的电信号进行一定的处理，决定是否发射电脉冲信号。

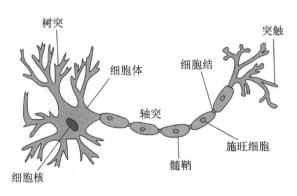

图 3-12　生物神经元的细胞结构

(2) 人工神经元。1943 年，美国心理学家麦卡洛克(McCulloch)和数学家皮茨(Pitts)联手，根据生物神经元细胞的结构和工作原理，构造并提出了神经网络的数学模型 MCP(McCulloch-Pitt Model，麦卡洛克-皮茨模型)，从而形成了"模拟大脑"，开启了人工神经网络(一般简称神经网络)的大门。人工神经元(又称感知器)的结构如图 3-13 所示，其工作过程分为三个数学过程：对输入信号进行线性加权，加权后求和，以及采用一定阈值实现输出信号的激活。由于输出信号采用了阈值激活函数，因此人工神经元实现了非线性信号处理。

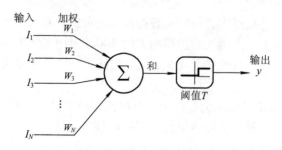

图 3-13　人工神经元的结构

(3) 网络拓扑与学习过程。人工神经元模拟了生物神经元的结构和工作机制，而神经网络通过神经元之间的互联模拟了生物大脑。由于神经元又名感知器，所以神经网络也常被称为感知器网络。典型的神经网络由一个输入层、至少一个隐含层和一个输出层组成，如图 3-14 所示。图中的圆圈代表人工神经元，每层网络由多个神经元构成，层与层之间一般采用全连接，神经元之间的连接强度 W 表示神经元之间联系的紧密程度。人工神经网络的学习过程就是根据输入数据调整网络中的连接系数和阈值函数的参数，使得网络的输出结果与预期结果趋于一致的过程。

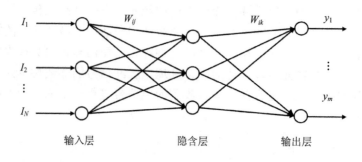

图 3-14　神经网络模型

3) 人工神经网络的主要算法

人工神经网络的网络模型主要考虑网络中人工神经元之间连接的拓扑结构、神经元的特征以及学习规则等。根据连接的拓扑结构，神经网络模型可以分为前向网络和反馈网络两种。

在前向网络中，每个神经元接受前一级的输入，并输出到下一级，网络中没有反馈，可以用一个有向无环路图表示。前向网络模型采用简单非线性函数的多次复合，实现了信号从输入空间到输出空间的变换，其网络结构简单，易于实现。典型的前向网络模型有反传网络、感知器、自组织映射等。

在反馈网络模型中，神经元间存在反馈，可以用一个无向的完备图表示。与前向网络相比，反馈网络处理的是状态的变换，具有记忆功能。典型的反馈网络模型有 Hopfield 网络、玻尔兹曼机等。

学习算法是人工神经网络研究的一个重要内容，通过学习算法实现了网络的适应性，即根据环境的变化对神经元之间的连接权值进行调整，以改善系统的行为。人工神经网络具有不同的网络模型，其学习算法也有所不同，主要有梯度下降法、牛顿法、共轭梯度法、柯西-牛顿法和莱文伯格-马夸特(Levenberg-Marquardt)算法等。

4) 人工神经网络的开发平台

传统的人工神经网络技术一般基于 Matlab 或 Python 开发平台。

(1) Matlab 提供了人工神经网络工具箱，支持典型的神经网络模型和学习算法，用户可以参考其手册调用工具箱中的人工神经网络的设计与学习程序进行实验室科学研究。

(2) Python 提供了人工神经网络的开发包 Neurolab，其功能类似于 Matlab 人工神经网络工具箱。

3. 深度学习

1) 深度学习的概念

近年来，深度学习几乎成为人工智能的代名词，一般来说，目前人工智能性能最好的研究和应用几乎大部分采用了深度学习技术。深度学习的典型应用领域包括计算机视觉、自然语言处理、语音信号处理、无人驾驶、数据挖掘等，具体应用包括无人驾驶汽车、自主无人机、OCR、实时翻译、基于语音/手势/脑电波的人机交互、气候监测等。

从技术体系来说，深度学习是机器学习中的一个研究分支，是神经元层数较多的人工神经网络，因此深度学习网络也被称为深度神经网络。大家耳熟能详的深度学习网络有很多，比如卷积神经网络(Convolutional Neural Network，CNN)、深度置信网络(Deep Belief Network，DBN)、循环神经网络(Recurrent Neural Network，RNN)、生成对抗网络(Generative Adversarial Network，GAN)、深度强化学习(Deep Reinforcement Learning，DRL)等。一般来说，其隐藏层的层数依具体问题可以是几层、几十层、几百层甚至数千层。

从技术发展脉络来说，深度学习技术是超算、GPU、计算机硬件技术和高速互联网技术成熟的必然结果，是基础研究成果相互融合的成功产物。超算和 GPU 为机器的学习过程提供了充分的算力，使得深度神经网络函数能够在较短时间内求解，计算机硬件技术为巨量数据的存储和读写提供了保障，高速互联网技术为深度学习技术的应用和数据传输提供了必不可少的通信环境。

2) 深度学习的基本原理与主要网络模型

深度学习的概念源于人工神经网络的研究，含多个隐藏层的多层感知器就是一种深度学习结构。深度学习通过组合低层特征形成更加抽象的高层表示属性类别或特征，以发现数据的分布式特征表示。研究深度学习的动机在于建立模拟人脑进行分析学习的神经网络，它模仿人脑的机制来解释数据，如图像、声音和文本等。

因此，深度学习是一类模式分析方法的统称，就具体研究内容而言，主要涉及以下三类方法：

(1) 卷积神经网络：一种专门用来处理具有类似网格结构的数据(如时间序列数据、图像数据)的人工神经网络。卷积运算是一种特殊的线性运算。与采用矩阵乘法的网络相比，卷积神经网络至少在网络的一层或多层采用了卷积运算，如图 3-15 所示。当前，基于卷积神经网络的模式识别系统是最好的实现系统之一，尤其在识别任务上表现出了非凡的性能。

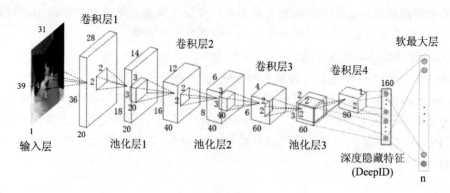

图 3-15　卷积神经网络的结构示例

卷积神经网络在大规模视觉识别中取得了优异的性能，AlexNet、ZFNet、VGGNet、GoogLeNet 和 ResNet 等都是其典型代表。

(2) 基于多层神经元的自编码神经网络：它包括自编码(Auto Encoder)和近年来受到广泛关注的稀疏编码 (Sparse Coding)两类。自编码器是人工神经网络的一种，经过训练后能尝试将数据从输入端复制到输出端。自编码器内部有一个隐藏层，能够产生编码表示输入。一般可以将自编码器看作由两部分构成，即一个编码器和一个生成重构的解码器。

(3) 深度置信网络：基于生物神经网络以及人工神经网络发展而来的一种概率统计模型。深度置信网络的网络结构主要分为两部分，如图 3-16 所示。网络的第一部分为多层受限玻尔兹曼机(Restricted Boltzmann Machine，RBM)，用于网络预训练，多层 RBM 网络的堆叠有助于提升模型的分类性能。网络的第二部分为前馈反向传播网络。深度置信网络通过数据是自上而下进行传递的，低层 RBM 的输出结果作为高层 RBM 的输入。每个 RBM 都由可见层和隐含层组成，层与层之间由权重连接，这种逐层传递的方式使特征表达能力越来越强。

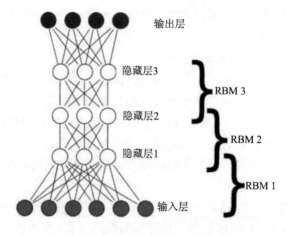

图 3-16　深度置信网络的网络结构

3) 深度学习技术的开发平台

(1) 深度学习框架 TensorFlow(含 Keras)。TensorFlow 是一个端到端的开源机器学习平台，是深度学习领域最受欢迎的框架之一。它拥有一个全面而灵活的生态系统，其中包含各种工具、库和社区资源，可助力研究人员推动先进机器学习技术的发展，并使开发者能够轻松地构建和部署由机器学习提供支持的应用。

(2) 深度学习框架 PyTorch。PyTorch 是一个基于 Torch 的 Python 开源机器学习库，是深度学习领域最受欢迎的框架之一。它用于自然语言处理等应用程序，不仅能够实现强大的 GPU 加速，同时还支持动态神经网络，这是现在很多主流框架如 TensorFlow 都不支持的。PyTorch 提供了两个高级功能：强大的 GPU 加速的张量计算(类似 Numpy)、构建基于 Tape 自动升级系统的深度神经网络。

(3) 深度学习开发平台飞桨(PaddlePaddle)。飞桨以百度多年的深度学习技术研究和业务应用为基础，集深度学习核心训练和推理框架、基础模型库、端到端开发套件、丰富的工具组件于一体，是中国首个自主研发、功能完备、开源开放的产业级深度学习平台。

4. 强化学习

1) 强化学习的概念

强化学习是机器学习领域的一个分支，与监督学习和无监督学习处于平级关系，强调如何基于环境而行动，以取得最大化的预期利益。与监督学习、无监督学习的不同之处在于：强化学习不需要一次性训练大批数据，而是通过网络自身不断地尝试来学会新的技能。强化学习的灵感来源于心理学中的行为主义理论，即有机体如何在环境给予的奖励或惩罚的刺激下，逐步形成对刺激的预期，产生能获得最大利益的习惯性行为。

可以认为，强化学习是一套通用的学习框架，能够用于解决通用人工智能的问题。因此，强化学习也被称为通用人工智能的机器学习方法，在无人驾驶、工业自动化、金融贸易、自然语言处理和游戏等领域具有广泛的应用。强化学习的典型应用有 AlphaGoZero、基于 RL 的医疗保健动态治疗方案(DTR)、京东和阿里巴巴的产品推荐及广告出价、新闻推荐等。

2) 强化学习的基本原理

强化学习系统的基本框架主要由两部分组成，即环境和智能体(Agent)，如图 3-17 所示。智能体可以通过传感器(Sensor)感知所处环境，并通过执行器(Actuator)对环境施加影响。从广义上讲，除该智能体之外，凡是与该智能体交互的物体，都可以被称为环境。

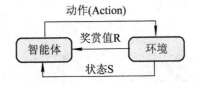

图 3-17　强化学习的基本框架

强化学习的基本原理是：如果智能体的某个行为策略导致环境对智能体正的奖赏 (Reward)，则智能体以后采取这个行为策略的趋势会加强；反之，若某个行为策略导致了负的奖赏，那么智能体此后采取这个动作的趋势会减弱。

强化学习的学习方式是在获得样例过程中进行探索性学习，在获得样例之后根据环境反馈的奖赏和状态更新自己的模型，利用更新后的模型来指导下一步的行动，下一步的行动获得奖赏反馈之后再更新模型，不断迭代重复直到模型收敛。因此，试错搜索和延迟回报是强化学习的两个最显著的特征。

3.5　人工智能应用领域

伴随着人工智能理论和技术的日益成熟，人工智能技术对传统行业的改造逐渐加深，其应用范围和领域不断扩大，形成了面向专业应用领域的人工智能技术。

1. 计算机视觉

1) 计算机视觉的基础

计算机视觉(Computer Vision，CV)的目标是让机器"看得见、看得懂"，物体识别与人脸识别均是其典型应用。作为人工智能的主要应用领域之一，计算机视觉起源于 20 世纪 80 年代的神经网络技术，用计算机模拟人眼对目标进行识别、跟踪和测量，通过对图形进行处理让计算机"看得懂"(如图 3-18 所示)。与人眼只能看到可见光形成的图像不同，CV 技术可以处理来自各种电磁波段甚至其他传感器形成的图像，应用范围极其广泛。自 2015 年以来，全球科技界和产业界高度重视计算机视觉的研究和应用，在其核心技术和产业化应用的研发投入持续增长。

图 3-18　计算机视觉的典型应用

2) 计算机视觉技术

计算机视觉技术是以图像处理技术为基本操作，以图像识别技术为主要目标的分析技术。图像处理技术是用计算机对图像数据进行处理的技术，主要包括图像数字化、几何操作、图像增强、图像复原、图像滤波、图像压缩、图像数据编码、图像分割和图像描述等。图像处理各技术的特点如表 3-2 所示。

表 3-2　图像处理技术的特点

技术名称	输入的数据	输出的数据	解决的问题
图像数字化	图像	图像	由空间和取值都连续的模拟信号转变为空间和取值都离散的数字信号
几何操作	图像	图像	图像的缩放、旋转、透视变换、仿射变换等
图像增强	图像	图像	改善图像的视觉效果，如对比度、去噪等
图像复原	图像	图像	恢复图像本来的面貌
图像滤波	图像	图像	图像去噪、图像模糊、图像锐化等
图像压缩	图像	图像	降低存储图像所需要的存储空间，而不明显改变图像的视觉效果
图像数据编码	图像	图像	图像数据编码的核心技术是图像压缩，用于解决图像存储问题
图像分割	图像	图像	提取图像中有意义的部分，如边缘、区域等，是图像识别、分析和理解的基础
图像描述	图像	描述数据	描述用于表征图像的特征技术，如几何特性等

(1) 图像分类：根据图像特征把不同类别的图像进行分门别类的图像分析技术。根据分类依据的不同，图像分类技术主要分为两类：一种是基于图像空间域特征(如图像的灰度、颜色、纹理、形状、位置等底层特征)的图像分类，另一种是基于变换域(DCT 变换域、K-L 变换域、小波变换域等)图像特征的图像分类。

传统的图像分类过程是首先提取人工设计的特征(空间域特征和变换域特征)，然后采用机器学习的方法进行分类，其特点是理论性强、需要的数据量小。而现代的图像分类技术基于深度学习技术，由深度网络通过训练自主完成特征提取和目标图像分类，其特点是依赖大批量的图像样本、一般需要图像标注。

(2) 图像识别：利用计算机对数字图像进行处理、分析和理解，以识别各种不同模式的目标和对象的技术。图像识别方法分为两种：基于传统机器学习的方法和基于深度学习技术的方法。与图像分类过程类似，图像识别过程分为特征提取和目标模式识别两个步骤。基于传统机器学习的图像识别方法需要手工设计特征，而基于深度学习技术的方法通过训练过程习得图像特征，完成目标识别。

3) 计算机视觉的典型应用

(1) 人脸识别：应用图像处理和图像识别技术，完成对目标人物身份识别的一种生物识别技术。人脸识别系统一般采用摄像机或摄像头获取含有人脸的图像或视频(即图像序列),并自动检测和跟踪人脸,对定位到的人脸图像采用图像处理和图像识别技术鉴别人的身份(如图 3-19 所示)。人脸识别技术的发展经历了从萌芽到发展再到成熟的三个阶段。

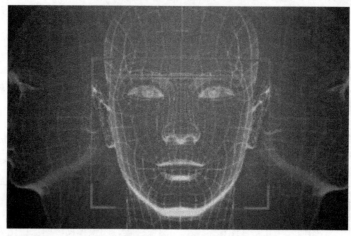

图 3-19 人脸识别

· 萌芽期(1964—1990 年):主要基于人脸的几何结构特征进行识别,人工神经网络在此阶段曾被用作识别技术。

· 发展期(1991—1997 年):在此阶段诞生了一系列代表性的人脸识别算法,并出现了商业化运作的人脸识别系统,其中最负盛名的是美国麻省理工学院媒体实验室提出的"特征脸"方法。

· 成熟期(1988 年至今):伴随着人工智能技术的发展,尤其是深度学习技术的发展,人脸识别技术的精确度和适用性得到了极大提升,千万级的人脸识别系统得到了广泛应用。

人脸识别技术主要用于身份识别。目前,人脸识别系统被广泛应用于安防(如视频监控和门禁)、社会福利保障服务、军事、金融等领域。

(2) 光学字符识别(Optical Character Recognition,OCR):对印刷品表面的文字字符进行识别,将识别结果以文本方式存储在计算机器中的识别技术。通过字符识别技术可以将图像中不可编辑的文字转换为可编辑内容。与人脸识别技术相似,OCR 技术涉及图像处理和图像识别两种技术,是计算机视觉技术在文本图像领域中的应用。

OCR 的概念最早在 1929 年由德国科学家陶舍克(Tausheck)提出,经历了从识别数字到识别文字的发展过程。OCR 基本识别理论的研究始于 1960 年左右,初期以数字为识别对象,1965—1970 年出现了一些简单产品,如印刷文字的邮政编码识别系统,能够识别邮件上的邮政编码,帮助邮局进行区域分信的作业,因此至今邮政编码一直是各国所倡导的地址书写方式。

中国在 OCR 技术方面的研究工作起步较晚,20 世纪 70 年代才开始对数字、英文字母及符号的识别进行研究,20 世纪 70 年代末开始进行汉字识别的研究。1986 年,我国提出"863 计划",汉字识别的研究进入一个实质性的发展阶段。2020 年 9 月 28 日,国内首份 OCR 能力测评与应用白皮书得以发布,标志着我国 OCR 技术的成熟,OCR 技术产业化从而加速落地。

目前，我国在计算机视觉方面处于世界领先地位。根据前瞻产业研究院的统计，国内人工智能企业中，有高达 42%的企业应用计算机视觉的相关技术，其次是语音和自然语言处理，分别占比 24%、19%。计算机视觉在安防影像分析、泛金融身份认证、手机和互联网娱乐、批发零售商品识别、工业制造、广告营销、自动驾驶、医疗影像分析等领域都具有巨大的应用价值。

2. 智能语音

1) 智能语音的基础

智能语音是人工智能的另一个重要应用领域，旨在为机器人加上耳朵和嘴巴，让机器人能够"听得懂"，并且"说得好"(如图 3-20 所示)。智能语音的起源可以追溯到 1952 年的第一个语音识别系统"Audry"。智能语音虽然起步早，但受限于技术的发展，其在 2011年才得到了快速发展，包括苹果的 Siri、微软的 Contana，以及近年的各种语音翻译助手和语音合成应用等。中国在智能语音技术领域处于世界领先地位，专利数量持续增长，涌现出了科大讯飞、捷通华声、思必驰、云知声等著名的智能语音公司和产品。

图 3-20　智能语音应用

2) 智能语音技术

在语音识别系统中，语音识别的流程主要分为六个步骤：语音信号采集、模拟语音信号预处理、语音信号数字化、语音信号分析、声学特征提取和语音信号识别。智能语音技术主要是指语音信号分析、声学特征提取和语音信号识别技术，存在多种不同的分类方法：

(1) 按照发音方式，语音识别技术分为孤立词识别、连接词识别、连续语音识别、关键词检出等几种类型。

(2) 按照词汇量大小，语音识别系统分为小词汇量语音识别系统、中等词汇量语音识别系统和大词汇量语音识别系统，所采用的语音识别技术有所区别。一般来说，语音识别技术需要能够识别词汇表中包含的所有词汇，随着词汇量的增大，语音识别正确率会降低。

(3) 按照语音识别的方法，语音识别技术有模板匹配法、随机模型法和概率语法分析法，这些方法都属于统计模式识别方法。其识别过程为：首先根据语音信号的特征构建语音参考模型，然后采用相似度函数度量待识别语音的特征和参考模型间的相似度，最后选用一种判决准则基于专家知识给出识别结果。

3) 智能语音的典型应用

智能语音在现实生活中应用广泛，在人人交互、人机交互的应用场景中扮演着重要的角色，其典型应用场景有语音识别、智能互译、语音交互、语音合成等，典型的应用产品有科大讯飞的翻译机和智能机器人、Siri 等语音助手、思必驰的 AISpeech Inside 系列智能产品、云知声的智能客服、智能主播等。

3. 生物信息识别

1) 生物信息识别的基础

生物信息识别就是把人工智能技术和生物处理技术相结合，通过计算机与光学、声学、生物传感器和生物统计学原理等的密切结合，基于人体固有的生理特性(如指纹、脑电、心电等)和行为特征(如情绪、压力、声音、步态等)进行个人身份和身体状况等的鉴别(如图 3-21 所示)。由于人的生理特征通常可以测量，具有遗传性且终身不变，因此生物信息识别认证技术较传统认证技术存在较大的优势。

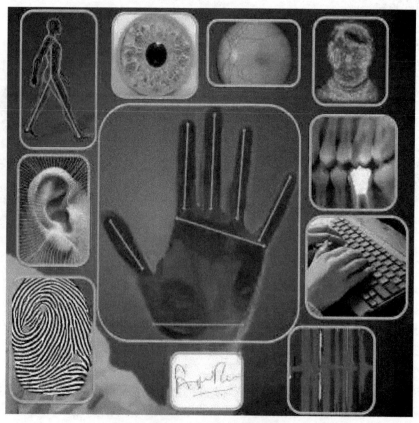

图 3-21　生物信息识别

2) 生物信息识别技术

生物信息识别技术主要是指通过人类的生物特征进行身份认证的一种技术。在生物信息识别系统中，一般要求对生物信息进行取样，然后提取其特征并且转化成数字代码，并进一步将这些代码组成特征模板，最后使用机器学习技术或深度学习技术实现身份识别，完成身份认证。典型的生物信息识别技术包括指纹识别、面部识别、情绪检测、注意力检测、脉搏检测、虹膜识别、发音识别、步态识别等。

3) 生物信息识别的典型应用

人类的生物特征通常可以测量或可自动识别和验证，具有遗传性或终身不变的特点，因此人体生物特征无法复制、失窃或被遗忘，利用生物识别技术进行身份认定安全、可靠、准确，因此，生物信息识别技术在身份认证领域拥有广泛的应用市场，如生物识别签证和打卡应用等。

生物识别签证是将生物识别技术引入签证领域，利用人体面相、指纹等生物特征具有安全、保密等特点，在颁发签证或出入境边防检查过程中采集和存储生物特征信息数据，通过有效比对，更加准确、快捷地鉴别出入境人员的身份。

打卡应用采用了虹膜识别技术，分为虹膜注册和虹膜识别两个环节。在使用打卡系统前，要求用户将双眼对准屏幕，由机器提取虹膜特征密码，从而完成生物信息注册。在使用打卡系统时，用户注视屏幕不到一秒，系统即可完成虹膜特征比对和身份识别。

4. 自然语言处理

1) 自然语言处理的基础

自然语言处理(Natural Language Processing，NLP)侧重于让机器人能够"理解"人类的语言(如图 3-22 所示)。作为人工智能的另一个应用目标，自然语言处理被用于分析、理解和生成自然语言，以方便人与计算机设备、人与人之间的交流。

图 3-22　自然语言处理

自然语言处理技术的发展经历了以下三个阶段：

早期自然语言处理是第一个发展阶段(20 世纪 60 至 80 年代)。此阶段基于规则来建立词汇、句法语义分析、问答、聊天和机器翻译系统，其特点是可以利用人类的内省知识，而不依赖大量数据，存在的问题是通用性不足，规则的可管理性和可扩展性一直未能解决。

统计自然语言处理是第二个发展阶段(20 世纪 90 年代至 2007 年)。伴随着机器学习技术的发展和普及，业界开始采用机器学习技术进行基于统计的自然语言处理，其主要思路是先训练机器学习模型再应用模型处理新数据。在训练机器学习模型过程中，首先构建带标注的数据集，然后基于人工定义的数据特征建立机器学习模型，最后通过训练确定机器学习模型的参数。机器翻译和搜索引擎都是统计自然语言处理技术的成功应用案例。

基于深度学习技术的自然语言处理是第三个发展阶段(2008 年至今)。深度学习技术的出现和优异性能，促使研究人员引入深度学习技术开展自然语言处理。伴随着深度学习技术的成熟和算力的快速提升，人们逐渐直接进行深度学习建模，实现了端到端的网络训练。目前，基于深度学习技术的自然语言处理技术在机器翻译、问答、阅读理解等领域得到了广泛应用，并取得了一系列成功。

2) 自然语言处理技术

根据采用的处理技术的不同，自然语言处理技术分为基于传统机器学习的自然语言处理技术和基于深度学习的自然语言处理技术。

基于传统机器学习的自然语言处理技术利用支持向量机模型(SVM)、马尔可夫(Markov)模型、条件随机场(CRF)模型等方法实现对自然语言中任务的处理。在实际应用中，基于传统机器学习的处理方法存在一些不足，影响了其实际应用：① 对训练集质量要求较高，数据需要人工标注，训练效率较低；② 训练集在不同领域差异较大，模型适用性不高；③ 在处理更高阶、更抽象的自然语言时，机器学习无法人工标注出这些自然语言特征，导致传统机器学习方法适用于预先制定的规则，而不能处理规则之外的复杂语言特征。

基于深度学习的自然语言处理技术应用深度学习模型，如卷积神经网络、循环神经网络等，通过对生成的词向量进行学习，以完成自然语言的分类和理解。与传统的机器学习相比，基于深度学习的自然语言处理技术具备以下优势：① 以词向量或句向量为输入，能够应对更高层次、更加抽象的语言特征；② 深度学习无需专家人工定义训练集，通过网络即可自动学习高层次特征。

3) 自然语言处理的典型应用

自然语言处理技术已经渗透到了人类工作与生活的很多方面。在人工智能的产品市场中，自然语言处理的主要应用包括机器翻译、信息检索、聊天机器人、情感分析、自动文本摘要、社交媒体监控、搜索自动更正和自动完成、调查分析和语音助手等，在社会计算和信息抽取方面也都有广泛的应用。我国在 NLP 领域的科研和产业化方面均处于国际领先地位。

5. 数据挖掘

1) 数据挖掘的基础

数据挖掘(Data Mining)是指对大量数据集进行分类的自动化过程，以通过数据分析来识别趋势和模式，通过建立关系来解决业务问题。换句话说，数据挖掘是从大量的、不完整的、有噪声的、模糊的、随机的数据中提取人们事先不知道的但有价值的信息和知识的过程。

通过对海量数据的整理分析和归纳整合，数据挖掘能够分析并找出数据之间的潜在联系，为做出理想决策或预测发展趋势提供支撑性材料和建议，最终实现从海量数据中提取用于辅助决策的潜在的信息、知识、规律和模式的过程。与人类的数据分析能力相比，基于人工智能的数据挖掘技术具有处理数据量大、处理速度快、分析全面、分析过程不受主观因素影响、分析质量高等优点。

2) 数据挖掘技术

数据挖掘包括五个基本步骤，即数据收集、数据预处理、数据分析、数据呈现和数据报告，如图 3-23 所示。数据收集旨在获取数据挖掘的对象，是在数据挖掘之前进行的重要步骤。收集到的数据的格式多种多样，数据质量不高时，数据预处理就是统一数据格式，并且通过缺失值处理、异常值处理和特征工程以提升数据质量的一个必要步骤。数据分析是在准备好数据之后建立模型对数据进行分类、回归等运算。在数据分析过程中，最重要的就是利用数据来训练得到相应的模型。经过数据预处理及数据分析之后，要把结果呈现出来。数据呈现是指通过各式各样的工具显示出直方图、折线图、饼图、热力图、地图及词云图等。数据报告是指用合适的统计分析方法对收集来的大量数据进行分析后，为提取有用信息和形成结论而对数据加以详细研究和概括总结的过程，这一过程也是质量管理体系的支持过程。在实际应用中，数据分析可帮助人们进行判断，以便采取适当行动。

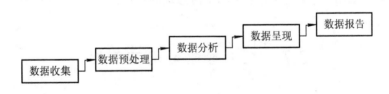

图 3-23　数据挖掘的五个基本步骤

数据挖掘的核心是通过算法对数据集进行处理，然后得出相应的结果。数据挖掘分为有监督的数据挖掘和无监督的数据挖掘。有监督的数据挖掘是利用数据建立模型，实现对数据特定属性的描述，常用方法有分类、估值和预测。无监督的数据挖掘是在所有的属性中寻找某种关系，常用方法有关联规则和聚类。数据挖掘中经典的算法主要包括人工神经网络算法、深度学习、决策树算法、遗传算法以及关联规则算法。

3) 数据挖掘的典型应用

数据挖掘被列为 21 世纪初期对人类产生重大影响的十大新兴技术之一，在各行各业中都有广泛的应用，从最早的银行和通信领域，到目前广泛应用于零售、商务、广告、金融和保险以及政府中。零售商依靠供应链软件、内部分析软件来预测库存需求；银行利用数据挖掘技术描述客户需求的特点并预测未来需求；广告公司可以使用用户的浏览历史、访问记录、点击记录和购买信息等数据，通过个性化广告进行精准推广；保险行业可以对受险人员进行分类以有助于确定适当的保险金额度；数据挖掘应用于电子政务中可实现综合查询、经济分析、宏观预测、应急预警、风险分析和预警、质量监督管理和监测、决策支持等系统，为公众提供智能化、高效的网上政府。

3.6　人工智能产业链

人工智能产业链由上游基础层、中游技术层以及下游应用层三层组成。

上游是底层基础设施，主要包括 CPU/GPU 等芯片、模组、传感器，以及操作系统、大数据平台、云计算服务和网络运营商，这部分参与者以芯片厂商(如 Intel、NVIDIA)、科技巨头、运营商为主。我国在基础层起步晚，技术储备较少。不过可喜的是，我国中芯国际的芯片、华为的芯片和鸿蒙操作系统、大立科技的传感器、中国超算平台、阿里云/腾讯云/华为云等纷纷打响了品牌，基础科技发展形势值得期待。

中游是技术研发与服务提供，主要包括视频识别、图片识别、模式匹配等嵌入式视觉软件，以及一站式解决方案。这一层次需要有海量的数据、强大的算法以及高性能运算平台的支撑。其代表性企业主要有华为、BAT、科大讯飞、微软、亚马逊、苹果、Facebook 等互联网巨头，以及一些具有较强科技实力的人工智能初创公司。

下游是行业应用，可以分为 2B 和 2C 两个方向，2B 面向单位用户，代表性应用领域包括安防、金融、医疗、教育、呼叫中心、服务机器人等；2C 面向终端个人用户，代表性应用领域包括智能家居、智能穿戴设备、无人驾驶、虚拟助理、家庭机器人等。其相关代表性企业众多，既包括互联网科技巨头，也包括一些初创厂商。在我国，下游的行业应用领域发展极为迅速，出现逐渐向中游和上游渗透的趋势。

3.7　人工智能的伦理问题

人工智能技术的发展与应用是历史大趋势，是一个不可逆的历史过程。然而，"科学技术是一把双刃剑"，伴随着人工智能技术的成熟和广泛应用，人与机器之间的矛盾凸显，人工智能的伦理问题(Ethics of AI)逐渐引起了社会和各行各业的广泛关注。如同伦理道德是人类文明数千年发展的重要稳定器，人工智能伦理将是未来智能社会的发展基石。解决好人工智能的伦理问题，也就是人工智能与人类的关系问题，才能让人工智能技术更好地服务于经济社会发展和人民的美好生活。

1. 伦理问题的产生

根据人工智能的定义，研究 AI 的主要目的是模拟和扩展人的能力。早期人工智能主要模拟人的感觉和思维，图灵测试的目的也是检验 AI 是否像人类一样思考问题。然而，机器学习技术为人工智能赋予了属于机器自己的独立的学习方式和思维方式。AlphaGo 的出现就是一个典型的例子，作为"新一代的棋手"，它突破了传统的围棋思维，让通常意义上的围棋定式丧失了原有威力，人类按照"人"的思维模式也很难理解 AlphaGo 的下棋方式。

人工智能技术在替代人的体力、计算力和逻辑推理等多方面取得了长足的进步，作为人类能力的延伸，极大提高了人类适应自然、改造自然的能力，在人类的工作和生活中正在发挥着越来越重要的作用。然而，由于科技的进步对人类社会造成了多方面的冲击，比如传统行业、传统职业的衰落甚至消失，人类对待 AI 出现了不同的观点，在科幻电影其至传统媒体中均有体现。例如：《机器人总动员》和《机械公敌》将人工智能描绘成人类的好帮手；《终结者》和《超能陆战队》在把机器人视为人类的朋友的同时，也抛出了机器人仇视人类的问题；科幻巨作《人工智能》则提出了人和机器人的界限问题，其中所涉及的 AI 相关的伦理问题引人深思。

人类在享受 AI 技术带来的便利的同时，关于人工智能的担忧也一直存在。1950 年，控制论之父、美国应用数学家诺伯特·维纳(Norbert Wiener)在他的名著《人有人的用处》中，根据对自动化技术和智能机器的分析，得出了一个耸人听闻的结论："这些机器的趋势是要在所有层面上取代人类，而非只是用机器能源和力量取代人类的能源和力量。很显然，这种新的取代将对我们的生活产生深远影响。"2014 年，美国著名物理学家斯蒂芬·威廉·霍金(Stephen William Hawking)也表示："人工智能的发展可能导致人类的灭绝。"虽然维纳和霍金对人工智能前景的担忧存在夸张的成分，但人工智能技术的飞速发展的确给人类的未来带来了一系列挑战。

人工智能在军事上的应用发展极为迅速，产生了众多自主武器，包括无人自主飞机、智能作战机器人、机器人集群等(见图 3-24)。自主武器系统的最大特点是能够在不依赖外界指令和设备支持的情况下，在复杂作战环境中依靠人工智能系统独立作出开火决定，让"机器杀人"成为现实。军用智能机器人的性能和杀伤力远超人类士兵，这无疑引起了人类对未来的担忧以及对自主武器的争论，目前争论的核心是"自主武器该不该被使用"。2020 年 3 月，在利比亚军事冲突中，土耳其 STM 公司生产的"卡古－2"(KARGU)型四旋翼自主无人攻击机在不依靠操作员的情况下自主攻击了正在撤退中的利比亚国民军，这是无人机自主向人类发动攻击的首个真实案例，机器杀人的"潘多拉魔盒"打开了吗？

图 3-24　人工智能在军事上的应用

2. 伦理问题的解决途径

针对人工智能伦理问题，不同领域的专家学者从不同角度提出了各种"规章"和建议。早在 1942 年人工智能正式出现之前，科幻小说作家艾萨克·阿西莫夫(Isaac Asimov)在短篇小说 *Runaround*(《环舞》)中就提出了机器人三定律：

(1) 机器人不得伤害人类，或因不作为使人类受到伤害。

(2) 除非违背第一定律，机器人必须服从人类的命令。

(3) 除非违背第一定律及第二定律，机器人必须保护自己。

后来，阿西莫夫又补充加入了一条新定律，即第零定律：机器人不得伤害人类整体，或因不作为使人类整体受到伤害。

尽管阿西莫夫三定律被广为人知，但由于其可行性受到质疑，在现实中无论是 AI 安全研究者还是机器伦理学家，都没有真的使用它作为指导方案。人工智能的伦理问题仍需人类的统一意见和行动，需要政府统一制定政策并推进执行。

2017 年 7 月，国务院发布《新一代人工智能发展规划》，对人工智能伦理问题的研究提出了明确要求，将人工智能伦理法律研究列为重点任务，要求开展跨学科探索性研究，推动人工智能法律伦理的基础理论问题研究。《新一代人工智能发展规划》关于人工智能伦理和法律制定了三步走的战略目标：到 2020 年，部分领域的人工智能伦理规范和政策法规初步建立；到 2025 年，初步建立人工智能法律法规、伦理规范和政策体系；到 2030 年，建成更加完善的人工智能法律法规、伦理规范和政策体系。

 项目任务

任务 1　今昔对比看发展

任务描述

2014 年以来，我国人工智能应用出现了爆发式增长，各种智能系统和智能设备步入了寻常百姓家，从通信、生活、工作甚至购物等各个方面融入整个社会，改变了我们的工作和行为方式。作为时代新青年和新时代的建设者，你是否注意到人工智能带来的巨大变化呢？

任务实施

试以人类日常应用为例(表 3-3 列出了六种应用场景)，通过回顾、调查和讨论等方式分析存在的人工智能应用及其引入前后带来的各种变化、为人类工作和生活带来的便利，并谈谈你的想法。

表 3-3　人工智能应用引入前后给人类生活带来的变化

应用场景	引入前的方式	现在的方式	你的想法
身份识别			
购物方式			
支付方式			
文字录入			
听歌识曲			
汽车驾驶			

任务 2　在百度 AI 开放平台体验物体识别

任务描述

伴随着人工智能理论和技术的日益成熟，我国不少大公司推出了人工智能的技术和平台，为中小企业提供了便捷、高效的人工智能应用接口和服务，加速推进了人工智能在传统行业中的普及应用。与此同时，百度、腾讯、阿里、商汤、科大讯飞等公司均提供了不同程度的 AI 体验服务。

任务实施

试以百度提供的 AI 开放平台为例，结合本项目所学知识，体验并探索 3～5 项 AI 服务，然后填写表 3-4。在此表格中，所采取的 AI 技术既包括机器学习的算法种类(回归、分类、聚类等)，也包括人工智能的应用领域。

表 3-4　AI 服务及其相关信息

服务名称	功能描述	所采用的 AI 技术	个人体验
AI 服务 1			
AI 服务 2			
AI 服务 3			
AI 服务 4			
AI 服务 5			

 项目小结与展望

本项目介绍了人工智能的发展历史，解释了人工智能的基本概念和基础知识，简要介绍了人工智能的通用性技术、人工智能的应用领域以及人工智能在典型行业中的应用，最后探讨了伴随人工智能而来的人机相处过程中的伦理问题。

以史为鉴，面向未来，人工智能的崭新时代已经来临。在国际竞争更为激烈的未来，数据、算法、算力等关键性技术将决定人工智能产业发展的质量和效率。国务院颁布的《新一代人工智能发展规划》强调抢抓人工智能发展的重大战略机遇，并给出了我国人工智能发展的战略目标：到 2030 年，我国人工智能理论、技术与应用总体达到世界领先水平，成为世界主要人工智能创新中心，智能经济、智能社会取得明显成效，为跻身创新型国家前列和建成经济强国奠定重要基础。

课后练习

1. 简答题

(1) 在人工智能中，智能和智慧的区别和联系是什么？

(2) 人工智能的三种形态是什么？各有什么特点？

(3) 人工智能技术的四要素分别是什么？在人工智能中分别起着哪些作用？

2. 应用题

(1) 解释机器学习、深度学习和人工神经网络三种技术的异同。

(2) 简述自然语言处理的主要应用场景和典型产品或行业应用。

(3) 调查计算机视觉与机器视觉的异同，并简述其应用领域。

(4) 选择一个你熟悉或感兴趣的人工智能的应用领域，描述其发展现状以及发展趋势。

项目 4　云计算技术

　项目背景

依托互联网，仅用了二十多年，数字技术就彻底改变了千百年来人们工作、消费和沟通的方式，数字生活已经成为大众生活不可或缺的一部分。从最初的电子邮件、社交网络，到后来的手机支付、网上购物，再到现在的线上政务、网上挂号，在这些深刻影响几乎每一个人的应用的背后，云计算(Cloud Computing)扮演着越来越重要的角色。互联网让人们过上了数字生活，而云计算让数字生活过得更舒适。

作为网民，几乎都遇到过要浏览的网站因为访问人数太多而崩溃，这种情景常发生在功能单一但牵涉甚广的站点，例如考试网站。在大型考试的报名和成绩公布时段，网站访问流量较平时往往有十倍、百倍增加，如此拥塞导致服务不可用就不足为奇；假如同时有一百个人给你打电话，而你的好友是其中之一，他/她还能打进电话吗？对网站来说，避免拥塞的办法比较简单，增加网络带宽和服务器的数量一般能解决问题，不过，增购硬件应对短暂的突增访问会造成严重的资源浪费，因为机器在一年的大部分时间里都是空闲的。有没有既可保证高峰期服务平稳，又能避免闲时资源浪费的一石二鸟之计呢？此时，云计算登场了。

中国铁路客户服务中心(俗称 12306 网站)采用云计算以保证春运高峰期车票业务的稳定运行，这是云计算应用的一个绝佳例子。春运期间，12306 把访问量最大的车票查询业务部分切换到第三方的云上，春运结束后逐渐释放占用的服务器资源，采用云计算，12306可以按需租用云计算资源，这样节省了大量硬件采购的经费开支。

12306 的例子体现了云计算的"快速弹性"。本项目将带大家了解云计算方方面面的相关知识，包括云计算的特点和服务模式，以及云计算所涉及的各种技术。

项目延伸

思维导图

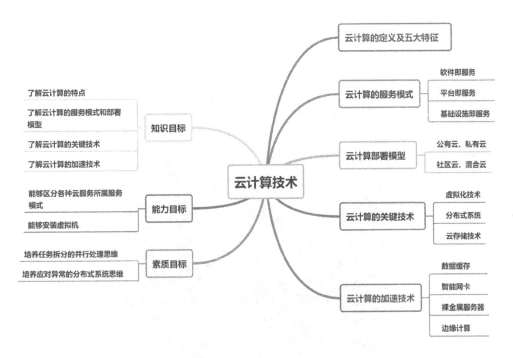

项目相关知识

4.1　云计算的演变

项目微课

　　计算上"云"的理念可追溯到 20 世纪的 60 年代。计算机科学家约翰·麦卡锡(John McCarthy)在 1961 年提出："正如电话系统是一种公用设施(Public Utility),计算(Computing)有朝一日可能会被组织为一种公用设施,……,计算机公用设施可能会成为一个新的重要产业的基础。"

　　ARPANET(Internet 的前身)科学家伦纳德·克兰罗克(Leonard Kleinrock)在 1969 年预言："截至目前,计算机网络仍处于婴儿阶段,但随着它长大并变得更加复杂,我们可能会看到'计算机公用设施'的普及,就像现在的电力和电话一样,将为全国的个人家庭和办公室提供服务。"

　　上述以类似公用设施形式提供计算的愿景在 20 世纪 90 年代末网络开始普及时得以实现。从 20 世纪 60 年代云计算概念出现到 90 年代云计算正式开始应用的 30 多年期间,先后出现大型机、集群计算与网格计算三种技术,云计算正是从这些技术进化而来的。

1. 大型机(Mainframe Computer)

　　大型机最早在 20 世纪 60 年代由 IBM 公司推出,是可靠性高、功能强大的计算机,擅长大量数据的输入、输出，主要用于大型组织内对大量数据的处理工作，例如银行金融交易、人口普查等。大型机配备多个处理器，具有强大的计算能力。大型机具有高可靠性，可以容忍部分组件故障而不需要停机修理，因此能长时间在线提供不间断服务，但比起由普通硬件组成的服务器集群，大型机在成本、可靠性、易用性方面不占有优势，近年已很少部署。美国太空总署(NASA)在 2012 年将自身的最后一台大型机 IBM System z9(如图 4-1 所示，左柜中部为一台 IBM ThinkPad 笔记本电脑)下线。

图 4-1　大型机 IBM System z9

2. 集群计算(Cluster Computing)

大型机成本高昂，集群计算作为一个低成本的替代方案被引入到众多大学和小型研究机构。自 20 世纪 80 年代起，集群计算成为并行与高性能计算的标准技术。集群计算使用大量成本相对低廉的普通服务器，通过计算机网络连在一起。对于集群中的一台服务器，虽然其可靠性与性能远不及大型机，但集群内服务器数量众多，软件经过并行设计，集群可以在容忍部分机器失效的同时实现高性能处理。

3. 网格计算(Grid Computing)

网格计算作为集群计算的演化，出现在 20 世纪 90 年代初。计算机网格借鉴了电力网的思想，用户可以像使用水、电、煤气那样消费网格的计算和存储资源。与集群计算局限在一处地方不同，网格计算是伴随着互联网在 20 世纪 90 年代的兴起而发展起来的，网格节点实现了地理上分散分布，从而带来了更强的处理能力。使用分布式技术，一个大的计算任务可以拆分到多台机器上运行，在显著缩减处理时间的同时提高了资源利用率。网格计算主要用于处理诸如天气预报等繁重的分析任务。

由于与网格计算有许多共通之处，云计算一般被认为是继承于网格计算。例如，云服务供应商(Cloud Service Provider，CSP)的数据中心跨地域分布，数据中心内的服务器使用普通硬件搭建，并通过计算机网络连接起来，再利用分布式技术实现资源的统一管理，实现了网格计算所期望的计算资源成为"公用设施"的愿景。

4.2　云计算的定义

对于云计算，不同组织有不同的定义。例如，咨询公司 Gartner 把云计算定义为"一种计算方式，其中可扩展和弹性的 IT 能力作为服务提供给使用 Internet 技术的外部客户"；Forrester Research 的定义为"一种标准化的 IT 能力(如服务、软件或基础设施)，通过互联网技术以按使用付费、自助服务的方式提供"。业界普遍接受的是美国国家标准与技术研究院(National Institute of Standards and Technology，NIST)在 2011 年对云计算作出的定义："云计算是一种模式，用于实现对可配置的计算资源(如网络、服务器、存储、应用程序和服务)共享池的无处不在、方便、按需的网络访问，这些资源只需少量管理工作或与服务供应商少量交互就可以快速配置和发布。"

NIST 的云计算定义揭示了云计算的一些基本特征：首先，严格来说，云计算不是一种技术，而是一种使用模式，使用这种涵盖性的术语可以把各种不同类型的云计算，例如不同的部署方式包括进来而不必考虑其具体的实现技术；其次，云计算是基于资源的池化，因此可以满足不同大小的需求；最后，云计算最根本的优点是资源的快速提供以及易于使用。

NIST 的定义还列出了云计算的五个基本特征(按需自助服务、广泛的网络接入、资源池化、快速弹性、可计量服务)、三种服务模式(软件、平台、基础设施)以及四种部署模式(私有云、公有云、社区云、混合云)。NIST 的定义提供了对云服务和部署策略进行广泛比较的一种手段，也为什么是云计算、如何更好地使用云计算的讨论提供了基准。

4.3　云计算的五个特征

1. 按需自助服务

用户按需自助服务(On-demand Self-service)使得客户可以快速采购和访问他们想要的服务，这是云的一个非常吸引人的特性。在传统的网络或数据中心环境中，必须仔细规划、购买、配置和实施网络资源。从决定建立新资源到该资源可用可能需要几个月的时间，参与决策和实施的过程通常涉及许多人。相比之下，云资源(如虚拟机)可以由服务订阅者和其他授权用户随时按需创建。

按需自助服务使用户能够根据需要使用云计算资源，而无需用户与云服务供应商之间的人工交互。例如，用户通过浏览器即可创建虚拟机，根据自身需求配置虚拟 CPU 核数、内存及硬盘大小、虚拟网络等。通过按需自助服务，除了管理和部署这些服务外，消费者还可以根据需要安排计算和存储等云服务的使用。为了提升用户体验，自助服务界面必须是用户友好的，并提供有效的手段来管理服务产品。按需自助服务提高了用户和云服务供应商的效率并节约成本。

2. 广泛的网络接入

广泛的网络接入(Broad Network Access)指服务可透过网络获得，并通过瘦客户端或胖客户端平台(如移动电话、平板电脑、笔记本电脑和工作站)使用的标准机制进行访问。传统网络资源大多仅对位于特定地理区域内的用户可用，要从网络外部访问这些资源，用户必须使用 VPN(虚拟专用网络)连接或类似的远程访问技术远程接入。然而，云服务可以从 Internet 上的任何地方使用，并且可以使用多种设备类型中的任何一种，例如电脑或智能手机。广泛的网络接入为更大的用户群体在更广泛的环境中灵活地访问云计算服务提供了便捷。

3. 资源池化

资源池化(Resource Pooling)是云可扩展的基本前提。云环境通常配置为大型计算资源池，例如 CPU、RAM 和存储，客户可以从中选择使用或释放给其他客户。如果没有资源池和多租户，云计算就没有经济意义。理想情况下，云服务供应商将从池中智能地选择资源分配给客户，以优化用户体验。例如，可以选择位于物理上靠近最终用户的服务器上的资源(较少的传输延迟)，并且可以自动使用替代资源以减轻资源故障(如宕机)带来的影响。计算资源池本质上类似于电力、煤气、电话等公用设施服务。例如，电力消费者并不认为有一台特定的发电机专门供他们个人或所在社区使用，但他们相信电厂已经汇集了发电机资源，即使电力系统内发生一些故障，电网也能可靠地供电。

云服务可支持数百万用户，如果每个用户都需要专用硬件，就不可能支持这么多用户。因此，云服务需要在用户和客户端之间共享资源以降低成本。这种资源共享降低了为每个应用程序托管计算资源的数据中心的成本，并且与专用计算资源相比，云消费者需支付的费用更低。云服务之所以能够支持多用户、高并发，源于使用硬件的模式。计算资源通常以非常突发的方式使用(例如，按下一个键或发送一段数据)，即客户端不会持续需要所有可用的资源。当一个客户没有使用资源时，其他客户可以使用这些资源，而不是闲置，分时操作系统是几十年前开发出来的，目的是使具有突发需求的用户或应用程序池能够有效地共享强大的计算资源。如今，个人电脑的操作系统支持同时运行多个应用程序，例如，在打开多个浏览器窗口上网的同时，后台可以运行扫描病毒和恶意软件的程序。

资源池通常使用虚拟化来实现，虚拟化使得单个系统上可以托管多个虚拟会话，从而增加系统的密度，相当于提高了资源的利用率。在虚拟化环境中，一个物理系统上的资源被放置在一个可供多个虚拟系统使用的池中，最常见的例子是一台物理服务器上运行多个虚拟机，虚拟机的计算与存储资源来自物理机。

4. 快速弹性

快速弹性(Rapid Elasticity)是指快速提供可扩展服务的能力。只有快速供应用户的需求，云计算才能具有弹性。供应的快速性是通过自动化获得的。由于任何云用户的需求在时间上都是动态的，因此需求可能会扩大或缩小，这两种需求都应该自动得到满足。云计算环境应该给用户一个无限资源库的印象，并且用户能够随时利用任何数量的资源。当用户不再使用资源时，系统必须尽快收回这些资源，以免因闲置而浪费。

当企业需要快速扩展其业务且需要增加计算能力以达到发展目标时，云计算服务可以快速满足此类需求，而企业无须购买额外的设备，客户只需要请求扩展设施，云供应商就会从资源池中分配这些设施，并相应地监控和计费。这与传统计算形成对比，传统计算通过手动添加物理服务器来实现可扩展性，这需要很长时间。在传统网络上，订购额外的服务器来帮助支持增加的流量，这可能需要数周的准备时间，而且会非常昂贵。促销活动是资源弹性需求的一个典型应用场景，许多国家一年一度的"黑色星期五"购物节期间，电商的网站访问流量会大幅增加，此时通过云服务可以快速增添服务器应对，购物热潮消退后，可以逐渐减少直至停用这些服务器，客户只需在使用云服务器时为其付费，一旦停用，将不会产生任何额外费用。

5. 可计量服务

可计量服务(Measured Service)是云计算具有"随用随付"(pay-as-you-go)特性的前提，类似于公众为不同的公用设施付费的方式，用户使用云服务供应商提供的计算服务时需要付费。在云计算模型中，这种支付是通过衡量用户对计算资源的使用情况来确定的，因此，供应商必须采用某种机制来自动计量每个用户的实际消耗量，例如虚拟机的运行时间、存储量的使用、使用的网络带宽等。云环境中通常提供两种定价方案：基于订阅的定价(包年包月)或按使用时间付费的定价。

4.4　云计算的三种服务模式

1. 软件即服务

传统模式的软件分发是购买软件并安装、运行在个人电脑上，这种模式有时称为软件即产品，如 Microsoft Office 和 Adobe Photoshop。软件即服务(Software as a Service，SaaS)是另一种软件分发模式，应用程序由云服务供应商托管，软件运行在云基础设施上，通过网络(通常是 Internet)提供给客户，用户可以通过瘦客户端接口或程序接口从各种客户端设备(例如 Web 浏览器)访问。消费者不管理或控制底层云基础设施，包括网络、服务器、操作系统和存储，除了有限的、用户相关的应用程序需要配置、设置外，消费者也不能管理应用程序。客户为使用软件而不是拥有软件付费。例如，通过网页浏览器登录邮箱(例如微软的 Outlook 或 Google 的 Gmail)收发邮件就属于最常见的使用 SaaS 服务的例子。在电子邮件这个例子中，网页浏览器是一个瘦客户端，用户可以通过浏览器收发邮件和对自己的邮箱作设置；微软的在线 Office 套件也是 SaaS，可以线上编辑 Word、Excel 和 PowerPoint 文档。使用 SaaS 模式，软件无须经下载、安装、配置等一系列过程，该模式正成为一种越来越流行的交付模型。

SaaS 是云计算三大服务模式中最完整的服务产品，是常见的云服务开发类型。对客户而言，SaaS 不需要对服务器或软件的许可进行前期投资；对应用程序开发人员来说，只需为多个客户端维护一个应用程序。借助 SaaS，单个应用程序可以从供应商的服务器交付给大量用户，为用户提供云服务供应商的应用程序的能力。在 SaaS 模式下，诸如客户关系管理(CRM)、销售管理、电子邮件和即时消息等应用程序都可以由供应商预先构建并通过云服务提供，客户只使用他们需要的应用程序，并为此支付订阅费。

SaaS 的最大好处之一是比直接购买应用程序花费更少的钱；另外，服务供应商提供的应用程序往往比企业自行研发的更便宜、更可靠，但是，SaaS 在实施和使用方面也面临一些障碍。首先，具有特定需求的企业可能无法通过 SaaS 找到可用的应用程序，在这种情况下，企业需要自研或购买桌面版软件安装到本地计算机上；其次，传统的大型软件的很多功能无法通过浏览器提供，只能使用桌面版软件，这包括工业设计软件和多媒体编辑软件等。再次，SaaS 可能存在"厂商锁定"(Vendor Lock-in)的问题，也就是说，客户使用的 SaaS 软件可能是某个云服务供应商独有，因此客户无法转去其他的供应商。

2. 平台即服务

平台即服务(Platform as a Service，PaaS)是一种中间级别的云功能，云基础设施负责为应用程序提供资源。PaaS 允许用户在各种平台上部署应用程序，这些应用程序使用供应商支持的编程语言、库、服务和工具创建。用户不管理或控制包括网络、服务器、操作系统或存储在内的下层云基础设施，但可以控制已部署的应用程序，并且可以将云供应商提供的 API 合并到应用程序中以访问和操作云中的资源。用户也可以配置应用程序所托管的环境。PaaS 的一个常见应用是地图导航，导航程序调用 API，把用户的 GPS 方位上传，进而获得用户周围的地图数据。

类似 SaaS，云供应商提供的不同 PaaS 产品会造成厂商锁定的情况。由于不同的云供应商提供不同的编程接口和软件堆栈服务，因此，使用亚马逊 PaaS 开发的应用程序不一定能在 Google 的云平台上运行。为了避免这种情况，客户可以使用通用编程语言和标准开发库来构建他们的应用程序，但这样很可能无法利用云供应商优化过的 PaaS 接口。此外，许多 PaaS 接口使用特定于平台的身份验证和保护机制，如果应用程序使用这些接口，那就被锁定在特定的 PaaS 产品中，因此，跨云可移植性和厂商锁定是 PaaS 要面对的一个问题，当前没有一个普适的解决方案。

3. 基础设施即服务

基础设施即服务(Infrastructure as a Service，IaaS)是指具有向客户提供处理、存储、网络和其他基础计算资源的能力。用户能够在这些资源中部署和运行任意软件，包括操作系统和应用程序。用户并不管理或控制底层云基础设施，但可以控制操作系统、存储和部署的应用程序并且可能对选定的网络组件(例如主机防火墙)作有限的控制。

相对于 SaaS 和 PaaS，IaaS 给予用户对计算资源更大的控制与管理的自由度。在 IaaS 模式下，用户负责对整个虚拟环境的搭建，包括操作系统版本、CPU 数量、内存大小、硬盘类型和容量等虚拟硬件的选择以及虚拟机内软件的安装、配置等。

SaaS 与 PaaS 的下层也需要由 IaaS 支撑，因此具有 IaaS 业务的云服务供应商亦会同时提供 SaaS 与 PaaS 业务。

IaaS 常用于以下两种情形：

(1) 组织架构：企业在云上搭建内网。内网分私有网络和公有网络，私有网络使用内网地址，用于组织内节点间的通信；公有网络使用公网地址，方便外界通过互联网访问。

(2) 服务器搭建：IaaS 模式适合个人或企业利用虚拟机搭建各种基于 Internet 的服务，例如网站等。

4.5　云计算的四种部署模式

1. 私有云

私有云(Private Cloud)服务部署在仅供单个企业使用的硬件资源上。根据部署的位置不同，私有云分为两种形式：

(1) 硬件位于第三方(例如云服务供应商)的设施内由第三方提供并保证不会被非法访问，这种形式的私有云适合担忧公有云安全性不足但又避免自建、运营数据中心所带来的财政负担的场景。

(2) 硬件位于企业自身拥有的数据中心，这种形式的私有云也称内部云，规模与扩展性较公有云小，存在设备购买与维护的开销，适合需要对整个设施及安全性进行完全控制和配置的场景。

私有云的关键特点是无论资源位于何处，这些资源仅供企业自身使用，不与其他企业共享，即不存在多租户，这样会导致设备利用率下降而不符合成本效益。由于企业具有对私有云硬件的完全控制，因此增加了安全性，这也是企业部署私有云的一个主要考虑因素。

私有云可以通过云平台(云服务供应商平台或 Eucalyptus、OpenStack 等开源云平台)部署，也可以通过向已经虚拟化的基础架构添加自动化、编排、管理和自动配给功能来部署。企业的资源应该池化到一个中心化单元中，并通过自助服务门户按需提供给用户，因此，私有云依然具有资源池化、快速弹性等云计算的基本特征，并不等同于传统的企业数据中心架构。

相对于公有云，私有云有以下优点：

(1) 可控。企业对私有云服务器具有更大的控制力，由于服务器、网络设备是企业专用的，因此可以根据企业自身需求进行定制。

(2) 安全性好。私有云的硬件设备部署在独立的网络内，只有拥有者或合作伙伴能访问云内的数据。对于敏感数据，存放在私有云是唯一选择。

(3) 性能稳定。私有云的服务器并不像公有云那样与其他用户共享，使用私有云能有稳定的性能预期。

(4) 灵活。可以根据企业需要，支持特定的工作负载。

2. 公有云

公有云(Public Cloud)是标准的云模式。公有云设施中的硬件、网络、存储、服务、应用以及接口由第三方(例如商业、学术或政府组织或它们的某种组合)拥有、管理和运营。公有云的基础设施位于云服务供应商的场所，并开放给企业或个人使用。消费者可以享受公有云提供的计算、存储等服务而无需关心这些服务构建的细节。Amazon Web Services(AWS)、Microsoft Azure、Google Cloud 都是全球知名的公有云。

相对于私有云，公有云有以下优点：

(1) 按使用量收费。公有云的一个主要优势是服务器与存储空间以租赁形式向消费者提供，并按实际使用量收费，初始投资低，特别适合中小型企业或初创公司。

(2) 可扩展。企业因业务扩展需要更多计算资源与存储资源时，公有云的弹性扩展可以轻松满足需求；当企业业务收缩时，企业可减少云的开支以降低成本。

(3) 供应商维护。使用公有云，场地与设备的维护由云服务供应商负责，由此可显著降低企业在 IT 设施方面的维护开支。

所有公有云均支持基础设施即服务(IaaS)功能，允许用户自行创建虚拟机并在其上部署应用程序。大部分公有云亦会提供平台即服务(PaaS)功能，向用户提供软件开发环境，例如云数据库、缓存服务等。

公有云以商业性质为主，主要提供给企业或专业人士使用。商业类型的公有云最大特点是提供服务水平协议(Service-Level Agreement，SLA)。SLA 是服务供应商和客户之间确定服务水平目标的协议，它定义了服务的类型和服务目标，包括定性和定量描述，SLA 还列出了服务未实现这些目标的补救措施或罚则。

SLA 有助于比较不同云供应商提供的服务，促进云市场竞争。欧盟在 2014 年发布了云服务水平协议标准化指南，国际标准化组织(ISO)在 2016 年采用了一个云 SLA 标准，该标准定义了云服务协议的基本概念，包括服务水平目标和质量目标。

对 IaaS 这一层次来说，客户构建在云环境的软件所能达到的性能与可靠性严重依赖下层由云服务供应商提供的服务，客户在软件设计阶段需要考虑 SLA 提供的指标。云 SLA 通常定义有平均故障间隔(Mean Time Between Failure，MTBF)或平均修复时间(Mean Time To Repair，MTTR)、服务可用性、性能与响应时间、网络与数据安全承诺、事件报告方法等。例如，AWS 承诺其弹性计算(Amazon EC2)、弹性块存储(Amazon EBS)和弹性容器服务(Amazon ECS)在任何月度计费周期内的可用性(月度正常运行时间百分比达到至少99.99%)，如果服务未达到服务承诺，客户将有资格获得服务费积分并用来冲抵客户未来应支付的相关服务的服务费，如表 4-1 所示。

表 4-1　AWS 可用性与服务费积分比例

月度正常运行时间百分比	服务费积分比例
等于或高于 99.0%但低于 99.99%	10%
等于或高于 95.0%但低于 99.0%	30%
低于 95.0%	100%

由此可见，SLA 协议的本质是保护云服务供应商而不是客户，云供应商不会赔偿因服务未达到承诺造成的客户损失。

3. 社区云

通用的公有云不一定适合不同团体的特定需要，例如安全或性能方面的需求。社区云(Community Cloud)可以根据社区的特定需求度身定制，它是一个允许多家企业使用同一平台的多租户平台。社区云不向大众开放，一般是面向有共同兴趣(例如同一行业、同一安全需求)的组织和个人，方便彼此之间进行沟通。云基础设施可能由社区中的一个或多个组织、第三方或它们的某种组合拥有、管理和运营。社区云可存在于场所内或场所外，即云设施可以处在任一成员拥有的物业内或者托管在外部，如公有云上。

社区云的优点包括：

(1) 由于参与方是多家企业或多个组织，搭建社区云的成本分摊到各个参与方，因此成本较低。

(2) 不同的社区云可采用不同的架构搭建，提供不同的优化方案以满足社区成员的特定需要。

(3) 社区内容易开展项目的合作。

(4) 社区云仅限于社区成员参与，因此安全性比公有云高。

社区云的一个熟悉例子是政务云(Government Cloud)，政务云帮助政府机构提升市民服务，增加运营效率；另一个例子是区域医疗社区云，各家医院通过社区云共享患者医疗数据。

4. 混合云

混合云(Hybrid Cloud)指云基础设施是两个或多个不同的云基础设施(私有、社区或公有)的组合，它们仍然是唯一的实体，同时对外提供统一的服务(例如无缝地实现两云之间的负载平衡)。混合云出现的场景之一是私有云与公有云之间的过渡阶段，具体如下：

(1) 转公有云：许多企业决定业务上云时，往往采用分阶段的办法，逐步迁移应用和服务到云端，在此期间，部分数据以及资源依然托管在本地，例如传统的数据中心内。

(2) 转私有云：长期租用公有云资源的成本开支过高或者出于安全的考虑，企业自行搭建私有云，在这种情形下，数据及服务也会分阶段迁移到私有云。

(3) 负载均衡：对于部署私有云的企业，若预见服务请求会短时大幅增加(例如进行促销活动)，可以临时租用公有云资源以分担访问压力。

混合云有如下优点：

(1) 灵活性较好。不同类型的业务可能有不同的安全性要求，企业可灵活选择部署模式。

(2) 成本开支降低。企业可根据业务情况，选择合适的公有云租用比例以降低成本。

4.6　云计算的基础技术

4.6.1　虚拟化技术

在计算机技术中，虚拟化(Virtualization)是一个宽泛的概念，若应用于对计算机资源的抽象，虚拟化就是一种资源管理技术，最常见的例子是虚拟机(Virtual Machines)，用户可以在一个运行中的操作系统里面再安装运行一个甚至多个操作系统，只要电脑的配置够高，虚拟机就可以比较流畅地运行。图 4-2 所示是一个 Windows 的虚拟机运行在一个 Linux 的操作系统内。本质上，虚拟化把软件与硬件解耦合，因此软件可以方便地被调度到数据中心内的不同服务器上。本节介绍虚拟化在云计算领域的应用。

图 4-2　Windows 虚拟机运行在 Linux 操作系统内

　　虚拟化不是一个新的概念，早在 20 世纪的 60 年代，虚拟化被引入到 IBM 的大型机中，在大型机内以分时(Time-sharing)方式运行多个虚拟机，每个虚拟机有自己的虚拟内存空间并只运行一个任务。虚拟内存的思想后来被引入现代的操作系统中，操作系统内每个进程都有自己的虚拟内存空间，以时间片轮转的方式使用 CPU 资源。

　　虚拟化技术在 IaaS 这一层的应用无处不在，可以说没有虚拟化就没有云计算。IaaS所提供的计算、网络、存储三大基础资源服务均是用虚拟化技术实现的。

1. 服务器虚拟化

　　顾名思义，计算(Compute)是云计算的核心，服务器虚拟化是计算能力得以实现的一种方式。服务器虚拟化提供了在物理机器上创建多个相互独立、占用物理机 CPU 和内存等计算资源的虚拟服务器的能力。如今是多核 CPU 的时代，服务器性能强大，运行多任务的能力绰绰有余，因此，服务器虚拟化的一个主要目的是提高服务器资源的利用率。云服务供应商把计算资源以"云主机"的形式向用户提供，一台云主机就是包含 CPU、内存、网络、存储资源并安装了操作系统的虚拟机。虚拟机可以理解为"计算机里面的计算机"，通过虚拟化技术，一台宿主机(称为 Host)上运行的多台客户机(称为 Guest)可以共享宿主机的资源，每台虚拟机相互独立，并可安装不同的操作系统和应用程序。在云环境中，托管众多虚拟机的物理服务器称为计算节点，在计算节点上创建和管理虚拟机的程序称为Hypervisor(虚拟机监控程序)。

　　服务器虚拟化的另一个优点是隔离。云是一个多租户的环境，一台计算节点运行多台虚拟机，必须确保不同租户的数据相互隔离以保证安全。由于每个云主机被限制运行在自己的虚拟环境内，难以感知外界物理服务器的情况，因此天然具有较好的安全性。

服务器虚拟化有以下三种形式：

(1) 全虚拟化。全虚拟化指客户机操作系统(Guest OS)以为自己直接运行在物理硬件上。全虚拟化细分为软件辅助的全虚拟化与硬件辅助的全虚拟化。软件辅助的全虚拟化由Hypervisor 负责实现所有加入虚拟机的虚拟硬件的功能，例如 CPU、键盘、鼠标、网卡等。也就是说，虚拟机内对虚拟硬件的所有请求都被提交到 Hypervisor，经过二进制翻译后，Hypervisor 再把指令提交到物理 CPU。这种形式的虚拟化因翻译产生的开销导致虚拟机性能降低。现代 CPU 加入了对虚拟化的支持(如 Intel VT-x 和 AMD-V)，因此，在硬件辅助的全虚拟化模式下，Hypervisor 把虚拟机的部分指令提交物理 CPU，虚拟机的性能得以显著提升。

(2) 半虚拟化。硬件辅助的全虚拟化虽然性能有大幅提高，但虚拟机与物理硬件的通信需要经 Hypervisor 中转，造成性能损耗。半虚拟化是指客户机操作系统安装了支持半虚拟化的驱动程序，使得系统知道自己运行在虚拟环境内，从而可以与 Hypervisor 协调，加快与宿主机之间的数据传输并降低延迟。

(3) 容器化。容器(Container)是另一种类型的虚拟化，相对于每个虚拟机有独立的操作系统，容器共享宿主机的操作系统，因此容器只能运行同一类型操作系统平台的软件。例如，Linux 平台的容器就无法运行 Windows 的应用程序。与虚拟机相比，容器比较轻量，只包含特定应用程序及其所依赖的软件环境，能够快速启动，可以使用一个容器来运行从小型微服务或软件进程到大型应用程序的所有内容。容器直接运行在宿主机的操作系统上，共享宿主机的 CPU 和内存，但只能访问容器内的文件，由于没有 Hypervisor，因此运行速度快。

服务器虚拟化还支持嵌套，也就是虚拟机内还能安装虚拟机，但嵌套会导致虚拟机性能进一步下降，所以没有实用价值。嵌套体现了软件与硬件解耦合的虚拟化特点。

2. 网络虚拟化

网络虚拟化是一个把网络资源与网络功能结合成一个单一的、基于软件的管理实体的过程。

1) 网络虚拟化的形式

网络虚拟化有以下两种形式：

(1) 基于虚拟设备的虚拟网络。虚拟设备(虚拟网卡、虚拟交换机、虚拟路由器)组成网络，设备之间的通信使用非虚拟协议(如以太网协议)与虚拟协议(如 VLAN 协议)。这种形式的虚拟化常见于云环境中。

(2) 基于协议的虚拟网络。物理网络上的网络组件使用 VLAN 或 VPN 等虚拟化协议创建的虚拟网络，这些组件可能处在不同公共网络上，但由于同属一个虚拟网络，组件之间使用局域网的协议通信。

2) 网络虚拟化的协议

网络虚拟化有两种常用的协议：VLAN 和 VXLAN。

(1) VLAN。VLAN(Virtual LAN)即虚拟局域网，把一个物理上的 LAN 逻辑地划分为多个广播域，每个 VLAN 是一个广播域，广播的报文被限制在一个 VLAN 内，VLAN 之间的主机不能通信。划分 VLAN 既可以防止广播风暴波及整个网络，也可以提高安全性，例

如，企业的财务部单独组成一个 VLAN 以减少来自其他部门的网络攻击。VLAN 设计于
20 世纪 90 年代，由于没有充分考虑可扩展性，所以存在以下不足：首先，VLAN 是一个
2 层网络的协议，只能应用于本地网络，不能跨 3 层网络(例如互联网)；其次，在协议设
计上，VLAN 使用长度为 12 bit 的空间存储 VLAN 的 ID，因此理论上最多只能创建 2^{12} 共
4096 个子网，实际取值范围为 1～4094，这种网络规模足够企业内网使用，但对于大型云
服务供应商，就满足不了隔离租户的需求了。

(2) VXLAN。VXLAN(可扩展虚拟局域网络)是一种网络虚拟化技术，旨在解决与
大型云计算部署相关的可扩展性问题。VXLAN 使用类似 VLAN 的封装技术将 OSI 第 2
层以太网帧封装在第 4 层 UDP 数据报中(即 MAC-in-UDP)，并在第 3 层网络中传输。
VXLAN 将可扩展性提高到多达 1600 万个逻辑网络，足够为云服务供应商的每一位租
户分配一个子网。从抽象的层面看，VXLAN 在 3 层网络之上创建一个 2 层虚拟网络，
这个 2 层网络称为 Overlay 网络。Overlay 网络之下的物理网络称为 Underlay 网络，包
括交换机、路由器、线缆等。网络虚拟化的主要好处是：实现了租户之间的网络隔离，
不同租户的云主机相互不可见，提高了安全性；由于虚拟网络相互独立，因此不同的
虚拟网络可以有完全相同的网络参数配置，例如，不同租户的虚拟机可有相同的内网
IP 地址；此外，虚拟网络与下层物理网络并不绑定，可以方便地把整个虚拟环境在云
内或云间迁移。

3. 存储虚拟化

虚拟机的运行离不开后端存储的支持，试问，一个没有硬盘的电脑，又怎么能给用户
使用呢？因此，存储在 IaaS 层具有不可或缺的作用，云计算架构下的存储广泛地使用了虚
拟化技术。存储虚拟化使得租户所访问的看起来是一个文件或一块硬盘的数据，其实是以
冗余的方式小块地分散到不同物理硬件上存放。一个文件或一个逻辑硬盘的数据到物理存
储设备之间的映射关系由分布式存储系统负责。

对于传统的计算机系统，存储设备(机械硬盘和 SSD)是直接安装到服务器本地上的，
这种方式不利于服务器之间对存储资源的共享与管理。在云环境下的数据中心，安装大量
硬盘的服务器称为存储节点；相对于计算节点，存储节点不运行虚拟机。大量存储节点组
成一个存储池，存储池的存储空间分配由分布式存储系统统一管理。计算节点本身也会配
置本地硬盘，但仅用于启动宿主机操作系统。计算节点运行的虚拟机所挂载的虚拟硬盘空
间来自存储池的物理硬盘空间，因此，用户可以挂载规格比物理硬盘大得多的虚拟硬盘。
例如，用户可以创建单盘容量达 64 TB 的 SSD 云硬盘，而当前(2022 年)电脑市场上还没有
这个容量的 SSD 可供购买。

4.6.2　分布式系统

分布式系统是一个由多台独立的计算机组成，但对外以一个整体的形式呈现给用户的
系统。在分布式系统中，每个节点都是一个自治的系统，系统负责调度节点内的资源。分
布式系统可以通过添加节点来扩展，并可设计为即使是在硬件、软件或网络可靠性水平较
低的情况下也能保持整个系统的可用性。

图灵奖获得者、分布式系统专家莱斯利·兰伯特(Leslie Lamport)描述了分布式系统的

特点："分布式系统就是系统中的一台电脑失效你察觉不到，但若同样的失效发生在你自己的电脑上，你的电脑就不能用。"Leslie Lamport 的话概括了分布式系统的一个主要特点：容错(Fault Tolerance)。对于分布式系统，可靠性(Reliability)与运行时间(Uptime)是关键指标。虽然大型服务器以及运行其上的系统的可靠性非常高，但失效依然不可避免，对电子商务或执行关键任务的应用来说，短暂的服务中断不可接受。冗余是提高系统可靠性的基本方法，也就是使用多个相同组件。冗余的特点是，在系统正常运行的情况下，移除冗余组件不影响系统继续正常运行。网络链路、网络设备、服务器主机以及后端存储设备的冗余是常见的冗余手段。

分布式系统具有以下特点：

(1) 透明性。用户上传一个文件到网络云盘保存，表面上文件存放在云盘上一处地方，但实际上文件是以冗余的方式保存到多台存储服务器上，这样做的目的是确保数据不因一台机器失效而丢失。分布式系统这种对外隐藏下层细节的属性称为透明性(Transparency)，具体包括以下方面：

① 位置透明性：用户无法知道也不必知道访问的资源所在的物理位置。

② 并发透明性：上层提交的任务，下层以并发的方式(多 CPU 核或多节点)处理，但上层并不感知。

③ 复制透明性：用户保存的数据以冗余的方式(副本或纠删码)存放以增强数据可靠性。

④ 失效透明性：发生故障的组件由其他冗余组件自动替代，上层不明显感知失效的发生。

⑤ 迁移透明性：数据可被迁移至系统内其他节点，但对上层透明。

(2) 可扩展性。可扩展性(Scalability)是指系统或服务在添加资源后，性能能够根据所添加的资源的多寡而按比例提升的能力。扩展方式有垂直扩展与水平扩展两种。垂直扩展是增加节点内部的资源以提高性能，例如升级处理器、增加内存、添加硬盘等。垂直扩展往往有上限，例如一台普通服务器最多只支持两个 CPU，即使换成频率更高的 CPU，其处理能力增幅也有限。水平扩展是增加服务器节点，对整个系统而言，节点数的增加不但提高了系统整体性能，还增加了整个系统容忍部分节点失效的能力。一般而言，垂直扩展容易实现，适合单机系统；水平扩展涉及各节点资源的统一调度，实现复杂，适合分布式系统。

(3) 并行处理。在计算机科学领域，并发(Concurrency)指多个任务在一个时间区间内交替运行，并行(Parallelism)指多个任务在一个时间区间内同时运行，并发与并行是两个既相近又有区别的概念，一般用"并行处理"统一描述这两种情形。在使用电脑时一边上网一边听歌就是一个多任务的例子。假如我们用的是 21 世纪初的个人电脑，那时候 CPU 只有一个核(Core)，这种情况下，只存在并发，因为只有一个 CPU 负责处理这两个任务，但由于 CPU 处理速度极快，纵使微观上这两个任务是交替处理，但宏观上给用户一个同时运行的错觉；如今，多核 CPU 早已普及，听歌与上网这两个任务既可以由 CPU 的其中一个核处理(并发)，也可以分别由不同的核处理(并行)，任务分配的决定权在操作系统。在云计算环境中，并行处理技术的应用无处不在，其目的是提高系统性能。例如，向云存储系统写入的数据会并发地发送到多个存储节点，实现数据的并行写入，从而显著地提高了系统的 I/O 性能。

(4) 高可用性。可用性(Availability)是指服务不中断的能力。云服务供应商提供的计算、网络、存储服务的可用性用"服务时间"(Uptime)表示，并以数个"9"对所提供服务的时间与总时间的百分比作定量描述。例如，90%代表 1 个 9，99%代表 2 个 9，99.9%代表 3 个 9 等。云服务供应商一般会对外承诺 4 个 9 的可用性，即 99.99%的时间服务可正常提供。表 4-2 列举了可用性与折合的宕机时间。

表 4-2　不同可用性对应的宕机时间

9 的个数	可用性/%	宕机时间/年	例 子
1	90.0	36 天 12 小时	个人电脑
2	99.0	87 小时 36 分钟	普通工作站
3	99.9	8 小时 45.6 分钟	高可用系统
4	99.99	52 分 33.6 秒	数据中心
5	99.999	5 分 15.4 秒	银行系统
6	99.9999	31.5 秒	军事防御系统

4.6.3　云存储技术

1. 冗余

我们都知道数据无价，电脑上重要的文件都会用移动硬盘或者个人网盘做备份，毕竟电脑与移动硬盘同时坏(或者丢)的可能性很低。备份数据这个行为暗示了两个事实：设备不总是 100%可靠，而冗余能很好地应对这个问题。

在云计算时代，数据规模不断扩大，由数量众多、通用的存储设备共同构成的集群存储环境日益普遍，从而推动了存储设备间数据冗余技术的研究。冗余与并发是两种与集群存储系统紧密相关的技术，前者提高了数据的可靠性，后者提高了系统的性能。对于存储系统，冗余的方式有两种：副本(Replica)与纠删码(Erasure Coding，EC)。副本也就是复制(Replication)，原始数据与副本等同，因此，复制的存储空间开销视副本的个数为原始空间的整数倍。使用复制的系统读写性能好，但导致大量的存储与网络带宽开销，因此产生了纠删码的方式。使用纠删码可节省大量的存储空间，但写入性能低，并且生成校验所需的CPU 时间较多。用一句话总结就是，副本以空间换时间，纠删码以时间换空间。下面简单介绍这两种技术。

1) 副本

副本是增加数据可靠性的一种常用机制，是最简单的冗余技术，其方法是系统中把多份数据副本存储在不同节点上，例如三副本相当于有两份冗余数据。使用副本，只要一份数据所在节点正常运行，该数据即可被读取。相对于无冗余的方案，副本大幅增加了系统的存储开销，进而增加了购置硬盘、占用物理空间、硬盘耗电、制冷等开销。此外，由于需要保证副本之间的数据一致性，与无冗余的系统相比，使用副本会增加系统的设计复杂度，不过，多份副本意味着并发读写可同时进行，因此系统的性能好。

2) 纠删码

由于副本浪费了大量的存储空间，在大数据时代并不是一种经济的做法，而纠删码技术虽然写入性能低，但存储空间占用少。近年来，纠删码技术广泛应用于大规模存储系统中，特别是存放归档数据这类读多写少、对性能要求不高的场景。

纠删码是一类用于纠正删除错误的编码，广泛用于通信领域与存储领域，用来恢复丢失的数据，最常用的纠删码是 Reed-Solomon(RS)编码，RS 码于 20 世纪 60 年代提出，其后应用于光盘数据存储、无线通信、二维码等场合。纠删码只能纠删不能纠错。假设原始数据由 4 块(D1、D2、D3、D4)组成，如果经过纠删码编码后增加了两个块(P1、P2)，那么这两个增加的块称为校验块，这一共六个块的数据称为编码后的数据，这六个块的相互关系是：如果任意两个块丢失，数据可从其他四个块恢复。假如 D4 与 P2 丢失，丢失的数据可通过数学计算，从其他四个块 D1、D2、D3 和 P1 恢复。

2. 存储服务

云服务供应商一般提供三种类型的存储服务：文件存储、块存储、对象存储，三种存储服务有不同的应用场景。

1) 文件存储

文件是普通计算机用户最常接触到的数据存储形式，类似于办公室用的文件夹，计算机里的文件也可以放入不同的文件夹以方便管理，此外，计算机内的文件夹还可以放入另一个文件夹内，构成一个多层次的结构。在计算机内，对文件进行管理的软件称为文件系统，文件系统是操作系统的一部分。个人电脑上的文件系统存在两个缺点：

(1) 容量有限。最大容量不超过所安装的硬盘的总容量，而一台普通电脑能安装的硬盘数目非常有限，文件系统最大文件数目受容量大小限制。

(2) 数据可靠性不高。常用的文件系统出于性能的考虑，在设计上对数据不作冗余，对重要文件，用户要手动备份，如复制一份到移动硬盘上。

基于云的文件系统大大地扩展了普通文件系统的功能：在容量和文件数方面，分别支持弹性扩展至数千太字节(TB)与数亿个。添加或删除文件时立即自动扩展或缩减文件系统存储容量，而不会中断应用程序，并根据需要动态提供所需的存储容量，用户不必担心数据写满；在可靠性方面，文件系统下层使用冗余技术，确保数据不丢失。

大型的云服务供应商普遍以自研方式开发云文件系统，对外接口具有良好的协议兼容性，客户使用支持 NFS(Linux 系统)和 SMB(Windows 系统)协议的客户端，挂载云文件系统后即可使用。

2) 块存储

硬盘无论是机械硬盘(HDD)还是固态硬盘(SSD)，通过接口向用户提供一段连续的地址空间。空间的大小以字节计算，读写以扇区(512 B 或 4096 B)为基本单位。云服务供应商的弹性块存储服务，向客户提供一个俗称云硬盘的虚拟硬盘。云硬盘需要加载到虚拟机后才能使用。云硬盘在使用上有两种类型：一种是系统盘，安装了操作系统，默认大小几十吉字节(GB)，可以设置其他容量，用于启动虚拟机；另一种是数据盘，大小由用户指定，容量取值范围几十吉字节(GB)至几十太字节(TB)，需要用户格式化后使用。每个虚拟机有一个系统盘、零个或多个数据盘。

　　弹性块存储服务有以下优点：

　　(1) 可扩展性。可迅速提供从数十吉字节(GB)到数千太字节(TB)容量的云硬盘，远高于一台普通服务器所能提供的磁盘空间，其速度远快于购买硬盘自建存储集群。

　　(2) 数据可靠性。云硬盘的数据通常以三副本存放到集群中的不同节点中，具有高可靠性，数据丢失的概率很低。

　　(3) 灵活性。用户可根据自身需要选择从高性能型 SSD 云盘到容量型 HDD 云盘等多种不同类型的云盘。SSD 云盘具有高 IOPS(Input/Output Operations Per Second)和高吞吐量，适用于任务关键型工作负载；HDD 云盘适合存放不经常访问的冷数据以降低存储成本。

　　(4) 性能。云硬盘上的数据以块的形式分散存储在不同的物理节点，节点之间使用高速网络连接，采用多节点并发读取的方式可获得远超传统机械硬盘吞吐率的性能。

　　块存储的应用场景很多，最常见的是为上层的文件系统提供存储的后端支持，此外，部分关系数据库可以跳过文件系统层直接操作存储块的扇区以提高写入性能。

　　3) 对象存储

　　相对于文件存储和块存储的悠久历史，对象存储使用 Web 的接口访问，属于较新的事物。数据以对象(Object)的形式进行管理，对用户来说，每个对象相当于一个文件，对象存储没有目录层次结构，以扁平的地址空间保存。对象使用 HTTP 协议上传和下载，与传统的文件系统相比，延迟高，但吞吐量大。对象存储系统通常部署在一个独立的对象存储池，与 IaaS 的块存储池分离。所有对象保存到普通文件系统上，每个对象通常以三副本的形式存放到存储池内的三个节点，只要这三个节点不同时失效，对象的读取就不受影响，数据具有高可用性。对象的元数据除了包括对象的文件版本信息外，还可以添加大量与对象内容相关的描述信息，例如照片或视频中出现的人物名字等，方便快速查找。

　　与传统文件系统不同的是，对象存储不支持对对象内容的修改，只能通过重新上传整个对象进行更新。对象存储主要用于不频繁更新的非结构化数据(例如图片、视频等)或归档数据的存储。对每个对象，存储系统一般会保留最近的几次更新，方便用户下载指定的旧版本。对象存储的一个应用场景是存放大型网站的图片、音频和视频。

　　为了提高存储系统的性能，多个小对象会合并成一个大文件(如几十兆字节)存到文件系统中，不同对象在大文件中的偏移位置记录到数据库中。

4.7　云计算的加速技术

　　云服务供应商一直追求网络和存储相关产品具有更好的性能，例如更高的吞吐率与更低的延迟。网络方面，提高吞吐率的最简单办法是升级网卡，把接口带宽为 10 Gb/s 的网卡升级到 25 Gb/s、40 Gb/s，甚至更高以提高系统整体的带宽；存储方面，把机械硬盘(HDD)升级到固态硬盘(SSD)，既可以提高吞吐率也能降低延迟，但会大幅增加成本。本节简单介绍实现云服务加速的一些方法。

　　1. 数据缓存

　　在计算机领域中，为了降低传输速度差距大的硬件在相互传输数据时带来的延迟，广泛使用了缓存(Caching)技术。例如，CPU 与内存之间的速度约有 100 倍的差异，因此

CPU 配置了 L1、L2 甚至 L3 级别的缓存，这些缓存使用了比内存更贵、速度更快的材料制造。当 CPU 处理数据时，会先到缓存中寻找，如果数据因之前的操作已经读取而被暂存其中，就不需要再从内存中读取数据，从而大大加快了处理速度。不同类型的磁盘在延迟上也有巨大的差异，机械硬盘(HDD)在读写数据时的延迟比速度更快、价格更贵的固态硬盘(SSD)高 10 倍以上，因此，云存储的 HDD 集群中，SSD 常被用作缓存盘以提高读写性能。

如图 4-3 所示，一个由大量 HDD 组成的存储集群，虚拟硬盘的数据最终会被写入 HDD 集群，但为了提高系统的写入性能，存储系统可以安装小量 SSD 作为缓存，用户写入虚拟硬盘的数据暂时存放在 SSD，而 SSD 中的数据可以后台择期写入 HDD。

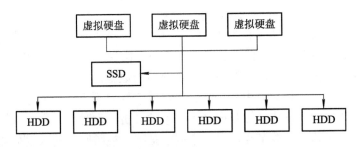

图 4-3　带 SSD 缓存的 HDD 集群

2. 智能网卡

过去十多年，服务器网络接口速度增加迅猛，10 Gb/s、25 Gb/s、40 Gb/s 速率已先后普及；目前，100 Gb/s 网络已开始部署，200 Gb/s 和 400 Gb/s 以太网产品标准亦已发布。与此同时，服务器 CPU 在单线程性能和 CPU 核数两方面增长缓慢，越来越大比例的 CPU 资源耗费在数据的接收与发送上，从而限制了应用程序所获得的计算资源。据统计，数据中心 x86 服务器中约有 10%～20%的 CPU 核用来处理云存储的负载。对云服务供应商来说，CPU 属于计算资源，可供出售，若大量 CPU 时间用于处理数据传输，则不符合成本效益。此外，经过操作系统内核网络栈传输数据(In-kernel)的传统方式已难以满足对延迟特别敏感的应用需求。对于 In-kernel 带来的延迟，业界采用 Vhost-user 等内核(Kernel-bypass)的方法解决，但这种方法并没有改变数据传输依然由服务器 CPU 处理导致 CPU 负载偏高的问题。智能网卡支持数据传输的负载从服务器 CPU 卸载(Offload)到网卡上，并且数据转发无须经过内核，在释放服务器 CPU 资源的同时，显著地降低了数据传输延迟，进而提升了集群整体的性能和设备利用率。

3. 裸金属服务器

云计算与虚拟化尤其是与虚拟机紧密相关，一台物理机上运行多台虚拟机可以服务多个租户以充分利用硬件资源，但虚拟机引入了两大缺陷：性能损失与性能抖动。虚拟机的操作系统与应用程序通常不能直接使用物理硬件资源，需要通过虚拟化软件协调或者中转，不可避免地引入了延迟，在涉及大量数据读写的情形下，吞吐率下降明显。此外，物理机的硬件资源，包括 CPU 与网卡，以共享的形式分配给虚拟机使用，若多台虚拟机同时进行高性能计算等 CPU 密集型任务，每台虚拟机能获得的 CPU 资源必然减少，从而造成性能波动。这种突发高负荷也可出现在网卡带宽的占用上，多台虚拟机同时大量收发数据会造成网络饱和，影响虚拟机的吞吐率。鉴于此，云服务供应商出租裸金属服务器 (Bare-metal Server)迎合对性能与稳定性有高追求的 VIP 客户的需求。裸金属服务器就是物理服务器，但整台服务器只供一个租户使用，租户独占 CPU 与网络带宽，软件直接运行在物理服务器上，在存储方面，虽然也支持本地存储，但管理远不及云硬盘便捷，裸金属的存储以云盘为主。

4. 边缘计算

边缘计算(Edge Computing)是一种分布式计算模式，它使计算和数据存储更接近数据源，具有降低响应时间并节省带宽的优点。边缘计算的思想源于内容分发网络(Content Delivery Network，CDN)，自 20 世纪 90 年代后期开始，大型网站为了提升各地用户的浏览体验，纷纷部署 CDN，把存放网站图片、音乐、视频、软件等内容的服务器摆放到离用户更近的区域性网络边缘。CDN 的数据相当于源网站内容的缓存，用户请求的数据若已缓存在 CDN，系统会直接返回缓存的数据给用户而不必向源服务器请求。传统的云计算模式，计算资源集中在云数据中心，而最终用户是在网络的边缘访问这些资源和服务。但是，把网络边缘产生的数据传输到数据中心进行计算可能会导致不可接受的延迟。以自动驾驶汽车为例，汽车收集到的大量传感器数据必须在本地分析，实时作出驾驶决策，因此，自动驾驶系统相当于一个边缘计算节点。另一个例子是基于视频监控的入侵检测系统，当视频中出现可疑人或物时，系统需要快速识别视频并发出警报而不是上传到云数据中心进行处理。从上面的例子可以看出，边缘计算的应用场景是数据在网络边缘产生，而就近处理可以显著提高系统性能。

4.8　云原生应用程序

云原生应用(Cloud Native Applications)指为云而设计的应用，以区别于云上部署的传统应用。云原生计算是一种软件开发方法，根据云原生计算基金会(Cloud Native Computing Foundation，CNCF)给出的定义，云原生利用云计算"在公有云、私有云和混合云等现代动态环境中构建和运行可扩展的应用程序"。容器、微服务、无服务器等是云原生常见的元素。

1. 容器

长期以来，软件开发的一个痛点是开发好的程序在别的电脑上不一定都能跑得起来，因为软件能否正常运行，与操作系统设置的环境变量、软件依赖的库或组件息息相关。用户的环境千变万化，如果软件出厂前测试不能面面俱到的话，在部分用户电脑上运行时就容易产生问题，大大增加了售后支持的成本。那么，能不能在交付软件的同时，把运行环境也一并交付？虚拟机就可以。但是，虚拟机包含整个操作系统，资源占用多、启动速度慢，绝不是一个好的选择。最终，产生了轻量级的虚拟机——Linux 容器。

容器(Containers)是轻量级应用代码包，它还包含依赖项，例如编程语言运行时的特定版本和运行软件服务所需的库。容器技术是一种轻量级的虚拟化技术，通过操作系统内核的能力，对容器内进程的资源使用(包括 CPU、内存、硬盘 I/O、网络等)进行限制与隔离。相对于虚拟机，容器在操作系统级别进行虚拟化，而虚拟机在硬件级别进行虚拟化；容器比虚拟机更加轻量化，虚拟机安装的是一个能启动的完整操作系统，容器只包括软件本身和软件运行所依赖的库，使得容器空间占用比虚拟机小得多。容器启动速度快，往往只需几秒即可完成，但虚拟机在运行服务前需要等待操作系统启动完成，所以虚拟机启动的整个过程可能需要数十秒。Google 的所有产品(包括 Gmail、YouTube 和 Google 搜索)都是在容器中运行的。图 4-4 展示了应用程序在传统环境与云环境下不同的部署方式。

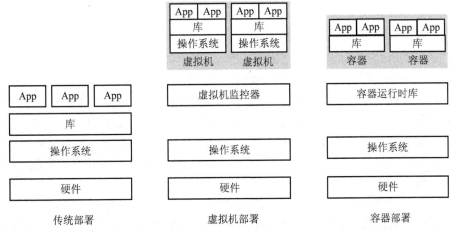

图 4-4 应用程序的不同部署方式

Docker 是一个创建和运行容器的工具。管理大量容器化的应用程序时需要借助容器编排工具，Kubernetes 是一个开源的容器编排平台，可以自动完成在部署、管理和扩展容器化应用过程中涉及的许多手动操作。

2. 微服务

微服务架构通常简称为微服务(Microservices)，是指开发应用所用的一种架构形式。通过微服务，可将大型应用分解成多个松耦合的独立组件，每个组件提供一种功能，构成一个微服务。每个微服务都通过简单的接口与其他服务通信，以解决业务问题，容器是微服务架构的一个典型例子。微服务并不等同于功能简单，其核心在于服务具有独立性与完整性。独立性指所提供的服务不需要依赖其他服务的协助。以一个在线计算器为例子，假如把加、减、乘、除四项功能分解为四个微服务，那么微服务之间相互独立，加法运算不需要调用减法服务即可求和；完整性要求服务以一个完整的功能集提供而不是细粒度拆分功能。再以上述计算器为例，把简单算术功能分解为四个微服务属于过度拆分，用不同模块例如普通计算、科学计算、程序员计算、财务计算等构建不同的微服务是更合理的做法。

3. 无服务器

无服务器(Serverless)计算指快速分配计算资源，给出计算结果后立即释放资源的一种服务。功能即服务(Function as a Service，FaaS)是无服务器计算的一种类型，软件开发人员无须维护整个环境，直接使用服务就可以构建、运行和管理应用程序包。无服务器技术具有自动扩展、内置高可用性和按使用付费的计费模式等特点，相对于使用虚拟机至少以分钟计费，无服务器计算能把计费时间降低至数秒。无服务器计算具有的可扩展性适合短时需要大量计算资源的机器学习、大数据分析等应用场景。与 PaaS 的不同点在于，PaaS 应用程序在部署之后会一直运行，并马上开始处理请求，而无服务器需要等待事件触发，具体取决于事件的发生频率；无服务器架构可以自动伸缩，而 PaaS 的伸缩需要进行配置。

4.9　云计算的安全与隐私

对公有云上数据的安全性的担忧是制约云计算被广泛接纳的一个重要原因，对安全的担忧包括：数据放在云上，会不会被黑客拿走了？云服务供应商的员工会不会偷偷访问我的数据？正因为有这些担忧以及基于成本、管理等的考虑，大型公司几乎无一例外地选择自建数据中心而不使用公有云处理敏感数据。绝密数据不会存放到网络上，更不会存放到公有云上，但互联网上绝大部分的数据是达不到绝密程度的。例如，视频渲染公司租借公有云计算资源，让用户上传自己制作的视频到云上做渲染。在这个例子中，用户的视频是私有数据，但对其他人基本没有利用价值，远远达不到机密的程度，不会引起具有访问权限的无关人员的兴趣，由此可见，使用适当的加固措施，公有云适用于大多数的应用场景而不会出现安全问题。

本节介绍云计算环境下的安全性所涉及的相关技术。本节讨论的安全仅限于数据的访问授权，不涉及数据丢失和数据无法被访问的问题，这两个问题与分布式系统中的数据可靠性与数据可用性相关。

1. 基本访问控制

与其他应用领域涉及的计算机安全一样，云计算有类似的基本安全要求：身份验证、授权和审计。

(1) 身份验证(Authentication)是验证一个人的身份、真实性和可信度的过程。在信息系统中，用户必须证明他们是经过身份验证的用户，并且具有唯一性。身份验证的方法有多种，例如基于密码的身份验证、基于生物特征(人脸、指纹、虹膜等)的身份验证、基于令牌/加密狗的身份验证、多因素身份验证(如 ATM 取款使用银行卡+密码)和带外身份验证(如手机短信验证码)。云是一个多租户环境，通常使用账户名/密码+手机短信验证码确认租户身份。

(2) 授权(Authorization)决定经过身份验证的用户对不同资源的访问权限，并根据这些权限控制用户对资源的访问。通常，权限由资源的所有者设置，例如，文件的所有者可以在创建文件时设置不同的权限，例如读取权限、写入权限和执行权限。AWS 为租户提供两种角色的用户权限：AWS 账户根用户和 IAM(Identity and Access Management)用户。首次创建 AWS 账户时，使用的是一个对账户中所有 AWS 服务和资源具有完全访问权限的单点登录身份，此身份称为 AWS 账户根用户，租户在创建账户时所用的电子邮件地址和密码登录即可获得该身份；IAM 用户是租户在 AWS 中创建的实体，主要用途是登录到 AWS Management Console 以执行交互式任务，并向使用 API 或 CLI 的 AWS 服务发出编程请求。AWS 强烈建议租户不要使用根用户执行日常任务。

(3) 审计(Auditing)是一种检查和审查资源的机制，目的是验证已授权人员是否按照设置的规则和权限执行操作，确保有适当的控制机制来防止滥用资源。可审计的项目繁多，如密码策略、软件许可和互联网使用情况等。云服务供应商的日志服务具有记录软件错误、硬件故障、用户登录和注销以及不同用户对资源访问的功能。

2. 云计算的安全威胁

在云环境下，云服务供应商既要像传统企业网络那样使用防火墙应对外部威胁，同时还要避免租户之间的数据窃取和攻击。虚拟化是云计算的根基，但虚拟化也为云环境带来了安全隐患。服务器虚拟化使得多台虚拟机运行在同一台称为计算节点的物理服务器上，这些虚拟机可属于不同的租户，但共享了计算节点的物理内存，为避免一个虚拟机写入内存的数据被另一个虚拟机通过读内存读出来，hypervisor 使用内存虚拟化技术实现不同虚拟机之间的内存隔离。虚拟机还共享了计算节点的 CPU 缓存，从而造成安全风险。2018 年 1 月，分别称为 Meltdown(熔断)与 Spectre(幽灵)的两个与 CPU 缓存相关的硬件设计缺陷及安全漏洞被揭露，如果漏洞被利用，虚拟机 A 就可以访问虚拟机 B 的数据，最后，业界通过操作系统打补丁、CPU 微码与固件更新等方法修补了漏洞。

虚拟机的网络与存储方面的安全威胁相对较少：在网络方面，不同租户之间的虚拟网络相互隔离，攻击者无法发起网络攻击；在存储方面，租户创建的虚拟硬盘对其他租户不可见，而虚拟硬盘在设计上采用了精简配置的策略，用户写入数据后才会在物理硬盘上分配空间，假如用户创建了一个云硬盘后立即读取硬盘内容，底层的存储系统会直接返回 0，不会读到其他用户在物理硬盘上写过的数据。

3. 提高云安全的最佳实践

使用公有云时提高数据安全性的方法如下：

(1) 使用提供了高强度加密的云服务。在理想状况下，云服务应使用军事强度级别的 256 bit AES 算法加密用户与云之间的通信以及存储在云上面的数据。对通信信道加密属于网络安全领域，数据加密后，即使黑客有能力获取用户与云之间通信的数据，但对黑客来说，这些数据也只是一堆无法识别的乱码，没有使用价值；至于破解存储在云上的加密数据，黑客不但需要攻入云服务供应商高度设防的网络，还要获取解密数据的密钥，这显然难度极大。

(2) 用户先行加密数据后再上传云端。即使云服务供应商有抵御黑客入侵的能力，但也不能保证内部工作人员未经许可访问用户的数据，因此，云端存放用户加密过的数据才能避免泄漏，万无一失。但是这种方式有很大的局限性。由于数据是加密后再上传存放，因此云上的软件无法读取数据的内容，只能重新下载到本地，解密后再在本地处理，这种方式一般只适合使用云进行数据的归档存储。

(3) 云账号设置复杂的登录密码，不要存放敏感的个人信息到云上，包括个人住址、银行账户信息、其他网站的登录账号和密码等。

(4) 不把鸡蛋放在一个篮子里。云上的数据默认提供了冗余保护，丢失的可能性非常低，但为了预防万一，重要的数据应该本地再备份或再存放到其他的云上。

4.10　云计算在中国的发展

1. 政策环境

云计算作为战略性新兴产业的重要组成部分，是信息技术服务模式的重大创新。

自 2010 年以来,中央政府出台了一系列产业鼓励发展政策(见表 4-3)以推动云计算产业的发展。

表 4-3　国家支持的云计算政策

时间	发布机构	发布的文件/内容
2010.10	国务院	《关于加快培育和发展战略性新兴产业的决定》
2011.03	"十二五"规划	提出了要大力发展包括云计算在内的新一代信息技术,加强云计算服务平台建设
2015.10	工信部	《云计算综合标准化体系建设指南》
2016.03	"十三五"规划	提出了要重点突破云计算关键技术,加强行业云服务平台建设
2016.07	中共中央办公厅、国务院办公厅	《国家信息化发展战略纲要》
2017.03	工信部	《云计算发展三年行动计划(2017—2019 年)》
2021.03	"十四五"规划	提出了要加强云计算系统研发,实施"上云"行动,集约建设政务云平台
2022.02	"东数西算"工程	建设国家算力枢纽节点,构建数据中心、云计算、大数据一体化的新型算力网络体系

2. 发展状况

在政府积极引导和企业战略布局等推动下,云计算已逐渐被市场接受,渗透率不断提升。中国云计算产业发展势头迅猛,应用范畴不断拓展,已成为提升信息化发展水平、打造数字经济新动能的重要支撑。根据中国信息通信研究院 2021 年发布的《云计算白皮书》,中国云计算市场多年一直保持快速增长态势(见图 4-5),2020 年我国云计算整体市场规模达 2091 亿元,其中,公有云市场规模达 1277 亿元,私有云市场规模达 814 亿元。

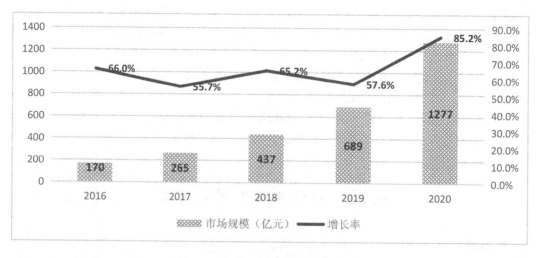

图 4-5　中国公有云市场规模及增速

在中国公有云细分市场(见图 4-6)，受益于国家大力推动企业数字化转型、持续深化"企业上云"的政策扶持，2020 年 IaaS 市场规模达 895 亿元，PaaS 市场随着数据库、中间件、微服务等服务的日益成熟，保持较高的增速；而快速增长的线上业务令 SaaS 市场保持长盛不衰。

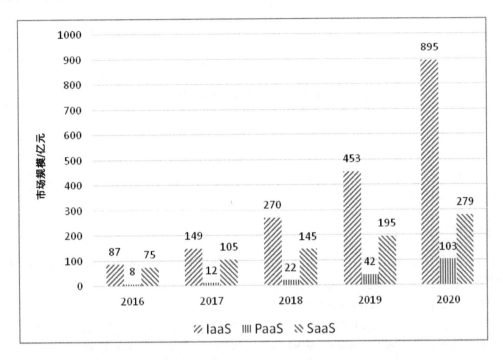

图 4-6 中国公有云细分市场规模

 项目任务

任务 1 今昔对比看发展

任务描述

自 21 世纪以来，云计算发展迅速，已逐渐被大众认可与接受。云计算的应用渗透到各行各业，对大众的日常生活产生越来越大的影响。作为年轻的一代，你有否察觉到云计算已悄悄地来到我们的身边？

任务实施

试以云计算的应用案例为例(表 4-4 列出了三种应用)，通过回顾、调查和讨论等方式分析云计算引入前后带来的变化，并谈谈你的想法。

表 4-4 云计算的应用案例

案例应用	引入前的方式	现在的方式	你的想法
文件备份			
编辑 Office 文档			
提高服务器性能			

任务 2 虚拟机的安装

任务描述

虚拟机是云计算的核心，是云计算这种使用模式赖以成功的基础。亲自动手安装虚拟机会让我们更好地了解虚拟机的特点。

任务实施

本任务是在 Windows 10 操作系统上安装虚拟机管理软件 VMware Workstation，然后再创建一个 Ubuntu 操作系统的虚拟机。

(1) 下载并安装 VMware Workstation。

VMware 公司官网(https://www.vmware.com/)提供最新版本的 VMware Workstation 下载，本书编写时的版本是 VMware Workstation 16 Pro，软件可免费试用 30 天。

(2) 下载 Ubuntu 系统 ISO 镜像。

Ubuntu 官网的下载页面(https://releases.ubuntu.com/)提供了各个版本的 Ubuntu 光盘映像(ISO 文件)，读者可选择较新系统版本的桌面(desktop)镜像下载，例如 ubuntu-22.04-desktop-amd64.iso。

(3) 创建 Ubuntu 虚拟机。

运行"VMware Workstation"，单击"文件"、"新建虚拟机…"命令，选择"自定义(高级)"；依次单击"下一步"按钮，选择"稍后安装操作系统"；单击"下一步"按钮，客户机操作系统选择"Linux"，版本选择"Ubuntu 64 位"；单击"下一步"按钮，读者可选择虚拟机的保存位置，由于虚拟机较大，虚拟机所在的磁盘分区至少要有 20 GB 以上剩余空间，之后一直单击"下一步"按钮，直至单击"完成"按钮完成虚拟机的创建。

(4) 配置虚拟机。

虚拟 CPU 数目、内存和硬盘大小采用默认设置即可，需要配置的是指定安装光盘：在打开的虚拟机页面，依次单击"编辑虚拟机设置"、单击"CD/DVD (SATA)"、单击"使用 ISO 映像文件"，再单击"浏览"按钮，选择前面下载好的 Ubuntu 系统 ISO 文件，最后单击"确定"按钮完成配置。

(5) 运行虚拟机。

单击"开启此虚拟机"按钮，第一次运行，虚拟机会从 ISO 文件启动到图形界面，读者应单击选择"Install Ubuntu"，把系统完整地安装到虚拟机上。

(6) 安装完成后重新启动即可进入虚拟机系统。

 项目小结与展望

　　云计算通过网络将分散的计算、存储、软件等资源进行集中管理和动态分配,使信息技术能力如同水和电一样实现按需供给,是信息技术服务模式的重大创新。本项目我们学习了云计算的概念和发展历程,了解了云计算具有的五大特征(按需自助服务、广泛的网络接入、资源池化、快速弹性、可计量服务)、三种服务模式(软件、平台、基础设施)以及四种部署模型(私有云、公有云、社区云、混合云)。有了上面的知识,我们可以对不同类型的云服务作区分和比较。本项目介绍了云计算的基础技术与加速技术,包括虚拟化技术、分布式系统以及云存储技术在内的基础技术是云计算这种应用模式得以成为现实的前提,而数据缓存、智能网卡、边缘计算等加速技术为云服务使用者带来了更好的用户体验。本项目还介绍了云原生应用程序,其中的容器技术为应用程序的开发及运行测试带来了革命性的变革。

　　云计算作为战略性新兴产业的重要组成部分,为大数据、物联网、人工智能等新兴领域的发展提供了基础支撑,我们应该继续大力发展云计算,推动我国云计算产业向高端化、国际化方向发展,全面提升我国云计算产业的实力和信息化应用水平。

 课后练习

选择题

(1) "云计算"里的"云"指的是(　　　)。

A. 无线　　　　　　B. 硬盘　　　　　　C. 群众　　　　　　D. 互联网

(2) 关于云计算的表述,正确的是(　　　)。

A. 与传统本地计算相比,成本更低、安全性更好

B. 只要有互联网连接,可在全球范围内访问云上数据

C. 云计算是一项风险大的投资,只有一些小型公司投入该领域

D. 以上选项都不是

(3) 在分布式网络中,应用与服务运行在虚拟化的硬件资源上,这种模式称为(　　　)。

A. 分布式计算　　　　　　　　　　B. 云计算

C. 并行计算　　　　　　　　　　　D. 网格计算

(4) 托管在服务供应商、通过互联网向用户提供应用的软件分发模式是(　　　)。

A. 软件即服务(SaaS)　　　　　　 B. 平台即服务(PaaS)

C. 基础设施即服务(IaaS)　　　　　D. 功能即服务(FaaS)

(5) 提供虚拟机、虚拟存储以及其他硬件资源的服务模式是(　　　)。

A. 软件即服务(SaaS)　　　　　　 B. 平台即服务(PaaS)

C. 基础设施即服务(IaaS)　　　　　D. 安全即服务(SECaaS)

(6) 以下属于平台即服务(PaaS)的应用是(　　　)。

A. 电子邮箱 　　　　　　　　B. 网络云盘

C. 地图导航 　　　　　　　　D. 在线文档编辑

(7) 客户与云服务供应商签订的与服务表现相关的协议称为(　　)。

A. 服务水平协议 　　　　　　B. 应用水平协议

C. 性能水平协议 　　　　　　D. 系统水平协议

(8) 分布式系统不具有的特点是(　　)。

A. 高可用 　　　　　　　　　B. 高可靠

C. 高性能 　　　　　　　　　D. 高安全性

项目 5 现代通信技术

 项目背景

清晨，小张驾驶着心爱的汽车，开始了全新的一天。在 5G 无线通信技术的协助下，车载计算机可以与云端进行实时数据交互，部署全自动化 L5 级自动驾驶，小张便可以在通勤途中享受一段难得的小憩，为今天的工作学习养精蓄锐。

以 5G 为代表的现代通信技术正在深刻影响着每个人的日常生活。当前，我国建成了全球规模最大的固定和移动通信网络，网络覆盖范围和网络用户规模全球领先：截至 2020 年年底，我国固定宽带家庭普及率已达 96%，移动宽带用户普及率提升至 108%；全国所有地级市全部建成了光网城市，光纤用户占固定宽带用户超过 94%，百兆以上宽带成为用户主流选择，并加速向千兆等更高速率迁移。2021 年底，中国固定宽带和移动网络端到端用户体验速度分别达到 51.2 Mb/s 和 33.8 Mb/s。根据国际测速机构的数据，中国固定宽带速率在 180 个国家和地区中排名第 17 位，移动网络速率在 137 个国家和地区中排名第 5 位。

本项目将探讨现代通信技术的发展历程与未来发展愿景，分析现代通信技术发展的需求驱动与应用场景，探索未来通信技术的潜在关键技术，为大家揭开现代通信技术的神秘面纱。

项目延伸

 思维导图

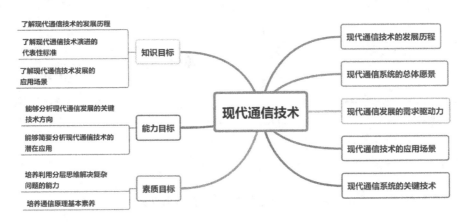

项目微课

✍ 项目相关知识

5.1　现代通信技术的发展历程

　　无线通信是利用电磁波在空间自由传播的特性进行信息交换的一种通信方式，无线通信技术的发展使得现代通信跨入新阶段。1855—1864 年，英国物理学家詹姆斯·克拉克·麦克斯韦(James Clerk Maxwell)连续发表电磁场系列论文，从理论上预言了电磁波的存在；1888 年，德国物理学家海因里希·鲁道夫·赫兹(Heinrich Rudolf Hertz)实验证实了电磁波的存在；1901 年，意大利工程师伽利尔摩·马可尼(Guglielmo Marconi)实现了从英国到加拿大纽芬兰长达 2700 km 的无线电信号接收，开启了人类借助电磁波实现无线通信的新时代。由于发明无线电报及其对发展无线电通信所做出的贡献，35 岁的马可尼荣获了 1909 年度的诺贝尔物理学奖；1948 年，美国数学家克劳德·艾尔伍德·香农(Claude Elwood Shannon)发表了《通信的数学原理》一文，引入了信息的度量"熵"，提出信息系统模型的统一表达，为通信系统的设计和优化指明了方向；近几十年，无线通信进入了飞跃式发展阶段。

　　受信息社会通信需求快速增长、技术高速进步、产业规模增加的拉动，移动通信系统从 20 世纪 80 年代后期至今，经历了大致每十年更新一代的快速发展。如图 5-1 所示，从第一代移动通信系统到如今的第五代移动通信系统，对应着业务形式、服务对象、网络架构和承载资源等方面的能力扩展和技术变革。

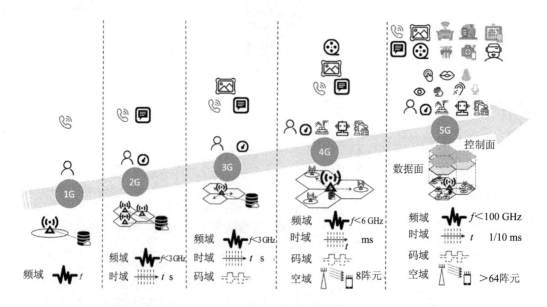

图 5-1　现代通信系统发展的技术演变

5.2　现代通信系统的总体愿景

　　随着5G的大规模商用,全球通信学术界与产业界已开启了对下一代移动通信技术(6G)的研究和探索。面向 2030 年,人类社会将进入智能化时代,社会服务均衡化、高端化,社会治理科学化、精准化,社会发展绿色化、节能化将成为未来社会的发展趋势。从移动互联,到万物互联,再到万物智联,通信网络将实现从服务于人、人与物,到支持智能体高效连接的跃迁,通过人、机、物的智能互联和协同共生,满足经济社会高质量发展的需求,服务智慧化生产与生活,推动构建普惠智能的人类社会(见图 5-2)。

图 5-2　现代通信系统的总体愿景框图

　　随着基础学科和交叉学科的创新发展,通信网络将与先进计算、大数据、人工智能、区块链等信息技术交叉融合,实现通信与感知、计算、控制的深度耦合,成为服务生活、赋能生产、绿色发展的基本要素。通信网络将充分利用低、中、高全频谱资源,实现空、天、地一体化的全球无缝覆盖,随时随地满足安全可靠的“人、机、物”的无限连接需求。通信网络将提供完全沉浸式的交互场景,支持精确的空间互动,满足人类在多重感官甚至情感和意识层面的联通交互,通信感知和普惠智能不仅将提升传统的通信能力,也将助力实现真实环境中物理实体的数字化和智能化,极大提升信息通信的服务质量。

　　如图 5-2 所示,现代通信网络将构建人、机、物的智慧互联和智能体高效互通的新型网络,在大幅提升网络能力的基础上,具备智慧内生、多维感知、数字孪生、安全内生等新功能。通信网络将实现物理世界人与人、人与物、物与物的高效智能互联,打造泛在精细、实时可信、有机整合的数字世界,实时精确地反映和预测物理世界的真实状态,助力人类走进人、机、物智慧互联和虚拟与现实深度融合的全新时代，最终实现"万物智联、数字孪生"的美好愿景。

5.3　现代通信发展的需求驱动力

社会服务的均衡化和高端化、社会治理的科学化和精细化等发展需求将驱动通信网络为人类社会提供全域覆盖、虚实共生的连接能力；技术产业的突破创新、生产方式的转型升级将驱动通信网络向跨界协同、细智高精的方向迈进，成为推动经济增长的新引擎；环境可持续发展以及应对重大突发性事件的需求将推动通信网络构筑起横跨天地的网络连接，实现从人口覆盖走向地理全覆盖。

1. 社会结构变革的驱动

国际电信联盟提出，要利用信息通信技术促进实现联合国可持续发展目标。大数据、人工智能、全息感知等技术将有效助力在教育、医疗、金融等多方面普惠扶贫措施的落地，是应对世界收入失衡挑战，助力各群体协同发展，全面提升人类福祉的强大工具。据预测，全球中产阶级将从 2009 年的近 18 亿增长到 2030 年的 50 亿，中产阶级规模的扩大推动了高品质智慧服务的加速普及。全息视频、3D 视频、感官互联等应用使生活娱乐方式不再受时间和地点的限制，大大提升了人们以自我需求为中心的智能生活以及深度沉浸的全息体验，新一代数字技术将极大地满足人们个性化、高端化的生活需求。

当前，全球面临日益严峻的人口年龄结构问题，发达国家正经历老龄化、少子化的严峻挑战，新兴经济体在享受人口红利后，也深陷人口数量放缓和经济稳定增长之间的矛盾。据联合国统计数据，过去 70 年间全世界 65 岁及以上老年人口的比例从 5.1% 增长到 9.1%，世界总和生育率(TFR)从 5.05 降至 2.45。到 2030 年，全球人口数量将达到 85 亿，其中 65 岁以上的老年人将达到 10 亿，届时人类社会将进入老龄化时代，直接导致劳动力供给下降。在新一代产业革命与科技变革的驱动下，经济发展将更多依靠人力资本要素而非劳动力绝对数量：一方面，通过智能化技术与工具的创新运用，将实现对劳动力的智能替代和生产效率的有效提升，全面发展的智能劳动力将会弥补人力的不足，无人生产线、无人工厂等一批无人化应用将获得推广普及；另一方面，通信网络技术将通过满足不同群体差异化的需求，激发教育、医疗、文娱等领域的革命性创新，促进全球人力资本的提升。

2. 经济高质量发展的驱动

2008 年全球金融危机后，主要经济体全要素生产增长率多年下降，全球经济增长持续放缓，亟需新的技术产业注入新动能，点燃经济持续发展的新引擎。突破传统经济增长范式，推动生产方式向更高质量、更加智能的方向转变，是世界经济实现高质量发展的必由之路。到 2030 年，劳动力的主要参与者将不再局限于人与机器，人、机、物都将成为生产者，共同主导跨界协同生产，高精度、高可靠、准实时的信息传输在各类软、硬件设备上无缝互通，机、物将具备对人类情感、思想、心理状态等的智能交互感知能力并能开展跨空间的劳动协作。无人生产或人-机-物协同生产，以及与大数据、云计算、数字孪生等技术的集成运用，将推动产业全智能化转型，进一步提高生产创新力。

全球化是经济发展的助推器，通过全球性的分工协作带来更低的成本和更高的效率。工业革命以来，生产制造和运输的物流效率大幅提升，国际分工从最终产品的生产转向产品生产的中间环节，中间品贸易和大型跨国公司兴起。近年来，新一代信息技术快速发展，使得信息和知识传播的成本持续下降，数据流成为物资流、技术流、资金流和人才流的重要牵引，平台成为集聚资源、推动协同、提升效率、构筑生态的重要组织形式，国际分工从物理世界延伸至数字世界。未来数字孪生、全息感知、沉浸式交互等新一代数字技术的快速发展将进一步降低人与人、人与机、人与物之间的沟通成本，国际贸易将从货物贸易转向服务贸易、从现实转向虚拟，助力国际分工更加协调，产业分布更加合理，生产效率进一步提高。

3. 环境可持续发展的驱动

2020 年 9 月，中国宣布力争二氧化碳排放于 2030 年前达到峰值，2060 年努力实现碳中和。截至目前，全球已有 120 多个国家和地区提出碳中和目标，对未来 6G 等移动通信设施提出更高的能效要求，加速推动产业的节能和绿色化改造，高耗能行业的绿色低碳转型亟需通信网络提供更加精准、高效的数字化管理能力。例如，在电力领域，智能电网的运行态势监测、应急指挥调度等功能要求通信网络提供更安全、更可靠、更高效的感知和分析能力，助力电力系统提效；在建筑领域，"装配式"建筑工厂推广、智能制造质量管控与安全监管等要求通信网络提供更完善的数字化设计体系和人机智能交互能力；在工业领域，工厂需借助通信网络高速率、海量连接的优势推进工业生产全流程的动态优化和精准决策，助力工业企业节能减排。

根据世界气象组织的《2020 全球气候状况报告》，2020 年是有记录以来三个最暖年份之一，洪水、飓风、火灾等给相关国家造成数百亿美元的损失。为更好地满足全方位生态保护、环境可持续发展监测的需求，通信网络要具备超越陆地、跨越海洋的连接能力，使分布在高山、雨林、草原中的传感器智能连接，实现环境生态预防、监测、保护、救援等管理闭环。全球蔓延的疫情等重大突发性事件需要跨地区共同应对，对区域协同和资源调度能力提出了更高要求。未来为更好地应对重大突发性事件，提高资源利用效率，亟需 6G 为代表的移动通信技术进一步发挥地、海、空、天的全覆盖优势，以更加普惠智能、高效的跨区域协同方式，实现社会资源的密切协同和灵活调度。

5.4　现代通信技术的应用场景

面向 2030 年及未来，通信网络将助力实现真实物理世界与虚拟数字世界的深度融合，构建万物智联、数字孪生的全新世界。沉浸式云 XR(Extended Reality，扩展现实)、全息通信、感官互联、智慧交互、通信感知、普惠智能、数字孪生、全域覆盖等全新业务在人民生活、社会生产、公共服务等领域的广泛深入应用，将更好地支撑经济的高质量发展需求，进一步实现社会治理精准化、公共服务高效化、人民生活多样化，推动在更高层次上践行以人民为中心的发展理念，满足人们精神和物质的全方位需求，持续提升人民群众的获得感、幸福感和安全感。

通信网络潜在的应用场景包括以下 5 个方面。

1. 沉浸式宽带通信

扩展现实(XR)是虚拟现实(VR)、增强现实(AR)和混合现实(MR)等的统称。云化 XR 技术中的内容上云、渲染上云、空间计算上云等将显著降低 XR 终端设备的计算负荷和能耗，摆脱了线缆的束缚，XR 终端设备将变得更轻便、更沉浸、更智能、更利于商业化。

面向 2030 年及未来，网络及 XR 终端能力的提升将推动 XR 技术进入全面沉浸化时代。云化 XR 系统将与新一代网络、云计算、大数据、人工智能等技术相结合，赋能于商贸创意、工业生产、文化娱乐、教育培训、医疗健康等领域，助力各行业的数字化转型。未来云化 XR 系统将实现用户和环境的语音交互、手势交互、头部交互、眼球交互等复杂业务，需要在相对确定的系统环境下满足超低时延与超高带宽，才能为用户带来极致体验。

2. 全息通信

随着通信网络能力、高分辨率渲染及终端显示设备的不断发展，未来的全息信息传递将通过自然逼真的视觉还原，实现人、物及其周边环境的三维动态交互，极大满足人与人、人与物、人与环境之间的沟通需求。

未来全息通信将广泛应用于文化娱乐、医疗健康、教育、社会生产等众多领域，使人们不受时间、空间的限制，打通虚拟场景与真实场景的界限，使用户享受身临其境般的极致沉浸感体验。但同时，全息通信将对信息通信系统提出更高要求，在实现大尺寸、高分辨率的全息显示方面，实时的交互式全息显示需要足够快的全息图像传输速度和强大的空间三维显示能力。以传送原始像素尺寸为 $1920 \times 1080 \times 50$ 的 3D 目标数据为例，RGB 数据为 24 bit，刷新频率 60 f/s，需要峰值吞吐量约为 149.3 Gb/s，按照压缩比 100 计算，平均吞吐量需求约为 1.5 Gb/s。由于用户在全方位、多角度的全息交互中需要同时承载上千个并发数据流，由此推断用户吞吐量则需要至少达到 Tb/s 量级。对于全息通信应用于"数字人"的靶向治疗、远程显微手术等特殊场景，由于信息的丢失意味着系统可靠性的降低，且为满足时延要求，传输的数据通常不可以选择重传，所以要求数据传输具有超高的安全性和可靠性。

3. 智慧交互

依托高效的通信网络，有望在情感交互和脑机交互(脑机接口)等全新的研究方向上取得突破性进展。具有感知能力、认知能力甚至会思考的智能体将彻底取代传统智能交互设备，人与智能体之间的支配和被支配关系将开始向着有情感、有温度、更加平等的类人交互转化。具有情感交互能力的智能系统可以通过语音对话或面部表情识别等监测到用户的心理、情感状态，及时调节用户情绪以避免健康隐患；通过心念或大脑来操纵机器，让机器替代人类身体的一些机能，可以弥补残障人士的生理缺陷、保持高效的工作状态、短时间内学习大量知识和技能、实现"无损"的大脑信息传输等。在智慧交互场景中，智能体将产生主动的智慧交互行为，同时可以实现情感判断与反馈智能，因此，数据处理量将会大幅增加。为了实现智能体对于人类的实时交互与反馈，传输时延要小于 1 ms，用户体验速率将大于 10 Gb/s；通信网络智慧交互应用场景将融合语音、人脸、手势、生理信号等多种信息，人类思维理解、情境理解能力也将更加完善，可靠性指标需要进一步提高到99.999 99%。

4. 通信感知融合

新型网络将可以利用通信信号实现对目标的检测、定位、识别、成像等感知功能，无线通信系统将可以利用感知功能获取周边环境信息，智能精确地分配通信资源，挖掘潜在的通信能力，增强用户体验(见图 5-3)。毫米波或太赫兹等更高频段的使用将加强对环境和周围信息的获取，进一步提升未来无线系统的性能，并助力完成环境中的实体数字虚拟化，催生更多的应用场景。

图 5-3　通信感知融合扩展应用场景

通信网络将利用无线通信信号提供实时感知功能，获取环境的实际信息，并且利用先进的算法、边缘计算和 AI 能力来生成超高分辨率的图像，在完成环境重构的同时，实现厘米级的定位精度，从而实现构筑虚拟城市、智慧城市的愿景；基于无线信号构建的传感网络可以代替易受光和云层影响的激光雷达和摄像机，获得全天候的高传感分辨率和检测概率，实现通过感知来细分行人、自行车和婴儿车等周围环境物体；为实现机器人之间的协作、无接触手势操控、人体动作识别等应用，需要达到毫米级的方位感知精度，精确感知用户的运动状态，实现为用户提供高精度、实时感知服务的目的；此外，环境污染源、空气含量监测和颗粒物(如 PM2.5)成分分析等也可以通过更高频段的感知来实现。

5. 全域通信

目前全球仍有超过 30 亿人没有基本的互联网接入，其中大多数人分布在农村和偏远地区，地面通信网络高昂的建网成本使电信运营企业难以负担。无人区、远洋海域的通信需求，如南极科学考察的高速通信、远洋货轮的宽带接入等，也无法通过部署地面网络来满足。除了地球表面，无人机、飞机等空中设备也存在越来越多的连接需求。随着业务的逐渐融合和部署场景的不断扩展，地面蜂窝网与包括高轨卫星网络、中低轨卫星网络、高空平台、无人机在内的空间网络相互融合，将构建起全球广域覆盖的空、天、地一体化三维立体网络，为用户提供无盲区的宽带移动通信服务(见图 5-4)。全域覆盖将实现全时全地域的宽带接入能力，为偏远地区、飞机、无人机、汽车、轮船等提供宽带接入服务；为全球没有地面网络覆盖的地区提供广域物联网接入，保障应急通信、农作物监控、珍稀动物保护区监控、海上浮标信息收集、远洋集装箱信息收集等服务；提供精度到厘米级的高精度定位，实现高精度导航，为精准农业等领域服务；此外，通过高精度地球表面成像，可实现应急救援、交通调度等服务。

图 5-4　无缝立体的全域通信

5.5　现代通信系统的关键技术

为了使现代通信系统获得更加丰富的应用以及极致的性能，需要在探索新型网络架构的基础上，在关键核心技术领域实现突破。当前，全球业界对未来通信系统关键技术仍在探索中，提出了一些潜在的关键技术方向以及新型网络技术。

1. 智能网络架构

新型通信网络将是具有巨大规模，提供极致网络体验和支持多样化场景接入，实现面向全场景的泛在网络，为此，需开展包括接入网和核心网在内的通信网络体系架构研究：对于接入网，应设计旨在减少处理延迟的至简架构和按需分配能力的柔性架构，研究需求驱动的智能化控制机制及无线资源管理，引入软件化、服务化的设计理念；对于核心网，需要研究分布式、去中心化、自治化的网络机制来实现灵活、普适的组网。

分布式自治的网络架构涉及多方面的关键技术，包括：去中心化和以用户为中心的控制和管理；深度边缘节点及组网技术；需求驱动的轻量化接入网架构设计、智能化控制机制及无线资源管理；网络运营与业务运营解耦；网络、计算和存储等网络资源的动态共享和部署；支持任务为中心的智能连接，具备自生长、自演进能力的智能内生架构；支持具有隐私保护、可靠、高吞吐量区块链的架构设计；可信的数据治理等。

网络的自治和自动化能力的提升将有赖于新的技术理念，如数字孪生技术在网络中的应用。传统的网络优化和创新往往需要在真实的网络上直接尝试，耗时长、影响大。基于数字孪生的理念，网络将进一步向着更全面的可视、更精细的仿真和预测、更智能的控制方向发展。数字孪生网络(DTN)是一个具有物理网络实体及虚拟孪生体，且二者可进行实时交互映射的网络系统。孪生网络通过闭环的仿真和优化来实现对物理网络的映射和管控，这其中，网络数据的有效利用、网络的高效建模等是亟需攻克的问题。网络架构的变革牵一发而动全身，在考虑新技术元素如何引入的同时，也要考虑与现有网络的共存共生的问题。

2. 新型调制编码与检测技术

通信网络应用场景更加多样化，性能指标更为多元化，为满足相应场景对吞吐量、时延和性能的需求，需要对空口物理层的基础技术进行针对性的设计。在调制编码技术方面，需要形成统一的编译码架构，并兼顾多元化通信场景的需求。

例如，极化(Polar)码在非常宽的码长、码率取值区间内都具有均衡且优异的性能，通过简洁、统一的码构造描述和编译码实现，可获得稳定、可靠的性能。极化码和准循环低密度奇偶校验(LDPC)码都具有很高的译码效率和并行性，适合高吞吐量的业务需求。在新波形技术方面，需要采用不同的波形方案设计来满足复杂多变的应用场景及性能需求。例如，对于高速移动场景，可以采用能够更加精确刻画时延、多普勒等维度信息的变换域波形；对于高吞吐量场景，可以采用超奈奎斯特(FTN)采样、高谱效频分复用(SEFFM)和重叠 X 域复用(OVXDM)等超奈奎斯特系统来实现更高的频谱效率；在多址接入技术方面，为满足密集场景下低成本、高可靠和低时延的接入需求，非正交多址接入技术将成为研究热点，并从信号结构和接入流程等方面进行改进和优化。通过优化信号结构，提升系统最大可承载用户数，并降低接入开销，满足密集场景下低成本高质量的接入需求；通过接入流程的增强，可满足全业务场景、全类型终端的接入需求。

为了提升通信容量，还可采用全双工技术。带内全双工技术在相同的载波频率上同时发射、同时接收电磁波信号，与传统的 FDD、TDD 等双工方式相比，不仅可以有效提升系统的频谱效率，还可以实现传输资源更加灵活的配置。全双工技术的核心是自干扰抑制，从技术产业成熟度来看，小功率、小规模天线单站全双工已经具备实用化的基础，中继和回传场景的全双工设备已有部分应用，但大规模天线基站全双工组网中的站间干扰抑制、大规模天线自干扰抑制技术还有待突破；在部件器件方面，小型化高隔离度收发天线的突破将会显著提升自干扰抑制能力，射频域自干扰抑制需要的大范围可调时延芯片的实现会促进大功率自干扰抑制的研究；在信号处理方面，大规模天线功放非线性分量的抑制是目前数字域干扰消除技术的难点，在信道环境快速变化的情况下，射频域自干扰抵消的收敛时间和鲁棒性也会影响整个链路的性能。

3. 超大规模 MIMO 技术

超大规模天线是在大规模天线(Massive MIMO)基础上的进一步演进，通过部署超大规模的天线阵列，应用新材料，引入新的工具，超大规模天线技术可以获得更高的频谱效率、更广更灵活的网络覆盖、更高的定位精度、更高的能量效率等。随着天线和芯片集成度的不断提升，在尺寸、重量和功耗可控的条件下天线阵列的规模将持续增大。天线规模的进一步扩展将提供具有极高空间分辨率和处理增益的空间波束，提高网络的多用户复用能力和干扰抑制能力，从而提高频谱效率。超大规模天线具备在三维空间内进行波束调整的能力，从而在提供地面覆盖之外，还可以提供非地面覆盖，如覆盖无人机、民航客机甚至低轨卫星等。随着新材料技术(如智能超表面)的发展，超大规模天线将与环境更好地融合，网络的覆盖范围、多用户容量和信号强度等都可以大幅度提高。

分布式超大规模天线技术将 MIMO 技术和分布式系统有机结合起来，利于构造超大规模的天线阵列，有望提供更高的空间分辨率和频谱效率。分布式超大规模天线网络架构趋近于无定形网络，传输方式也将由以网络为中心转变为以用户为中心，实现均匀一致的用户体验。此外，分布式超大规模天线可以拉近网络节点和用户间的距离，有效降低系统的能耗。实现分布式超大规模天线首先要解决部署问题，即如何实现低成本、可实用的部署，其次要解决节点间信息实时交互和时频同步的问题。

超大规模天线技术中引入人工智能技术将有助于充分发挥超大规模天线技术的潜力。在未来的通信系统中，超大规模天线有可能在多个环节实现智能化，如信道探测、波束管理、预处理、多用户检测与调度、信号处理与信道状态信息反馈等，从而使超大规模天线系统更加高效和智能。如何满足实时性要求以及获取训练数据是人工智能与超大规模天线结合需要解决的问题。

此外，超大规模 MIMO 阵列具有极高的空间分辨能力，可以在复杂的无线通信环境中提高定位精度，实现精准的三维定位；超大规模 MIMO 的超高处理增益可有效补偿高频段的路径损耗，能够在不增加发射功率的条件下提升高频段的通信距离和覆盖范围。

超大规模 MIMO 所面临的挑战主要包括成本高、信道测量与建模难度大、信号处理运算量大、参考信号开销大和前传容量压力大等，此外，低功耗、低成本、高集成度的天线阵列及射频芯片是超大规模 MIMO 技术实现商业化应用的关键。

4. 智能超表面通信技术

预期未来 10 年，通信网络容量将千倍增长，无处不在的无线连接成为现实，但高度复杂的网络、高成本的硬件和日益增加的能源消耗成为未来无线通信面临的关键问题。智能超表面(Reconfingurable Intelligent Surface，RIS)是一种具有可编程电磁特性的人工电磁表面结构，由超材料技术发展而来。近年来迅速发展的 RIS 技术具有实时可编程电磁特性的特点。实时可编程是革命性的技术飞跃，它允许超表面改变其电磁特性，从而实现传统超材料无法实现的各种功能。RIS 通常由大量精心设计的电磁单元排列组成，通过给电磁单元上的可调元件施加控制信号，可以动态地控制这些电磁单元的电磁性质，进而实现以可编程的方式对空间电磁波进行主动的智能调控，形成幅度、相位、极化和频率等参数可控制的电磁场。这一机制提供了 RIS 的电磁世界和信息科学的数字世界之间的接口，对于未来无线网络的发展极具吸引力。

一方面，RIS 可以主动地丰富信道散射条件，增强无线通信系统的复用增益；另一方面，RIS 可以在三维空间中实现信号传播方向调控及同相位叠加，增大接收信号强度，提高通信设备之间的传输性能。因此，RIS 有很大潜力用于无线网络的覆盖增强和容量提升，提供虚拟视距链路、消除局部覆盖空洞、服务小区边缘用户、解决小区间同频干扰等功能，进而构建智能可重构的无线环境。

5. 太赫兹通信技术

太赫兹频段(0.1～10 THz)位于微波与光波之间，频谱资源极为丰富，具有传输速率高、抗干扰能力强和易于实现通信探测一体化等特点，重点满足 Tb/s 量级大容量、超高传输速率的系统需求。太赫兹通信可作为现有空口传输方式的有益补充，将主要应用在全息通信、微小尺寸通信(片间通信及纳米通信)、超大容量数据回传、短距超高速传输等潜在应用场景中，同时，借助太赫兹通信信号进行高精度定位和高分辨率感知也是重要的应用方向。

鉴于太赫兹的信道特性，传统调制方式不能完全实现太赫兹频段的期望性能。众所周知，给定传输距离时，由于传播衰减损耗会随频率的增加而增大，因此几米的传输距离就能导致 100 dB 以上路径损耗。此外，分子吸收是影响太赫兹频段传输特性的一个重要因素，分子吸收导致的路径衰减分隔了许多传输窗，并且其位置和宽度都与传输距离紧密相关。在太赫兹频段，传输距离的微小变化会极大地影响其信道的大尺度传输特性，即传输窗带宽会急剧下降。例如，传输距离小于 1 m 时，太赫兹频段信道可呈现几乎 10 THz 的传输窗，然而，当传输距离从 1 m 增加到 10 m 时，传输窗带宽将下降至少 10%。太赫兹频段的这一特殊信道传输特性要求根据目标距离不同的应用场景(短距离场景、中长距离场景)选择合适的调制方式。

对于短距离场景，太赫兹通信调制方式的设计思路与超宽带通信类似，即低功耗、小尺寸、低复杂度。相比于传统的调制方式，基于脉冲的调制方案能够满足这些要求，更适合于短距离太赫兹高宽带通信；对于中长距离场景，分子吸收的存在使得太赫兹频带的频谱窗口与传输距离具有密切关系，促使距离自适应通信调制方式的提出。多宽带调制技术能够根据传输距离动态调整传输波形，充分利用太赫兹信道的可用带宽，允许对每一个频谱子窗口的数据速率和发射功率进行动态调制，有利于降低功耗，提高传输距离。除了提高单用户的数据速率，还可以使用距离自适应调制技术对多个用户的可用带宽进行有效分配。距离自适应多用户调制技术将太赫兹频谱窗口中的中心子窗口分配给距离更远的用户，将边界子窗口分配给更近的用户，同时对不同用户进行功率自适应分配。此外，为了实现信道表征和度量，还需要针对太赫兹通信的不同场景进行信道测量与建模，建立精确实用化的信道模型。

从目前国内外太赫兹无线通信系统发展以及研究成果看：第一类全固态电子学方式已经可实现中远距离公里级别几十吉比特每秒(Gb/s)的高速无线传输，但是其输出功率仍然受限于太赫兹放大器、低噪放技术，因此突破相关技术是该类系统的发展趋势；第二类基于直接调制方式是可实现大功率、远距离传输的太赫兹无线通信技术，但是目前受限于高速调制器技术，因此如何提高直接调制器速率、降低系统整体损耗是该系统的发展趋势；第三类采用光电结合方式的太赫兹无线通信系统可实现 100 Gb/s 以上的速率，该类系统具有极高的通信速率，但系统受限于输出功率，如何降低系统复杂度，提高输出是该类系统的发展趋势。

6. 可见光通信技术

可见光通信(VLC)是指采用白光 LED 作为光源，利用 LED 灯光承载的通信信号直接调制 LED 的发光强度来传输信息，无需光纤等有线信道的传输介质，在空气中直接传输光信号的通信方式，如图 5-5 所示。

图 5-5　可见光通信的应用场景

可见光通信指利用 400～800 THz 的超宽频谱的高速通信方式，具有无需授权、高保密、绿色和无电磁辐射的特点。可见光通信比较适合于室内的应用场景，可作为室内网络覆盖的有效补充，此外，也可应用于水下通信、空间通信等特殊场景以及医院、加油站、地下矿场等电磁敏感场景。当前大部分无线通信中的调制编码方式、复用方式、信号处理技术等都可应用于可见光通信来提升系统性能。可见光通信的主要难点在于研发高带宽的LED 器件和材料，虽然可见光频段有极其丰富的频谱资源，但受限于光电、电光器件的响应性能，实际可用的带宽很小，如何提高发射、接收器件的响应频率和带宽是实现高速可见光通信必须解决的难题。此外，上行链路也是可见光通信面临的重要挑战，通过与其他通信方式的异构融合组网是解决可见光通信上行链路的可行方案。

7. 星地融合通信技术

借助星地融合通信技术可将地面网络、不同轨道高度上的卫星(高、中、低轨卫星)以及不同空域飞行器等融合形成全新的移动信息网络，通过地面网络实现城市热点常态化覆盖，利用天基、空基网络实现偏远地区、海上和空中按需覆盖，具有组网灵活、韧性抗毁等突出优势。星地一体的融合组网将不是卫星、飞行器与地面网络的简单互联，而是空基、天基、地基网络的深度融合，构建包含统一终端、统一空口协议和组网协议的服务化网络架构，在任何地点、任何时间以任何方式提供信息服务，实现天基、空基、地基等各类用户统一终端设备的接入与应用，如图 5-6 所示。

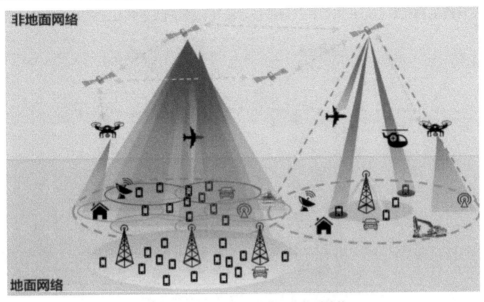

图 5-6　空、天、地一体化网络体系结构

　　未来的星地一体融合组网将通过开展星地多维立体组网架构、多维多链路复杂环境下融合空口传输、星地协同的移动协议处理、天基高性能在轨计算、星载移动基站处理载荷、星间高速激光通信等关键技术的研究，解决多层卫星、高空平台、地面基站构成的多维立体网络的融合接入、协同覆盖、协调用频、一体化传输和统一服务等问题。由于非地面网络的网络拓扑结构动态变化以及运行环境的不同，地面网络所采用的组网技术不能直接应用于非地面场景，需研究空、天、地一体化网络中的新型组网技术，如命名/寻址、路由与传输、网元动态部署、移动性管理等，以及地面网络与非地面网络之间的互操作等。星地一体融合网络需要整合卫星通信与移动通信两个领域，涉及移动通信设备、卫星设备、终端芯片等，既有技术也有产业的挑战，此外，卫星在能源、计算等资源方面的限制也对架构和技术选择提出了更高的要求。

 项目任务

任务　今昔对比看发展

任务描述

　　从第一代移动通信系统(1G)到当前已经商用的 5G，无线通信的应用已经渗透到日常生活的方方面面。你是否了解无线通信系统发展过程中各类技术指标的变化呢？

任务实施

　　试关闭 WiFi，使用 5G 手机在线测速，记录 5G 通信的相关测试数据，如图 5-7 所示；再关闭手机 5G 网络，只使用 4G 网络再次使用在线测速，并记录测试数据；最后对比两种通信网络的测试数据，并谈谈现代通信技术给社会经济以及个人日常生活带来的改变。

图 5-7　手机在线测速示意图

 项目小结与展望

　　本项目首先回顾了现代通信技术的发展历程，从第一代移动通信系统到如今的 5G 通信系统，现代通信技术在业务形式、服务对象、网络架构和承载资源等方面发生了深刻的技术变革。

　　随着 5G 的大规模商用，全球通信学术界与产业界已开启对下一代移动通信技术的研究和探索。现代通信网络将成为智慧内生、泛在连接、多维融合的基座，是未来经济和社会发展的重要基础。与此同时，空天通信、人工智能、数字孪生等技术正飞速发展，与网络的结合日趋紧密，正推动人类从信息时代走向智能时代。

 课后练习

1. 选择题

(1) 首次提出信息的度量"熵"的科学家是(　　)。

A. 香农　　　　　　　B. 纳什　　　　　　　C. 维纳　　　　　　　D. 图灵

(2) 太赫兹频段位于(　　)。

A. 0.1～10 THz　　　　　　　　　　B. 1～10 MHz

C. 0.1～10 GHz　　　　　　　　　　D. 10～100 THz

(3) 我国 5G 元年是(　　)。

A. 2000 年　　　　B. 2019 年　　　　C. 2022 年　　　　D. 2010 年

(4) 超大规模天线技术的引入可以获得(　　)。

A. 更小的天线尺寸　　　　　　　　B. 更小的终端

C. 更高的频谱效率　　　　　　　　D. 更小巧的基站

(5) RIS 是一种具有可编程电磁特性的人工电磁表面结构，由(　　)技术发展而来。

A. 多天线　　　　B. 调制　　　　C. 编码　　　　D. 超材料

2. 应用题

(1) 课程调研活动。通过网络、现场等形式，调研 5G 通信系统在日常生活与学习领域的应用现状。

(2) 未来无线通信畅想。召开小组或班级研讨会，畅想未来通信技术应用场景和发展前景。

项目 6　物联网技术

 项目背景

　　人类社会发展的一个重要方面体现为人与人、人与物之间的连接方式的变化。从原始社会的部落，需要通过见面交谈来发生连接；到封建社会中诗书的传播，让独居一隅、一心苦读的书生也能看到知名人士最新的大作；再到互联网时代，远隔重洋的两个人能通过视频和语音即时沟通。大家都能感觉到，人与人之间的连接方式在不同的时代具有巨大的差异，然而人与物的连接方式，即使是互联网技术已经非常发达的十几年前，与原始社会的差别也不太大，人与物的连接也在绝大多数时候仅限于通过视觉和触觉感知其变化及通过直接触碰控制。而物联网技术的发展，极大地改变了人与物之间的连接方式，让人们在不需要直接看到和接触到物品的情况下就能更为深入地感知海量物体的状态，并且对这些物体中的某些状态进行智能化的控制。

　　大家可以想象一下以下这几个场景：

　　每天上班，当你到达公司的大楼时，生物识别系统自动开闸放行，接入了网络的电梯也像一位好朋友一样，在你到达电梯口时提前到达一楼等待。进入办公室之后，如果你是一位管理层人员，公司所在的这栋大楼当前的状况也已经生成了一份日报表，发到了你的手机上，供你审阅，这份日报表是通过部署在大楼里的众多传感器所检测出来的信息实时生成的。同时办公室的空调系统也因为大楼的生物识别系统提前检测到你的到来而提前开启，在你到达办公室的时候，让温度处在一个让你最舒适的状态。

　　如果你服务的是一家制造业企业，你坐在办公室里打开电脑就可以看到原料仓储、生产过程、产品库存的全部状况。如果你得到客户的准许，允许收集产品运行的所有信息，你甚至可以得到所产出的在正常工作的所有产品的运行状态的信息，这些数据为企业的决策以及对突发情况的预警提供了强大的支持，而这得益于基于物联网的数字化生产技术在企业中的部署。

　　下班前，你也可以通过手机通知你的家庭电子助理，它会根据你下班的时间和当前的交通状况计算你到家的时间，并且自动控制炊具烹饪你提前选好的晚餐。你吃完晚餐后，可以用智能健康监测系统测一下体重、血压和血糖，测完后，一份关于你体重体型、进食状况、血压血糖状况的简报已经发到手机里供你随时审阅，如果这些指标有异常，你的家庭医生也将收到你的健康预警信息。

　　物联网将各种设备设施联入网络，并且凭借数据挖掘技术和人工智能技术实现对所采集的数据的分析和利用，同时实现对各种设备的智能控制，促进了生产力水平的巨大发展。

物联网技术在我们的日常生活、工业生产、农业种植畜牧等领域都具有广阔的应用前景。本项目将介绍物联网技术的定义、特征、起源与发展、应用、挑战及技术发展趋势。

项目延伸

思维导图

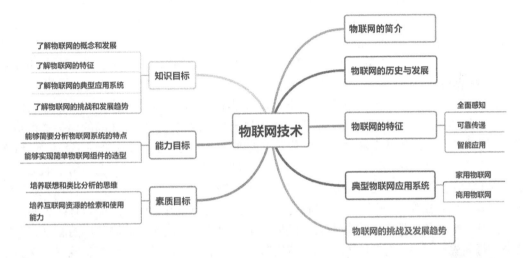

项目相关知识

6.1　物 联 网 概 述

项目微课

近几年来，伴随着网络技术、通信技术、智能嵌入式技术的迅速发展，"物联网"一词频繁地出现在世人眼前。物联网(Internet of Things，IOT)作为下一代网络的重要组成部分之一，受到了学术界、工业界的广泛关注，特别是它在刺激世界经济复苏和发展方面的预期作用，引起了欧美等发达国家的重视，从美国 IBM 的"智慧地球"到我国的"感知中国"，各国纷纷制定了物联网发展规划并付诸实施。业界专家普遍认为，物联网技术将会带来一场新的技术革命，它是继个人计算机、互联网及移动通信网络之后的全球信息产业的第三次浪潮。

首先来看看我们日常生活中获取信息及处理信息的方式。

以校园里的一株花木为例，花木包括花朵、叶、干和根，其中花朵包括花冠、花萼、花托、花柄和花蕊，它们都是真实存在的"物质"。花木的种类、体积、颜色、气味等就是我们通过眼睛看，用皮肤触摸，用鼻子来闻这株花木获知的基本信息。花木的生长状态，是否需要进行浇水或者施肥等，就是在人们的认知框架之内关于花木的基本信息经过人们的"思考"处理之后所挖掘得到的复杂并有意义的新信息。

在这里，"看""触摸""闻"这些动作实际上是人与物的一个连接，通过这个连接，人们获取了这株花木的信息，进一步从"看""触摸""闻"到"思考"，再到人们根据自己的判断来对花株进行浇水或者施肥，也是一种连接。

借助各种电子设备实现对客观世界的"看""触摸""闻"，并产生在信息世界中的数据(一串比特流)，然后再通过计算机的"思考"(运算能力)生成复杂并有意义的新信息，并按需对客观世界的物体实施某种操作，从而替代人们需要通过人工去完成的事情，这就是物联网的功能。顾名思义，物联网就是一个将所有物体连接起来所组成的物物相连的互联网络。通过物联网，你不用"看""触摸""闻"也能获得信息，甚至不需要自己动手来处理信息也能让很多事物为你服务。这个过程将不再需要人们亲自动手操作，而是通过传感技术、网络技术和数据分析技术来实现。

图 6-1 是一个非常典型的物联网例子——无线传感器网络。无线传感器网络(Wireless Sensor Networks，WSN)是一种分布式传感网络，它是由多个分散分布在不同的物理位置上的传感器节点构成的，这些传感器节点不仅可以感知相应区域的信息，还有自主通信能力。这些传感器通过无线通信方式形成一个多跳自组织网络，其相互之间的连接关系是不固定，随着其他节点的状况和网络的整体状态的变化而变化。图中虚线框内都是传感器(终端)节点，在大多数情况下，这些传感器节点的软硬件都是完全相同的，在网络中的地位也是一样的，它们的功能都是检测所在区域的某些参数，如温度、湿度、某些气体的浓度等，并把这些参数数据传送到网关。可以将这个无线传感器网络想象成校园的树林防火系统的一个部分，每个传感器节点安装在某个区域的某一棵树上，能实时监测附近的温度和湿度信息。每间隔一段时间(如 1 分钟)，传感器节点会采集一次信息，并将信息数据发送到校园网的服务器中，因为校园网是互联网的一部分，所以这些数据也就上传到了互联网。如果某个区域的温度、湿度突然发生变化，温度大幅升高，湿度大幅降低，则表明这个区域出现火灾或者可能在未来出现火灾的风险大大上升，服务器收集到这个信息后会向学校负责树林防火的部门发送紧急情况信息或预警信息，这使得树林在发生火灾时能被第一时间处理，大大降低了对人身安全和财产安全的损害。

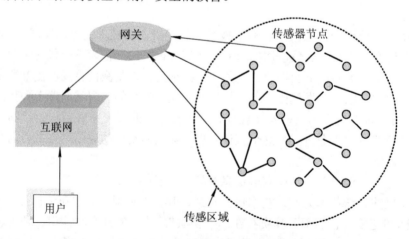

图 6-1　一个无线传感器网络的典型例子

　　不过，要知道这些传感器节点都是零散地分布在校园的树木上，传感器节点采集到信息后，也就是物联网"看""触摸""闻"之后，如何把信息数据上传到"大脑"(服务器)呢？图 6-2～图 6-4 是几个数据传送链路的例子(图中编有序号的一组传感器节点构成了一个传输链路)。图 6-2 中的 1 号节点采集到数据后要通过网关把数据传送到互联网上，由于该节点的通信范围有限，无法将数据直接传送给网关，因此，它将数据转发给 2 号节点，2 号节点也需要采集数据，它采集数据后将自己的数据和接收到的 1 号节点的数据进行打包，再发到下一个节点，也就是 3 号节点。3 号节点做的事情是相同的，它将接收到的数据和自己采集到的数据进行打包并发送到下一个节点也就是 4 号节点。以此类推，数据最终会传送到 8 号节点，并由 8 号节点最终转发到网关。这就是一个典型的多跳自组织网络。

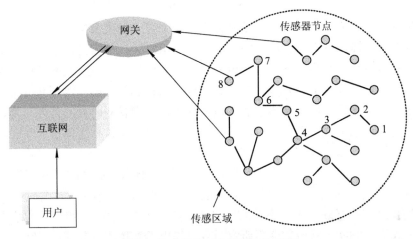

图 6-2　传感器节点的数据传输链路

　　如图 6-3 所示，如果 4 号节点到 5 号节点之间的链路出现了问题，无法实现通信，4 号节点就会重新在附近寻找一个最适合的节点，并将数据转发给它。如图 6-4 所示，4 号节点找到了 9 号节点作为自己的下一跳。因此，这个自组织网络是动态的。

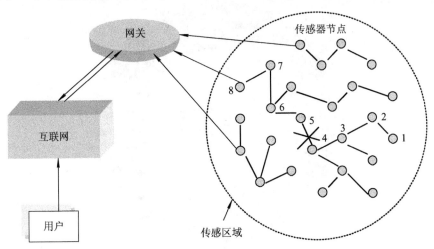

图 6-3　传感器节点的链路断开

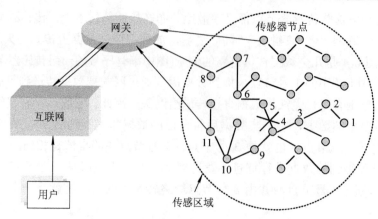

图 6-4　传感器节点的新数据链路生成

　　物联网作为一种新技术，其定义千差万别。一个普遍被大家接受的定义为：物联网是通过使用射频识别(Radio Frequency Identification，RFID)、传感器、摄像头、全球定位系统、激光扫描器等信息采集设备，按约定的协议，把任何物品与互联网连接起来，进行信息交换和通信，以实现智能化识别、定位、跟踪、监控和管理的一种网络。

　　上述定义反映了物联网的基本思想和基本内容，即物联网研究的是人与物、物与物之间如何实现有效连接的基本理论、方法和技术，研究如何让各种物体接入互联网，并且进行信息交换和通信，以实现智能化识别、定位、跟踪、监控和管理。

　　此外，还有一些其他定义也可以让大家对物联网的概念有更多的了解。例如：2005 年，国际电信联盟关于"The Internet of Things"的报告中提出，物联网是"任何时刻、任何地点、任意物体之间的互联，无所不在的网络和无所不在的计算"，物联网的基本概念示意图如图 6-5 所示；2009 年欧盟物联网研究项目组提出"物联网是未来互联网的一个组成部分，可以被定义为基于标准的和交互操作的通信协议，且具有自配置能力的、动态的全球网络基础架构。物联网中的物都具有标识属性、物理属性和本质属性，使用智能接口实现与信息网络的无缝整合"。

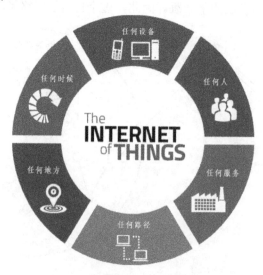

图 6-5　物联网的基本概念示意图

人与自然和谐相处需要更多地感知物理世界，物联网的目标就是将任何物品与信息网络连接起来，进行信息交换和通信，获取这些物体的状态参数，并将这些参数数据进行处理后，实现识别、定位、跟踪、监控和决策支持，进而对部分物体进行智能化配置和管理。物联网的研究目标总体上就是要实现对物体的自动化、智能化的监测和管理。

6.2 物联网的历史和发展

物联网的理念最早可以追溯到 1991 年英国剑桥大学的咖啡壶事件。一只名为"特洛伊"的咖啡壶在短时间内成为当时互联网上的"网红"，得到当时规模还不大的互联网用户的上百万关注。

"特洛伊"咖啡壶事件发生在 1991 年。剑桥大学特洛伊计算机实验室的工作人员酷爱喝咖啡。然而，他们当时的工作地点和煮咖啡的地点不在同一层楼，工作人员要想知道咖啡煮好没有，需要走两层楼梯到楼下才能知道。科研工作者的时间争分夺秒，工作人员往往把握不好咖啡煮好的时间，常常扑了空，下了楼却发现咖啡还没有煮好，这让人感觉到很不方便。

为了解决这个麻烦，工作人员在咖啡壶旁边安装了一个便携式摄像机，镜头对准咖啡壶，定时拍摄咖啡壶的情况，并以 3 帧/秒的速率传递到实验室的计算机上。这样，想了解咖啡是否煮好只需要工作之余瞄一眼计算机就可以了，确认咖啡煮好之后再下两层楼梯去拿就可以避免扑空。

1993 年，这套简单的本地"特洛伊"咖啡壶系统经过剑桥大学特洛伊计算机实验室其他工作人员的改进之后，以 1 帧/秒的速率通过实验室网站连接到了互联网上(如图 6-6 所示)。让人意想不到的是，特洛伊计算机实验室的"咖啡煮好了没有"成为当时互联网世界的热门事件，全世界互联网用户蜂拥而至，近 240 万人点击过这个名噪一时的"咖啡壶"网站。咖啡壶这个日常生活中常见的物品，因为实现了和互联网的连接，就成为"网红"，"特洛伊"咖啡壶事件也成为"物"连接到"网"的第一个著名案例。

图 6-6 "特洛伊"咖啡壶的工作原理

1995 年，比尔·盖茨(Bill Gates)在《未来之路》一书中就曾预言了物联网的实现，虽然在文字中没有明确给出"物联网"这样的词汇，但是其描述的场景与现在的物联网应用场景无疑是非常契合的："人们可以佩戴一个电子饰针与房子相连，电子饰针会告诉房子你是谁、你在哪，房子将通过这些信息尽量满足你的需求。当你沿着大厅走路时，前面的光会渐渐变强，身后的光会渐渐消失，音乐也会随着你一起移动。"

1998 年，麻省理工学院(MIT)提出基于 RFID 技术的唯一编号方案，即产品电子代码(Electronic Product Code，EPC)，并以 EPC 为基础，研究从网络上获取物品信息的自动识别技术。

1999 年，美国自动识别技术(AUTO-ID)实验室首先提出"物联网"的概念。

2005 年，在国际电信联盟(ITU)发布的《ITU 互联网报告 2005：The Internet of Things》报告中对物联网及其关键技术、相关应用、挑战和机遇等进行了全面的分析。在实际推动层面，2007 年，在美国国家自然科学基金会(NSF)的资助下，马萨诸塞州的剑桥城着手打造全球第一个全城无线传感网。

2008 年，IBM 首席执行官彭明盛(萨缪尔·帕米沙诺，Samuel Palmisano)提出"智慧地球"的概念；2009 年 1 月时任美国总统的奥巴马公开肯定了 IBM"智慧地球"的思路；2009 年 8 月，IBM 又发布了《智慧地球赢在中国》计划书，正式揭开了 IBM"智慧地球"中国战略的序幕。

2009 年 6 月，欧盟委员会正式提出了《欧盟物联网行动计划》，欧盟希望通过构建新型物联网管理框架来引领世界物联网的发展，该行动计划提出了促进物联网发展的一些具体措施：严格执行对物联网的数据保护立法，建立政策框架使物联网能应对信用、承诺及安全方面的问题。

2013 年，美国布法罗大学开展了一个深海互联网研究项目，将通过特殊处理的感应设备部署在深海，可以有效分析海底的相关情况，实现海洋污染的防治和海底资源的探测，通过对海底的各项参数的检测甚至可以提供可靠的海啸预警。在这个项目的基础上，还可以利用物联网技术智能感知大气、土壤、森林、水资源等方面的各指标数据，对于改善人类生活环境发挥巨大作用。

1999 年，我国中科院就启动了传感网的研究；2009 年 8 月 7 日，温家宝总理在无锡微纳传感网工程技术研发中心视察并发表重要讲话，提出了"感知中国"的理念；2010 年，教育部开始审批物联网相关的新专业设立；2011 年将原设计在电气信息类下的物联网工程和传感器技术专业合并，列入计算机类专业，新专业名称为"物联网工程"。

从提出到被广泛接受，目前各国的政府均把物联网作为未来信息化战略的重要内容，产业联盟和相关企业也在不断地加大投入，2013—2017 年，全球物联网市场规模由 398 亿美元增长至 798 亿美元，2018 年达到 1036 亿美元，整体规模呈现加速扩张趋势。到 2020 年，全球联网设备数量达到了 200 亿的量级，而全球联网设备带来的数据达到 40 ZB 的量级。技术进步和产业的逐步成熟推动物联网发展进入了一个全新的阶段。

6.3　物联网的特征

与传统的互联网相比，物联网的层次结构有所不同。如图 6-7 所示，物联网包括感知层、传输层(也称为网络层)和应用层,这三层的作用可以用我们在日常生活中如何获取及处理信息来类比。

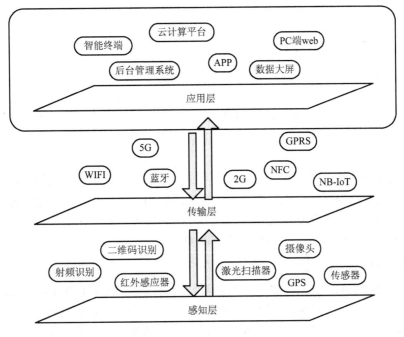

图 6-7 物联网的层次结构

首先,我们需要"眼睛"才能"看见",需要"皮肤"才能"触摸",需要"鼻子"才能"闻",需要"耳朵"才能"听",这就是物联网感知层作用的原理,其主要使用的器件是传感器。目前我们讨论的传感器大多属于电子器件,但其实具有传感功能的物品很早就出现了。例如:磁铁能感知到附近是否出现了铁质物体;平常使用的汞柱体温计其实也算是一种传感器,在体温计出现之前,我们只能感知相对的温度范围,比如物体 A 比物体 B 要热等,而体温计则对温度进行了精确的量化,并转换成汞柱长度这样的信息,使得我们可以获得温度的精确数值。

虽然现在的传感器无论是检测的具体参数,还是外形都出现了多样化,但是所有传感器本质上仍然在做着类似的工作。所不同的是,我们无须再依赖人力来读取这些传感器的信息,它们的各种参数信息会被自动转化成电磁信号,传递给其他后端设备来处理。

人类自身的感知能力有限,很多我们需要的信息是无法感知的,目前很多传感器的感知能力和精确程度已经远远超过了人类感受世界的能力。更重要的是,大多数传感器产生的结果都是可以用数字来计量的,这就意味着传感器所采集的信息是能被计算机直接处理的,能和计算机对应的物联网"大脑"实现直接的连接,从而使得物联网自身的运行独立,而不需要人们的干预。

其次,人类无论是"看"还是"触摸",信号都要通过视觉神经和触觉神经来感知并通过神经纤维来实现信号的传输。同样,物联网的信号被采集之后,也需要"神经纤维"才能"传输",这就是物联网传输层的功能。

对于物联网而言,传输是非常重要的,无论感知层有多么强大,其所采集的信息如果无法传输到能处理这些信息的设备中,这些信息就是没有价值的。就像一家采矿企业采集到了大量的矿产原料,如果没有物流系统将这些矿产原料运输到全国各地的加工厂进行进一步加工再完成销售,那么只放在库房里是不能产生任何价值的。在矿产原料运输过程中的物流系统可能包括公路、铁路或航空线路,这里将采矿企业的矿产原料比喻成传感器采集到的信息,公路、铁路或航空线路就是传输时用到的网络,而利用矿产原料实现二次加工以得到最终产品的加工厂就是数据处理中心。

最后,对于人来说,信号传导的终点就是中枢神经系统,即大脑和脊髓,信号在这里会被处理,并生成复杂的复合信息,供人们决策使用。物联网的"中枢神经系统"就是应用层,物联网应用层的核心功能包括两个方面:一是"数据",应用层需要完成数据的管理和处理;二是"应用",仅仅管理和处理数据还远远不够,必须将这些数据与各行业应用结合。

为了实现全面、高效的应用,物联网具有三个主要特征,即全面感知、可靠传递和智能应用,分别对应着物联网的三个层次。物联网产业相关的企业基本上也是按照这三个不同的层次来划分的。下面分别针对物联网的三个主要特征进行介绍,并且简单阐述每个层次对应的目前国内外较为知名企业的主要产品类型。

1. 全面感知

"感知"是物联网的核心,物联网与互联网之所以存在较大的区别,主要在于它们在感知层上存在较大区别。物联网的感知层是智能物体和感知网络的集合体,为了感知物体,需要针对物品,在其上或者附近安装各种标记物和识别设备。可以安装在物体上用来标识物体的标记物有电子标签、条形码和二维码等,而读取这些信息的能感知物体的物理属性和个性化特征的设备包括 RFID 读写器、条码扫描枪、超声波传感器、摄像头等。利用这些设备,可随时随地获取物品信息,可以感知物体的状态信息以及外部环境信息,在获取数据信息后,感知网络就会发挥信息传输、交互通信的作用。

如前面所述,感知层是物联网的"眼睛""皮肤""鼻子""耳朵"等。实际上,在日常生活中,我们时常可以与感知节点(如具有联网功能的共享单车、门禁系统中的刷卡机或者面部识别机器、快递小哥手里的扫码机等)有所接触。

另一方面,感知层也是物联网的"手",可以对接入网络的物品进行管理和控制,在工业制造中的具有联网功能的可编程控制器等就是典型的可以既对物品进行感知又进行控制的设备。

国内外比较知名的物联网传感器技术厂商有很多,相关的产品线也相当丰富,包括微机电系统(Micro Electron Mechanical Systems,MEMS)传感器,如压力传感器、加速度传感器、陀螺仪等,还有压力液位传感器、物位变送器、温湿度变送器、RFID 标签、天线、读写器等。

2. 可靠传递

物联网的传输层主要实现感知层数据的向上传输,同时也实现应用层管理指令向感知层的传输,分为有线传输和无线传输两大类。有线传输技术主要包括以太网以及 RS485 和 RS232 等串行通信技术等。无线传输技术按传输距离可划分为两类:一类是短距离传输技术,即局域网通信技术,以 ZigBee、WiFi、蓝牙等为代表;另一类是 LPWAN(Low-Power Wide-Area Network,低功耗广域网),即广域网通信技术。LPWAN 又可分为两类:一类是工作在未授权频谱下的通信技术，包括 LoRa、Sigfox 等技术；另一类是工作在授权频谱下、3GPP 支持的 2G/3G/4G/5G 蜂窝通信技术，包括 eMTC(enhanced Machine Type of Communication，增强机器类通信)、NB-IoT(Narrow Band Internet of Things，窄带物联网)等技术。

数据传递的稳定性和可靠性是保证物物相连的关键。为了实现物与物之间的信息交互，需要约定相应的通信协议。由于物联网是一个异构网络，不同的实体间协议规范可能存在差异，需要通过相应的软、硬件进行转换，保证物品信息之间的实时、准确传递。

传输层的技术类型多种多样，可以适用各种不同的应用场景。试想一想，日常生活中常见的共享单车的数据要传输到网络，所采用的技术应该具有什么特点呢？首先，它采用了无线通信技术，因为共享单车是大范围移动的，无法采用有线通信技术；其次，这种通信技术是很省电的，因为对共享单车电子模块的供电量比较有限且该模块的充电或换电不太方便；最后，它采用了广域网通信技术，因为共享单车的移动范围超出了局域网所能覆盖的区域。通过这样的分析，我们就会发现，由于具有低功耗、广域无线通信等特点，选用窄带物联网 NB-IoT 是比较适用于共享单车的传输层方案。

国内外比较知名的物联网数据传输解决方案提供商很多，这些公司中有些具有覆盖大多数常规通信协议的产品线，如提供 WiFi、蓝牙、GSM、5G、NB-IoT、全球导航卫星系统(GNSS)的通信模块等，而有些公司的产品则专注于某个领域，如只提供 GNSS 模块或以太网的通信模块等。

3. 智能应用

物联网的目的是实现对各种物品(包括人)的智能化识别、定位、跟踪、监控和管理等功能，也就是完成信息采集，并且传输到目的地之后，还需要对采集到的信息进行处理，以完成物联网系统的具体功能。这就需要在信息处理平台中，通过云计算、人工智能等智能计算技术对数据进行存储、分析和处理，并针对不同的应用需求，对物品实施智能化的控制。

应用层位于物联网三层结构中的最顶层，它可以对感知层采集的数据进行计算、处理和知识挖掘，从而实现对物理世界的实时控制、精确管理和科学决策。

从结构上划分，物联网应用层包括以下三个部分：

(1) 物联网中间件。物联网中间件是一种独立的系统软件或服务程序，中间件将各种通用的功能进行统一封装，提供给物联网应用使用。

(2) 物联网应用。物联网应用就是用户直接使用的各种应用，如智能家居、智能农业、安防、远程抄表、远程医疗应用等。

(3) 云计算。云计算的主要目的是实现对物联网感知层所产生的海量数据的存储和分析。依据云计算的服务类型可以将云分为基础架构即服务(IaaS)、平台即服务(PaaS)、服务和软件即服务(SaaS)。

因为应用层为用户提供具体服务，与人们的生活最紧密相关，因此应用层的发展潜力很大。国内外比较知名的物联网应用平台及其在相关领域的地位如图 6-8 所示(源自调研机构 Gartner 发布的报告)，其中云计算市场占据第一梯队的亚马逊 AWS、微软 Azure 和阿里云在物联网应用层的企业中属于第一梯队。

图 6-8　物联网应用平台

6.4　典型的物联网应用系统

接下来我们来看看几种典型的物联网应用系统及组成这些系统所需要的组件。

1. 家用物联网

家用物联网是以个人/个体用户为中心，通过个人智能设备，按照约定协议，连接人、物和其他信息资源，满足用户高品质、便捷化生活需求的智能服务系统。家用物联网的关键组件包括智能手表(见图 6-9)、智能手环(见图 6-10)、智能体重计(见图 6-11)、数字药丸(见图 6-12)等。其中，智能手表、智能手环、智能体重计是大家熟知的电子产品，其特点是智能化且能连接网络。数字药丸是一种微型、可吞咽的传感器，其工作原理是，患者服用数字药丸之后与体内胃液起反应产生弱电压，患者皮肤上作传感器用途的贴片将接收到人体内数字药丸产生的信号，然后信号经由贴片，再传至智能手机或者手表的应用程序。数字药丸会在完成任务，如服用七天后，随体内其他消化的食物通过消化道排出。数字药丸能够追踪服药后患者的身体情况，也可以实时监控患者突发的身体状况，是打开未来医疗科技大门的关键组件。

图 6-9　智能手表

图 6-10　智能手环

图 6-11 智能体重计

图 6-12 数字药丸

典型的家用物联网系统包括个人健康系统(见图 6-13)和智能家居系统(见图 6-14)等。个人健康系统通过智能手环中的惯性传感器采集个人的运动数据，心率传感器获取心率监测和心电图监测数据，数字药丸可以追踪个人服药后的情况或者监控突发的身体状况，再配合 VR 眼镜、摄像头、气体传感器、压力传感器等，可以获得个人身体从内到外较为全面的信息，对于运动员的训练监测、病人的身体状况监测甚至普通人的健康监测都具有很大的应用前景。

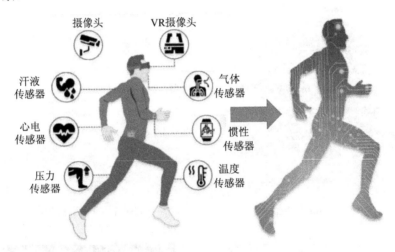

图 6-13 个人健康系统

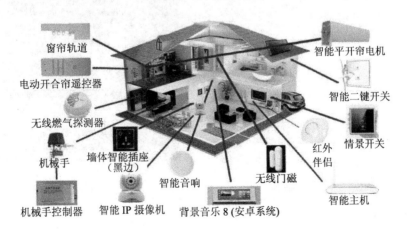

图 6-14 智能家居系统

　　智能家居系统属于较早提出的物联网应用系统，是以住宅为平台，利用视频监测等各种技术将家居生活有关的设施集成，并根据个性化需求构建的管理住宅设施与家庭事务的系统，包含各种子系统(如安防、家用设施控制、自动报警、信息家电、场景联动等)。目前的智能家居系统通常还融合了人工智能技术。例如：节律照明系统通过获取季节、时间、当前室内光线等多个条件后，可以借助节律照明算法分析，营造出符合自然节律的健康光照环境；自动燃气报警系统能自动监测室内燃气浓度超标情况，控制报警器发出报警声，同时自动关闭燃气阀门，自动打开窗户通风，并将提醒信息推送到住户或者物业管家的手机应用程序中；智能门禁系统可以实现当住户到家开门时，借助门磁或红外传感器，系统会自动打开过道灯，同时打开电子门锁，开启家中的照明灯具迎接主人回家；智能安防系统可实现住户离家后的摄像头自动开启，让住户实时掌握家中情况，并可实现外人入侵报警，还能远程看护老人、小孩和宠物，回家后摄像头自动遮蔽、保护隐私等。下面几幅图是智能家居系统中常用的一些组件，包括温湿度传感器(见图 6-15)、一氧化碳传感器(见图 6-16)、门窗传感器(见图 6-17)和智能家居中控(见图 6-18)等。

图 6-15　温湿度传感器

图 6-16　一氧化碳传感器

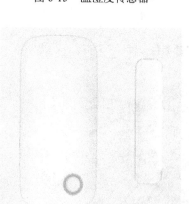

图 6-17　门窗传感器

图 6-18　智能家居中控

2. 商用物联网

商用物联网的应用范畴主要包括工业监测、智慧农业、智能交通、智能物流、智能电网、环境监测、金融安防等多个领域。商用物联网的关键组件随着应用系统(如工业、农业、军事等)的不同而有比较大的区别。下面分别对工业物联网和农业物联网进行介绍。

1) 工业物联网

在工业物联网出现之前,工业生产中存在几类问题:供应链的管理和仓库的生产原料储备不够精准;生产工艺水平不足,导致原料损耗增加而良品率下降;生产设备的状况监测和检修时机不准确,导致生产过程中出现停工抢修等情况;环保监测及安全生产管理不力等。这些问题大大降低了工业生产的效率和利润。如图 6-19 所示,工业物联网是工业互联网的一个重要且核心的部分,将具有感知、监控能力的各类采集、控制传感器或控制器,以及移动通信、智能分析等技术融入工业生产过程的各个环节,将传统工业提升到智能化水平,对这些环节的关键参数进行实时的监测,并利用数据挖掘技术实现精确的物料准备和检修,从而大幅提高制造效率,改善产品质量,降低产品成本和资源消耗。下面分别对工业物联网的典型应用场景进行说明。

图 6-19 工业物联网

(1) 制造业供应链管理。企业在供应链体系中应用 RFID 和传感网络等物联网技术,能及时掌握原材料采购、库存、流转等方面的信息,通过数据挖掘技术还能预测原材料的价格趋势等,这有助于完善和优化供应链管理体系。

(2) 生产过程工艺优化。在生产过程中引入各种传感器和通信网络,能实现对加工产品的各项参数的实时监控。工业物联网的全面感知这一特性提高了生产线的实时参数采集、材料消耗监测的能力和水平。并且，通过对数据的分析和处理可以实现智能监控、智能控制、智能诊断、智能决策、智能维护，提高生产力，降低能源消耗，提高了产品质量，优化了生产流程。

(3) 生产设备监控管理。生产设备的工作状况可以通过外加摄像头或者内加传感器实现监控，再配合数据分析或者人工智能技术，能实现对生产设备在线故障的诊断、预测，并且能快速、精确地定位故障原因，提高维护效率，降低维护成本。

(4) 环保监测及能源管理。在化工、轻工等容易产生污染的企业部署传感器网络，可以实时监测企业排污数据，及时发现排污异常并及时采取相应的措施，防止突发性环境污染事故的发生。

(5) 工业安全生产管理。工业物联网技术通过把传感器安装到矿山设备、油气管道等危险作业环境中，可以实时监测作业人员、机器设备以及周边环境等的安全状态信息，以有效保障工业生产安全。

工业物联网系统中的常见组件包括工业 RFID 读写器(见图 6-20)、pH 传感器(见图 6-21)、工业温湿度计(见图 6-22)、激光测距模块(见图 6-23)、有联网功能的 PLC(见图 6-24)等。其中：RFID 读写器可以读取生产线上的入料或者中间产品的信息，从而获取入料数量、生产进度等信息；pH 传感器可以获取化工、轻工等企业车间的溶液的酸度，实现对生产过程的监控；工业温湿度计可以检测各个生产环境和物料的温度和湿度，也是实现对生产参数监控的重要器件；激光测距模块可以监测生产过程中车床的操作情况，也可以判断转运料的方位；有联网功能的 PLC 可以按照预先编程的操作来控制变频器等工控器件，还可以采集工作状态并回传到网络中，从而实现对生产设备的监控。

图 6-20　工业 RFID 读写器

图 6-21　pH 传感器(酸度计)

图 6-22　工业温湿度计

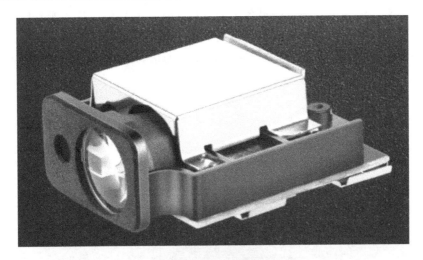

图 6-23 激光测距模块

图 6-24 有联网功能的 PLC

2) 农业物联网

如图 6-25 所示，农业物联网即在农业生产的各个环节引入各种传感器以实现对各种参数的有效监控，并利用数据分析和数据挖掘技术达到增产、改善品质、调节生长周期、进行疫情预警，从而提高经济效益的目标。在世界范围内，特别是农牧业发达的北欧国家(如丹麦等)，已经有不少的农场开始使用动物可穿戴智能设备(如智能项圈)，并用这些设备实时采集动物的各类身体参数并发送到云端服务器，服务器通过对这些数据的智能分析，可以帮助农户更好地管理自己的牲畜群，了解它们的健康、饮食状况，并实现对疾病的提前预警。动物可穿戴智能设备主要安放在牲畜的耳朵、脖子或者尾巴上。这些设备可以通过上面的探测装置去探测牲畜的体温、活动量、位置信息、心率、血氧饱和度、pH 值和反刍等信息，这些信息会通过设备上的信号发射器实时地发送到云端服务器上。

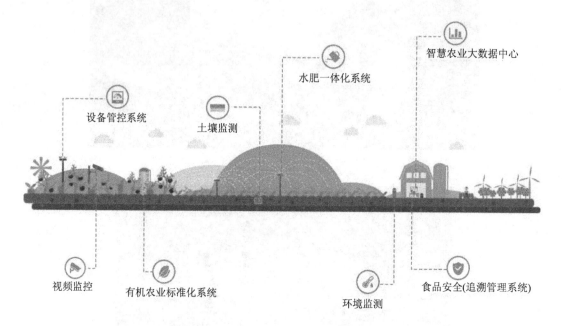

设备管控系统

土壤监测

水肥一体化系统

智慧农业大数据中心

视频监控　有机农业标准化系统　环境监测　食品安全(追溯管理系统)

图 6-25　农业物联网

在云端服务器上，数据处理程序将这些数据变成直观的信息，比如病情或者疫情预测、是否发情、是否吃饱、运动是否正常等，然后再把这些信息整理成可读性高的报表实时发送到农场管理人员手里的终端上。

农业物联网常见的系统组件包括智能项圈(见图 6-26)、土壤温湿度传感器(见图 6-27)、植保无人机(见图 6-28)等。

图 6-26　智能项圈

图 6-27　土壤温湿度传感器

图 6-28 植保无人机

智能项圈除了可以实现对牲畜的身体参数的获取，还可以实现无人放牧和虚拟电子围栏创设。牲畜的智能项圈有 GPS 定位功能，可以实时获取牲畜的位置。农场管理人员只需要通过智能终端进行操作，确定一个一定范围内的虚拟围栏(电子围栏)，那么系统就有了一个放牧的范围。当牲畜在范围内活动时，项圈不会发出任何信号，但是当牲畜向虚拟围栏外走去时，项圈会发出声音提示直至牲畜改变方向回到围栏范围内。

在大棚控制系统中，运用物联网系统的温度传感器、湿度传感器、pH 值传感器、光照度传感器、二氧化碳传感器等设备检测环境中的温度、相对湿度、pH 值、光照强度、土壤养分、二氧化碳浓度等物理量参数，并根据参数的变化来实施灌溉、施肥等，以保证农作物有一个良好、适宜的生长环境。远程控制的实现使管理人员在办公室就能对多个大棚的环境进行监测控制，并将大棚的各项参数设置成对作物生长最有利的值。

需要注意的是，虽然工业和农业都用到温湿度传感器，但是工业和农业用的有明显不同，在工业上使用时需要考虑合适的采集精度和如何在腐蚀性的环境中稳定运行，农业用的土壤温湿度传感器则需要插入到土地里去监测相关参数，工作环境也相对恶劣一些，因此在软、硬件方案及外壳设计方面，不同用途相同功能的传感器仍然存在较大区别。植保无人机一般通过地面遥控或导航飞控来实现喷洒作业，可以喷洒药剂、种子、粉剂等。

6.5 物联网发展面临的挑战及趋势

当前，物联网结合其他新兴技术可以提高运营效率、降低成本、改进决策并增强客户体验，可以成为各个行业数字化转型的关键推动因素。下面介绍物联网发展中面临的挑战及物联网的发展趋势。

1. 挑战

物联网发展面临的首要重大挑战是安全问题。一方面，目前全球物联网的安全标准不完善，而当前的物联网生态系统缺乏足够的安全法规来解决这一问题；另一方面，物联网设备采用低成本制作，其功能受限。因此在面对安全威胁时，存在众多的薄弱环节，这些薄弱环节在感知层、传输层以及应用层都有体现。例如，2020 年 12 月一名神秘的黑客利用网络攻击在莫斯科各地强行打开了当地配送寄存服务商 PickPoint 网络储物柜的 2732 只柜门；日渐严重的物联网僵尸网络利用路由器、摄像头、硬盘录像机等物联网设备的漏洞取得对这些设备的控制权，并采用分布式拒绝服务攻击(DDoS)冲垮了各个机构的网络站点，受害者包括 Twitter、Netflix 和 Git Hub 等多家大型互联网机构。如何在全局和局部分别应对这些安全性挑战，是目前物联网行业需要解决的首要问题。

第二个挑战是缺乏被全球广泛认可的物联网通信标准。目前，世界各地使用了大量的物联网通信协议(用于将物联网设备连接到互联网的技术)，这些通信协议可能会导致在物联网生态系统之间和内部的互操作性上的困难，使得大规模物联网部署变得非常复杂，也导致物联网的潜力难以得到充分发挥。

第三个挑战是物联网系统的部署和维护存在困难，有效寿命较短。物联网的众多终端节点是配备有数据采集节点的微控制器(MCU)、传感器、无线设备和制动器。在通常情况下，这些节点由电池供电运行，或者根本就没有电池，而是通过能量采集的方式获得工作能量。特别是在工业装置中，这些节点往往被部署在环境恶劣或者难以维护的区域。如果无法维护，这些节点就必须在有限电量供应的情况下实现长达数年的运作和数据传输，而系统会在大多数终端节点的电量耗尽后结束其生命周期。物联网节点的安装、养护和维修在某些应用中不仅难度很高，同时也会带来高昂的开销。并且，如果某个物联网系统的生命周期终结后留下了大量节点残骸无法被清除，则可能带来环境污染或者影响物联网系统的再次部署，其代价也是无法评估的。因此，如何在低成本的条件下提高物联网系统的寿命，并且能实现对失效节点的有效回收，对物联网行业来说，这是一个需要面临的长期挑战。

2. 发展趋势

1) 安全性

物联网的安全性是全方位的，包括感知层设备、传输层设备以及应用层的安全。一方面，由于感知层设备一般属于功能受限的组件，因此很容易出现被控制和干扰的情况。对于感知层设备之间的通信协议，需要重点考虑其安全性，目前有相当多的研究是针对开放式系统互联通信参考模型(OSI 模型)的物理层的安全性研究。而由于新型的应用层出不穷，这方面也存在一定的研究潜力；另一方面，传感器网络的安全威胁还源自窃听，因此针对窃听信道，有研究提出了相应的密钥改进方案，譬如，在传感器网络内部建立有效的密钥管理机制等。

信息在传输层的传递容易遇到 DoS(拒绝服务)和 DDoS 的攻击，这些攻击需要有更高的安全防护措施。考虑到物联网所连接的终端设备性能和对网络需求的巨大差异，这种传输的架构可分为端到端和节点到节点，前者的机密性需要端到端认证、端到端密钥协商机制、机密算法选取机制等来实现，后者的机密性需要节点间认证和密钥协商协议来实现。

应用层的安全问题与传统的网络安全是基本一致的，包括数据实时监测和病毒监测、安全云计算技术和数据文件的可备份和恢复等，目前的安全机制仍然有改进的空间。

2) 智能化

物联网技术的发展越来越体现出对人工智能(AI)技术的依赖。AI 和 IoT 两种技术的融合催生了 AIoT 的概念，即将 AI 技术嵌入到 IoT 组件中，将连接的传感器和执行器收集的数据与 AI 相结合。IoT 中海量的传感器采集到各种环境的参数数据，并将这些数据发送给 AI 进行分析和处理，这些数据也是 AI 进行训练和学习的核心训练集，能有效提升 AI 的可用性。

目前 AIoT 的相关发展有以下几个大的趋势。

(1) 智能边缘计算。对海量传感器的数据的传输和中心式的存储和处理是一个难题，因此一些数据分析功能正在转移到网络边缘，更靠近数据生成源(用户端)，这对于实时性要求高的应用尤为重要，例如健康监测设备或自动驾驶汽车。

(2) 物联网即服务(IoTaaS)。IoTaaS 供应商提供各种平台来帮助组织进行 IoT 部署，而无需内部专业知识，该技术旨在使企业能够轻松部署和管理其连接的设备。目前 IoTaaS 已成为使企业物联网应用系统部署加速的重要推动力，特别是在预测性维护、高级自动化和状态监控方面具有广阔的应用前景。

(3) 数字孪生。数字孪生就是利用信息技术为实物产品、制造流程乃至整个工厂进行模拟仿真，为其创造一个数字版的孪生体的技术。该技术可以优化物联网部署以实现最高效率，并帮助物联网应用系统的部署方在实际部署之前确定相关应用的发展方向或运作方式，这有利于主动发现和避免问题，并加快物联网系统的开发和部署。

3) 开发部署的简易化

目前，物联网技术主要由技术公司使用，但是由于物联网系统可能部署在不同行业、不同企业的各种有差异化的应用场景中。随着目前各种物联网应用平台的不断涌现，相应的低代码甚至零代码的方案被提出，相关行业的非 IT 技术人员能根据自己对行业的经验来定制和部署相关的物联网应用系统，但是目前的低代码方案的使用范围还相对有限，特别是对于复杂应用，还需要专业的物联网开发人员深度介入。因此，提供广泛、简易且立即见效的物联网解决方案是物联网的一个重要发展方向。

 项目任务

任务 1　今昔对比看发展

任务描述

2010 年以来，我国物联网应用出现了较快增长，各种物联网应用系统被部署到家庭、工厂、养殖场等环境中，改变了人们的工作和行为方式。作为新时代的建设者，请总结近年来物联网带来的巨大变化。

任务实施

试以人类日常行为为例(表 6-1 列出了四种行为)，通过回顾、调查和讨论等方式

分析物联网引入前后带来的各种变化，以及为人类工作和生活带来的便利，并谈谈你的想法。

表 6-1　物联网对日常行为的影响调查表

行　为	引入前的方式	引入后的方式	你的想法
牛羊放牧			
森林防火			
农业植保			
家庭安防			

任务 2　注册自己的物联网平台账号

任务描述

随着物联网的应用范围被不断拓展，出现了众多物联网云平台，这些云平台提供面向个人、企业开发者的一站式智能硬件开发及设备端开发调试、应用开发、产品测试、云端开发、运营管理、数据服务等服务。简单来说，在这些平台上，用户能够通过开通自己的账号来获得一定的数据存储空间，从而接收自己部署在某些地方的物联网终端发送来的数据。目前，中国移动、腾讯等公司开发了物联网平台，为开发者提供了物联网的数据存储和处理的云端服务。通过自助工具、完善的软件开发工具包(SDK)与应用程序编程接口(API)降低了物联网开发的技术门槛和开发者的研发成本，提升了开发者的产品投产速度。本任务让读者了解这些平台，注册自己的物联网平台账号，并申请免费的物联网硬件服务。

任务实施

用手机扫描图 6-29 所示的二维码，打开中国移动的物联网开放平台，完成注册(见图 6-30)，并进一步了解物联网云平台的功能。

图 6-29　中国移动物联网开放平台网址

图 6-30　中国移动物联网开放平台的注册界面

　　注册完成后，可进入物联网开放平台主界面(如图 6-31 所示)，再单击"OneNET Studio NEW"，进入图 6-32 所示的开通界面后，勾选"我已同意"，单击"立即开通"，进入图 6-33 所示的 Studio 跳转界面，再单击"前往 Studio>"，可进入配置管理界面(见图 6-34)，完成平台账号的注册工作。

图 6-31　物联网开放平台主界面

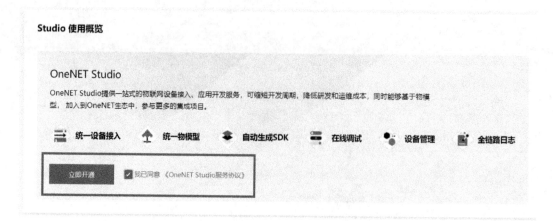

图 6-32　开通页面

图 6-33　Studio 跳转界面

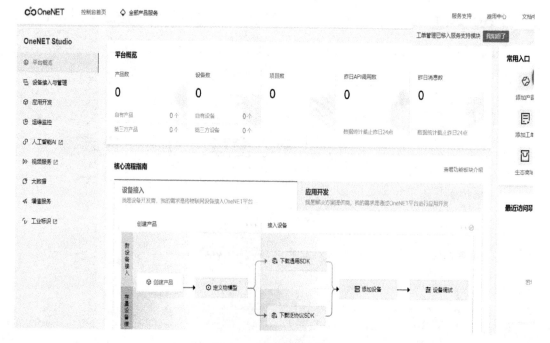

图 6-34　配置管理界面

项目小结与展望

本项目介绍了物联网的基本概念、物联网的历史和发展过程，以及物联网的特征和典型应用系统，最后讨论了物联网面临的挑战和发展趋势。从物联网被提出到现在，物联网的硬件和软件技术都得到快速发展，相关的应用系统也在不断涌现。目前物联网已经成为各个领域不可缺少的关键技术，对信息技术的发展起到了引领作用。我国物联网技术的发展基本上与世界同步，而且在某些子领域处于国际领先地位。

物联网产业发展方兴未艾，未来面临更为激烈的国际竞争，高性能传感器及传输设备、应用平台等方面的关键性技术将决定物联网产业发展的质量和效率。国务院颁布的《"十四五"国家应急体系规划》中提到，关于强化风险监测预警预报方面，要充分利用物联网、工业互联网、遥感、视频识别、第五代移动通信(5G)等技术提高灾害事故监测感知能力，优化自然灾害监测网站布局，完善应急卫星观测星座，构建空、天、地、海一体化全域覆盖的灾害事故监测预警网络，广泛部署智能化、网络化、集成化、微型化感知终端，实行高危行业安全监测监控全国联网或省(自治区、直辖市)范围内的区域联网。这也充分说明了物联网技术在未来的各个领域都将发挥重要的作用。

在我们未来的生活中，越来越多的事物需要与网络建立互联，并且随着物联网应用的不断普及与拓展，还有大量的工作需要我们去完成。以物联网为代表的信息化应用是将来提高人民生活水平的重要技术手段，随着这些信息化应用的进一步发展，我们的世界会变得更加美好。

拓展学习

如果想了解更多的物联网相关知识，可以扫描图 6-35、图 6-36 所示的二维码，进入对应网站了解最新的信息。

图 6-35　物联网世界网站　　　　　　　　　图 6-36　维科网网站

课后练习

1. 选择题

(1) 物联网的英文名称是(　　)。

A. Internet of Matters　　　　　　　　B. Internet of Things

C. Internet of Therys　　　　　　　　　D. Internet of Clouds

(2) 物联网分为感知层、传输层和(　　)三个层次。

A. 应用层　　　　B. 推广层　　　　　C. 物理层　　　　　　D. 数据层

(3) 物联网中常提到的"M2M"概念是指(　　)。

A. 人到人　　　　　　　　　　　　　　B. 人到机器

C. 机器到人　　　　　　　　　　　　　D. 机器到机器

(4) 在环境监测系统中，一般不常用到的传感器类型为(　　)。

A. 温度传感器　　　　　　　　　　　　B. 速度传感器

C. 照度传感器　　　　　　　　　　　　D. 湿度传感器

(5) 利用 RFID、传感器、二维码等随时随地获取物体的信息，是指(　　)。

A. 可靠传递　　　　B. 全面感知　　　　C. 智能处理　　　　D. 互联网

(6) 目前无线传感器网络没有被广泛应用的领域是(　　)。

A. 人员定位　　　　B. 智能交通　　　　C. 智能家居　　　　D. 艺术创作

2. 应用题

(1) 考虑一个应用场景：一个工厂的生产环境监测系统需要监测溶液池中的溶液 pH 值，还需要监测几个特定区域的温度、湿度、二氧化碳浓度值等，这种系统的传输层技术可以采用什么方案实现？

(2) 课程调研活动：通过网络、现场等形式，调研物联网在你所学习的专业领域中的应用现状。

(3) 人工智能畅想：召开小组或班级研讨会，畅想物联网的应用场景和发展前景。

项目 7　虚拟现实技术

 项目背景

　　在 2019 年中国慕课大会上，南京航空航天大学机电学院田威教授及其团队研发的"飞机大部件装配虚拟仿真实验"项目采用"5G + VR"的先进授课方式，成功在北京、贵州、西安三地完成了"5G + 超远程"虚拟仿真实验，打破了空间和时间限制，把不同城市、不同学校的学生带到同一个实验室，共同完成虚拟仿真实验；在讲授内容方面引入了 C919 飞机大部件拼装，将这种以前只能通过空想的教学内容形象地展示出来，全面革新了现有的教育形式。

　　在大会现场，该项目团队在"5G + VR"技术的支持下，将贵州理工大学、西北工业大学两地同学接入位于北京的大飞机装配虚拟实验系统，与在现场的南京航空航天大学师生共同完成了大飞机翼身对接虚拟仿真协同实验。实验教学分为飞机蒙皮成形工艺设计、飞机壁板自动钻铆工艺设计和飞机翼身对接三个模块，打破了时间和地域的限制，将"虚拟现实 + 互联网"技术融入教学中，让学生"沉浸式"地体验了飞机制造的过程，填补了当前我国飞行器制造工程专业在飞机装配虚拟仿真实践教学方面的空白。

　　"这是国内第一次，也是相关领域里最先进技术的结合。""虚拟仿真实验是对我们课堂教学的一个非常有利的补充。"田威说，"航空航天类专业的很多实验都无法在校内开展，学生只能在进入相关行业后进行实习培训。有了虚拟仿真实验平台以后，学生能够感受与真实的生产过程一致的实验环境，从而更好地掌握专业知识、提高专业能力。"

　　已经进入大学的你，是否想体验一场这样别开生面的课程学习？是否想进一步了解有关虚拟现实的相关知识？虚拟现实技术还能在哪些领域得到应用？通过本项目的介绍，读者可全面理解虚拟现实的相关概念、技术特点、应用领域及其发展前景。

项目延伸

🔍 思维导图

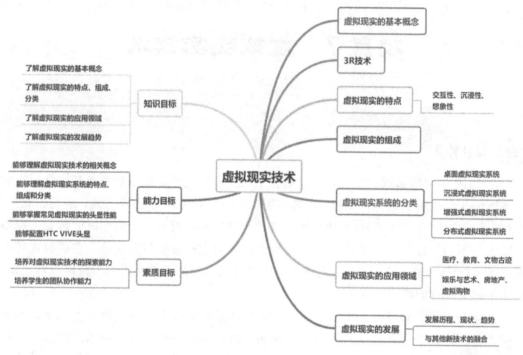

✍ 项目相关知识

项目微课

7.1　虚拟现实的基本概念

　　虚拟现实技术又称为灵境技术,产生于 20 世纪 60 年代,但其概念最早由美国 VPL公司创始人杰伦·拉尼尔(Jaron Lanier)于 20 世纪 80 年代提出。该技术是一门综合性技术,涉及计算机图形学、多媒体技术、传感技术、人机交互、计算机仿真技术、显示技术和网络并行处理等。虚拟现实世界以计算机技术生成一个三维虚拟环境,通过一些特殊的输入/输出设备,使人们感触和融入该虚拟环境,并能通过多感官实时感受三维世界,并可以自然地与计算机进行互动交流,人和计算机可以很好地融为一体,给人一种身临其境的感觉。

　　虚拟现实是发展到一定水平的计算机技术与思维科学结合的产物,它的出现为人类认识世界开辟了一条新的路径。虚拟现实最大的特点是:用户可以以自然的方式与虚拟环境进行交互操作,改变了过去人类除了亲身经历就只能间接了解环境的模式,从而有效地扩展了人类的认知手段和领域。

　　虚拟现实中的"现实",可以理解为自然社会物质构成的任何事物和环境,物质对象符合物理动力学的原理，而该"现实"又具有不确定性，即现实可能是真实世界的反映，也可能是世界上根本不存在的，而是由技术手段"虚拟"出来的。虚拟现实中的"虚拟"就是指由计算机技术生成的一种特殊仿真环境，人们在这个特殊的虚拟环境里，可以通过特殊装备将自己"融入"到这个环境中，并操作和控制环境，实现人们的某种特殊目的。虚拟说明这个环境或世界是虚拟的，是人工制造的，存在于计算机内部。人们可以"进入"这个虚拟环境中，可以以自然的方式和这个环境进行交互。所谓交互是指人们在感知环境和干预环境中，产生置身于相应的真实环境中的虚幻感、沉浸感，即身临其境的感觉，如图 7-1 所示。

图 7-1　虚拟现实世界

从狭义上来讲，把虚拟现实看成一种具有人机交互特征的人机界面(人机交互方式)，即可以称之为"自然人机界面"。在此环境中，用户可以看到的是全彩色主体景象，听到的是虚拟环境中的声音，手(或脚)可以感受到虚拟环境反馈给用户的作用力，由此使用户产生一种身临其境的感觉，可以像感受真实世界的方式一样来感受计算机生成的虚拟世界，具有和相应真实世界一样的感觉。这里，计算机世界既可以是超越我们所在时空之外的虚构环境，也可以是一种对现实世界的仿真(强调是由计算机生成的，能让人有身临其境感觉的虚拟图形界面)。

从广义上讲，把虚拟现实看成对虚拟对象(三维可视化)或真实三维世界的模拟。对某个特定环境真实再现后，用户通过感官接收模拟环境的各种刺激并作出响应，与其中虚拟的人和事物进行交互，使用户有身临其境的感觉。

我国虚拟现实领域的资深学者、中国工程院院士赵沁平教授认为：虚拟现实是以计算机技术为核心，结合相关科学技术，生成与一定范围内真实环境在视、听、触感等方面高度近似的数字化环境。用户借助必要的装备与数字化环境中的对象进行交互作用、相互影响，可以产生亲临对应真实环境的感受和体验。

综上所述，利用 VR 技术实现的虚拟现实能够给人身临其境的感觉，同时参与者和虚拟环境能够实现交互，参与者能够在虚拟环境中具有自己的视点，并且环境能够迅速反映参与者视点的变化。虚拟现实系统具有身临其境的虚拟环境和实时交互等突出的特点，使得它不仅仅应用于某些尖端领域、特殊行业(如军事、航天等领域)，而且在教育、医疗、培训、娱乐、工业设计等方面也有相应的应用，理论研究和应用实践使得虚拟现实技术发展更加迅速，趋于完善。

7.2　3R　技　术

我们常说的 3R，是指虚拟现实(Virtual Reality，VR)、增强现实(Augmented Reality，AR)和混合现实(Mixed Reality，MR)。

早在 1994 年，保罗·米格拉姆(Paul Milgram)等人提出了"现实−虚拟连续体"(Reality-Virtual Continuum)的概念，其中定位了 AV、AR 和 MR 在连续体中的位置，如图 7-2 所示。

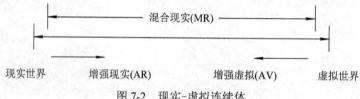

图 7-2　现实−虚拟连续体

在连续体中，最左侧的为现实世界，最右侧则为虚拟世界，在现实世界中添加的虚拟信息为 AR，而在虚拟世界中添加的现实世界的信息被称为增强虚拟(Augmented Virtuality，AV)。AR 和 AV 所处的整个区间则被称为 MR。基于该连续体的概念，可以对 VR、AR 和 MR 进行一个简单的解释。

VR 技术强调"虚拟环境"给人的沉浸感，是利用计算机设备模拟产生一个三维的虚拟世界，向用户提供关于视觉、听觉等感官的模拟，产生十足的"沉浸感"与"临场感"。

AR 技术则强调在真实场景中融入计算机生成的虚拟信息的能力，是一种将真实世界信息和虚拟世界信息"无缝"集成的新技术，通过计算机系统提供的信息增强用户对现实世界的感知的技术，并将计算机生成的虚拟物体、场景或系统提示信息叠加到真实场景中，把无法实现的场景在真实世界中展现出来，从而实现对现实的"增强"，达到超越现实的感官体验。

MR 技术则是虚拟现实技术的进一步发展，该技术通过在现实场景呈现虚拟场景信息，在现实世界、虚拟世界和用户之间搭起一个交互反馈的信息回路，以增强用户体验的真实感，增强现实 AR 和增强虚拟 AV 合并现实和虚拟世界，产生的新的可视化环境，在新的可视化环境里物理和数字对象共存，并实时互动。混合现实是在 VR 和 AR 兴起的基础上才提出的一个概念，可以把它视为 AR 的增强版。

1. VR、AR 和 MR 的区别

VR、AR 和 MR 三者有明显的区别(见表 7-1)，其区别主要表现在以下三个方面。

1) 表现形式

虚拟现实 VR 就是把虚拟的世界呈现到用户眼前。用户通过 VR 设备看到的场景和人物全是假的，VR 设备把用户的意识带入一个虚拟的世界，典型的 VR 设备有 Oculus Rift、HTC VIVE 等。

增强现实 AR 就是把虚拟世界叠加到现实世界。用户通过 AR 设备看到的场景和人物

一部分是真，一部分是假，是把虚拟的信息带入到现实世界中，被讨论最多的 AR 设备是谷歌眼镜(Google Glass)。

表 7-1　VR、AR、MR 的特性

特　征	虚拟现实 VR	增强现实 AR	混合现实 MR
代表产品	HTC VIVE、Oculus Rift	谷歌眼镜	HoloLens
真实可见	否	是	是
体验方式	沉浸式	手机屏/投射式	融合式
活动范围	固定或有线	移动	移动
虚拟物体位置	—	随设备移动	固定在真实场景
虚拟物体可区分性	可区分	可区分	不可区分
所需运算性能	桌面端	移动端	移动端

混合现实 MR 则是把真实的东西叠加到虚拟世界里。通过 MR 设备看到的是一个混沌的世界，MR 设备实时将物理世界彻底比特化，又同时包含了 VR 和 AR 设备的功能，目前，微软的 HoloLens 是最具代表性的产品。

2) 核心技术

VR 首先强调的是沉浸感，即完整的虚拟现实体验。虚拟现实的核心技术基本都集中在计算机图形领域，需要解决的是图像运算问题和硬件设备性能的问题。

AR 首先强调的是现场感，AR 展现的内容必须和现场息息相关，没有现场也就谈不上增强。因此，增强现实的核心技术在环境识别领域，AR 应用了很多计算机视觉的技术。AR 设备强调复原人类的视觉功能(比如说，自动识别跟踪物体，而不是手动指出)，AR 设备自主跟踪并且对周围真实场景进行 3D 建模。

在算法功能上，增强现实 AR 比虚拟现实 VR 要难，但反过来说，AR 对于硬件的需求反倒比虚拟现实要低，因为它只需要运算虚拟部分的物体，而不需要进行整个场景的渲染。

3) 交互方式

VR 要尽可能多地隔绝现实，VR 设备会使用海绵等材料将眼睛和屏幕封闭起来，隔绝外界光线；而 AR 设备会选用透光率高的镜片、广角的摄像头等部件，将外面的光线尽量"请"进来。因为 VR 是纯虚拟场景，所以 VR 装备较多用于用户与虚拟场景的互动交互，较多使用位置跟踪器、数据手套、动捕系统、数据头盔等。

由于 AR 和 MR 用于实现现实场景和虚拟场景的结合，AR 要尽可能多地引入现实，所以大都需要摄像头，在摄像头拍摄的画面基础上，结合虚拟画面进行展示和互动。MR 也强调现场感，强调虚拟图像的真实性，需要与真实场景进行像素级交叉和遮挡，要求虚拟场景具有真实的光照，和真实场景自然混合在一起；而 AR 更加强调虚拟图像的信息性，需要在正确的位置出现，给用户增加信息量，但其对虚拟图像与真实场景的遮挡和光照不作强调，这是 MR 和 AR 的不同点。

2. VR、AR 和 MR 的联系

虽然 VR、AR、MR 三者有各自独有的特征，并有明显的区别，但它们之间的联系仍非常密切，它们均涉及计算机视觉、图形学、传感器技术、现实技术、人机交互技术等领域，因此它们也有很多相似点。

1) 计算机生成的虚拟信息

使用 VR、AR 和 MR 看到的场景和人物全是虚拟的，三种技术均利用计算机技术创建三维虚拟环境；使用户沉浸其中。

2) 实时交互

VR、AR 和 MR 设备用户都需要通过相应的设备与计算机产生的虚拟信息进行实时交互。

7.3　虚拟现实的特点

从计算机技术角度而言，虚拟现实技术采用更为先进的人机接口的方式，不同于以往意义上的可视化操作界面、图形用户界面，虚拟现实技术给用户提供了视、听、触甚至操纵控制等直观、方便的实时交互方法。

美国科学家 G. Burdea 和 P. Coiffet 在 1993 年世界电子年会上发表的 "Virtual Reality Systems and Applications" 一文中提出了一个关于 VR 的三角形，它简明地表示了 VR 具有的三个显著特性：交互性(Interaction)、沉浸性(Immersion)和想象性(Imagination)，即虚拟现实的 "3I" 特性，代表了虚拟现实系统与人的充分交互，如图 7-3 所示。

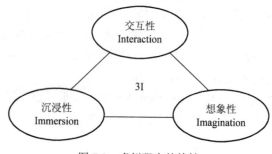

图 7-3　虚拟现实的特性

1. 交互性

交互性(Interaction)是指用户通过专门的输入/输出设备，自然感知对虚拟环境内物体的可操作程度和从环境得到反馈的自然程度。这种交互主要借助各种专用设备(如头盔显示器、数据手套)来完成，从而让用户以自然的方式与虚拟环境中的对象进行交互。

虚拟现实不是简单地对周围环境的模拟，更重要的是，人们可以与这个虚拟环境进行交互，从而把人在自然环境中同周围事物的联系带入虚拟世界来。因此虚拟现实系统强调人与虚拟世界之间以近乎自然的方式进行交互，即用户不仅通过传统设备(键盘和鼠标)和传感设备(特殊头盔、数据手套)，而且使用自身的语言、身体的运动等自然技能也能对虚拟环境中的对象进行操作，计算机能够根据用户的头、手、眼、语言及身体的运动来调整系统呈现的图像及声音。

当用户在虚拟场景中漫游时，所戴的头盔显示器会将三维立体图像送到用户的视场中，随着用户的头部运动，头盔显示器将不断更新的新视点场景实时地显示给用户。当用户用手(数据手套)去抓取虚拟环境中的物体时，会有握住东西的感觉，能够感觉到物体的重量和大小，而被抓取的物体随着手部的运动和旋转等动作也能产生相应的运动或改变，以便用户从任意位置和角度进行观察。

2. 沉浸性

沉浸性(Immersion)又称临场感，是指用户感受到的作为主角存在于虚拟环境中的真实程度，是虚拟现实最重要的技术特点。用户由观察者变为参与者，理想的虚拟环境使用户难以分辨真假，全身心投入到计算机生成的三维虚拟环境中，成为虚拟环境中的一部分，从而全身心地沉浸其中，感觉到该环境中所有的一切都是真实的，如同在现实世界中一样。

1) 自主性

自主性(Autonomy)是指虚拟环境中的物体依据物理学定律运动的程度。虚拟对象在独立活动、相互作用或与用户的交互作用中，其动态都要有一定的表现，这些表现就服从于自然规律或者设计者想象的规律。例如，当受到力的推动时，物体会向受力的方向移动、旋转或变形。

2) 多感知性

多感知性(Multi-Sensation)是指虚拟环境对力觉、触觉和运动感知的能力，甚至包括味觉、嗅觉等方面的感知能力。人在自然环境中能够有各种各样的感觉，理想的虚拟现实技术应该能模拟一切人具有的感知功能。

影响沉浸性的主要因素有三维图像中的深度信息(景深)、宽度信息(视野)、实现追踪的时间或空间响应(是否滞后或不准确)，以及交互设备的约束程度(能否为用户适应)等。

3. 想象性

想象性(Imagination)是指在虚拟环境中，用户可以根据所获取的多种信息和自身在系统中的行为，通过联想、推理和逻辑判断等思维过程，随着系统运动状态的变化，对系统运动的未来进展进行想象，以获取更多的知识，认识复杂系统深层次的运动机理和规律性。

人类的想象力是创造的源泉，虚拟现实为人们提供了发挥想象力的空间。想象力使设计者构思和设计虚拟世界，并体现设计者的创造思想。所以，虚拟现实系统是设计者借助虚拟现实技术，发挥其想象力和创造性而设计的，因此，设计者可以根据想象力创造出超越现实的环境，拓宽人们对事物的认识。

虚拟现实技术所具备的"3I"特性，使得用户作为参与者能在虚拟环境中沉浸其中、进退自如和自由交互。VR 技术强调人在虚拟系统中的主导作用，尤其是具有的交互性和沉浸性这两个特性，是虚拟现实技术区别于其他相关技术(如三维动画、可视化及传统多媒体图像图形技术等)最本质的特性。

7.4　虚拟现实的组成

根据虚拟现实的基本概念和相关特点可知，一般的虚拟现实系统主要由计算机、输入/输出设备、应用软件系统和数据库组成。其中：计算机是系统的"心脏"，也称之为虚拟世界的发动机，负责虚拟世界的生成、人与虚拟世界的自然交互等功能的实现；输入/输出设备用于识别用户各种形式的输入，并实时生成相应反馈信息，如常见的用于手势输入的数据手套，用于语音交互的三维声音系统等；应用软件系统则用于虚拟世界中物体的几何模型、物理模型、运动模型的建立，三维虚拟立体声的生成，模型管理及实时显示，虚拟世界数据库的建立和管理等；数据库则主要存放整个虚拟世界中所有物体的各类信息。

其运行过程大致为：参与者首先激活头盔、手套和话筒等输入设备，为计算机提供输入信号，虚拟现实软件收到由跟踪器和传感器传送的输入信号后加以解释；然后对虚拟环境数据库作必要的更新，调整当前的虚拟环境场景，并将这一新视点下的三维视觉图像及其他(如声音、触觉、力反馈等)信息立即传送给相应的输出设备(头盔显示器、耳机、数据手套等)，以便参与者及时获得多种感官上的虚拟效果。典型虚拟现实系统的结构如图 7-4 所示。

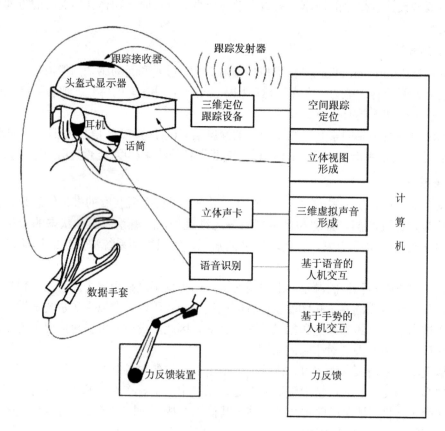

图 7-4　虚拟现实系统的组成

虚拟现实系统主要由以下四大部分组成：虚拟世界生成设备、感知设备、跟踪设备和人机交互设备。这里所指的设备包括相应的硬件和软件。

1. 虚拟世界生成设备

虚拟世界生成设备可以是一台或多台高性能计算机，通常可以分为基于高性能 PC、高性能图形工作站和基于分布式异构计算机的虚拟现实系统三大类，后两类用于沉浸式虚拟现实系统。虚拟现实所用的计算机是带有图形加速器和多条图形输出流水线的所谓高性能图形计算机，这是因为三维高真实感场景的生成与显示在虚拟现实系统中占据头等重要的地位。

2. 感知设备

感知设备是指将虚拟世界各类感知模型转变为人能接受的多通道刺激信号的设备。感知包括视、听、触、嗅、味觉等多种通道，目前，大多数可见的虚拟现实系统仅有视觉、听觉和触觉三种通道。

3. 跟踪设备

跟踪设备是指跟踪并检测方位的装置，用于跟踪并检测虚拟现实系统中基于自然方式的人机交互操作，例如基于手势、体势、眼视线方向的变化。目前，先进的跟踪定位系统可用于记录人体动态运动，如舞蹈、体育竞技运动的动作等，在计算机动画、计算机游戏设计和运动员动作分析等方面有广泛的应用。最常见的基于机械臂原理、磁传感器原理、超声传感器原理和光传感器原理四种跟踪设备中，除机械臂式定位跟踪器以外，其他三种跟踪器都由一个(或多个)信号发射器以及数个接收器组成，发射器安装在虚拟现实系统中的某个固定位置，接收器安装在被跟踪的部位。

4. 人机交互设备

人机交互设备是指应用手势、体势、眼神以及自然语言的人机交互设备，常见的有数据手套、数据衣服、眼球跟踪器以及语音综合和识别装置。

通常人机交互操作可分为基于自然方式的人机交互操作和基于常规交互设备的人机交互操作，所以，沉浸式虚拟现实系统采用自然方式进行人机交互操作，而非沉浸式虚拟现实系统通常允许采用常规人机交互设备进行人机交互操作。

7.5 虚拟现实系统的分类

根据用户的参与形式和沉浸程度不同，通常把虚拟现实分成四大类：桌面虚拟现实系统、沉浸式虚拟现实系统、增强式虚拟现实系统和分布式虚拟现实系统。

1. 桌面虚拟现实系统

桌面虚拟现实系统是利用个人计算机和低级工作站实现仿真，计算机的屏幕作为参与者或用户观察虚拟环境的一个窗口，用户通过各种输入设备便可与虚拟环境进行信息交换，如鼠标、追踪球、力矩球等。这种系统的特点是结构简单、价格低廉、易于普及推广，但其功能较为单一，缺乏真实的现实体验。

桌面虚拟现实系统虽然达不到类似头盔显示器那样的沉浸效果，但它已经基本满足了虚拟现实技术的要求，加上成本低、易于实现等特点，也得到了广泛的应用，可用于计算机辅助设计、计算机辅助制造、桌面游戏、军事模拟等领域。如目前比较流行的虚拟校园、虚拟旅游、虚拟博物馆等应用。

2. 沉浸式虚拟现实系统

沉浸式虚拟现实系统是一种高级、较理想、较复杂的系统，用户必须戴上头盔或数据手套等传感跟踪设备才能与虚拟世界进行交互。该系统采用封闭的场景和音响系统将用户与外界隔离，使用户完全置身于计算机生成的虚拟环境中，用户利用空间位置跟踪、数据手套等输入设备输入相关数据和命令，计算机根据获取的数据捕捉到用户的运动和姿势，并将其实时反馈到生成的场景中，使用户产生一种身临其境的感觉，全身心地投入到虚拟现实中去。

这种系统的优点是用户可以完全沉浸到虚拟世界中，达到身临其境的感觉，但缺点也很明显，即设备价格昂贵、难以普及推广。常见的沉浸式系统有基于头盔式显示器的系统、投影式虚拟现实系统等。

沉浸式虚拟现实系统有如下特点。

(1) 高度的实时性。当用户改变头部位置时，跟踪器实时监测并输入计算机进行处理，快速生成相应场景。为使场景能平滑地连续显示，系统必须具备较小的延迟(包括传感器延迟和计算延迟等)。

(2) 高度的沉浸感。该系统必须使用户和真实世界完全隔离，借助输入/输出设备，使用户完全沉浸到虚拟世界中。

(3) 强大的软硬件支持功能。

(4) 并行处理能力。用户的每一个行为都和多个设备综合相关，因此要求系统具有强大的并行计算能力。

(5) 良好的系统整合性。在虚拟环境中，硬件设备相互兼容，与软件协调一致地工作，互相作用，构成一个虚拟现实系统。

3. 增强式虚拟现实系统

增强式虚拟现实系统不仅利用虚拟现实技术来模拟现实世界、仿真现实世界，而且利用它来增强用户对真实环境的感受，也就是增强用户在现实世界中无法或难以获得的感受。典型的实例有战斗机飞行员的平视显示器，它可以将仪表读数和武器瞄准数据显示到飞行员面前的穿透式屏幕上，使飞行员无须低头查看座舱中仪表的数据，从而可以集中精力驾驶和操纵飞机。

增强式虚拟现实系统的特点是不需要把用户和真实世界隔离，而是将真实世界和虚拟世界融合为一体，用户同时可以与两个世界进行交互，该类系统犹如在虚拟环境和真实世界之间搭了一座桥梁，因此其应用潜力相当巨大。如在医疗解剖和远程手术中的机器人控制方面，增强式虚拟现实技术比其他 VR 技术具有更明显的优势。

4. 分布式虚拟现实系统

分布式虚拟现实系统是一种基于网络环境，充分利用分布于各地的资源，将不同物理位置的多个用户或多个虚拟环境通过网络相连接，每个用户在虚拟现实环境中，通过计算机与其他用户进行交互，并共享信息，从而使用户达到一个更高的协作工作水平。

分布式虚拟现实系统具有这样一些特点：共享的虚拟工作空间；伪实体的行为真实感；支持实时交互，共享时钟；多用户相互通信；资源共享，并允许网络上的用户对环境中的对象进行自然操作和观察。

7.6　虚拟现实的应用领域

虚拟现实技术已经发展很多年，其应有领域也越来越广泛，最初主要应用于军事仿真，近年来在医疗、教育、房地产、虚拟旅游、工业设计等方面都取得了巨大的发展。由于虚拟现实技术自身所具有的特点，决定了该技术可以应用到人们工作和生活的方方面面，因此，虚拟现实技术对人类社会的发展有非常大的意义，它必将在科学、技术、工程、医学、文化和娱乐等领域中发挥更大的作用和影响力。

1. 医疗

VR 在医学方面的应用具有十分重要的意义。在虚拟环境中，可以建立虚拟的人体模型，借助跟踪器、头戴式显示器(HMD)等设备，可以很容易理解人体内部各器官的结构，如图 7-5 所示。

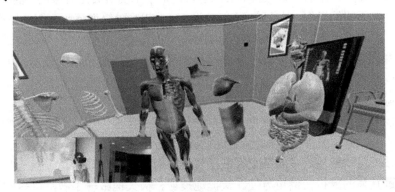

图 7-5　虚拟人体模型

由于虚拟人体系统可逼真地重现人体解剖画面，并可以选择任意器官，将其从虚拟人体模型中独立出来，进行更细致的观察和分析，更关键的是可以任意使用，而不用担心医学、经济和伦理方面的问题。德国汉堡 Eppendorf 大学医学院医用数学和计算机研究所就建立了一个名为 VOXEL-MAN 的虚拟人体系统，它包括人体每一种解剖结构的三维模型，使用者戴上头盔显示器就可以模拟解剖过程。

美国西北大学医学院学生 Taegh Sokhey 发布了 Swann VR 软件，能够帮助治疗阿尔茨海默病带来的记忆丧失：Swann VR 通过为患者提供一张可记忆的地图来改善空间记忆；据悉，Swann VR 目前允许治疗师或护理人员在五种环境间进行切换，通过难度的变换，让用户可以继续在环境中查找对象；此外，Swann VR 还提供了专门的物理设计，能为轮椅和其他辅助设备的患者提供支持；另外，Swann VR 适配 Oculus Rift(一种头戴式显示器)，因此患者在家也可以接受治疗，这在一定程度上，也有助于减少看护人员的工作量。

VR 技术可以进行手术视频的立体还原。根据完美的手术操作视频，可以制作立体的模型；同时也方便进行更加仔细、认真地观察，学员可以获取任何时间手术的操作过程、任何角度的手术变化等信息。另外，还支持立体手术的回放，可以做到与真实手术视频的自由切换，这个技术的应用不仅提高了工作效率，而且由于还原效果十分逼真，能够让学员看得更清楚，所以让更多学员的手术水平得到了很大提高。

虚拟现实技术和现代医学的发展以及两者之间的融合使得虚拟现实技术已开始对医学领域产生重大影响，在远程遥控外科手术、复杂手术的计划安排、手术过程的信息指导、手术后果预测及改善残疾人生活状态，乃至新型药物的研制等方面，VR 技术都有进一步应用的潜力。

2. 教育

VR 可以营造一个"自主学习"的环境，将传统的"以教促学"的学习方式替换为通过自身与信息环境的相互作用来得到知识、技能的新型学习方式，为教育技术的发展带来质的飞跃。

在教育领域，虚拟现实系统的交互性、沉浸性和想象性能获得许多常规的教育手段无法达到的教学效果，它能提高人们的想象力，激发受教育者的学习兴趣。

在医学教育和培训方面，见习医生实地学习复杂手术的机会是有限的，而在 VR 系统中却可以反复实践不同的操作，对危险、不能失误、缺少或难以提供真实演练的操作反复进行，且练习场景十分逼真。目前，国外很多医院和医学院校开始用数字模型训练外科医生。

在诸多课程学习中，实验是一个非常重要的环节。利用虚拟现实技术，可以按照课程需要创建不同条件下的虚拟实验室，无须购买昂贵的实验器材和实验材料，尤其对于一些具有较大危险性(如可能产生有毒物质或爆炸等)的实验是非常适用的。同时，虚拟现实技术帮助学生反复进行实验操练，并能引导学生进行自主实验，极大降低了实验成本。

VR 技术可以为师生提供立体化的教学场景，除了传统的课桌、讲台和黑板，它特有的三维建模技术可构建接近真实的丰富教学资源。对于一些比较抽象或难于呈现的知识，教师可以通过具体的虚拟实例更方便、快捷地授课，极大地减轻了教师讲授的压力，并使得授课过程更丰富、更有趣味性。

将 VR 应用到传统课堂中，改变了以往以教师为主导、学生聆听的枯燥乏味的教学机制，增强了教师与学生的互动。丰富多彩的教学资源使得学生可以更加直观地学习和理解，这在很大程度上也减少了学生接受和理解知识的难度，提升了学习的趣味性，学生的学习兴趣更加浓厚，求知欲不断加强，学生从被动式学习转变为主动式学习，如图 7-6 所示。

图 7-6　沉浸式教学课堂

　　另外，随着网络的发展和远程教学的兴起，虚拟现实技术与网络技术相结合，可提供给远方的学生一种更自然(包括交互性、动态效果、连续感以及参与探索性等)的体验方式。学生通过远程网络的虚拟教学环境可以实现虚拟远程学习、虚拟实验，既可以满足不同层次学生的需求，也可以使缺少专业教师以及昂贵实验仪器的偏远地区学生获得更好的学习资源。

3. 文物古迹

　　虚拟现实技术结合网络技术，可以将文物的展示、保护提高到一个崭新的阶段。具体来说，其一，可通过影像数据采集手段，对文物实体建立起实物三维或模型数据库，保存文物原有的各项数据和空间关系等重要资源，实现对濒危文物资源的科学、高精度和永久的保存；其二，可利用这些技术提高文物修复的精度，预先判断、选取将要采用的保护手段，同时可以缩短修复工期。通过计算机网络来整合文物资源，并且通过网络在更大范围内利用虚拟技术更加全面、生动、逼真地展示文物，从而使文物脱离地域限制，实现资源共享，真正成为全人类可以共同"拥有"的文化遗产。

　　使用虚拟现实技术可以推动文博行业更快地进入信息时代，实现文物展示和保护的现代化。虚拟博物馆的产生是博物馆数字化进程发展到当下的一个阶段性产物，随着虚拟现实技术的沉浸性和互动性的不断增强，虚拟博物馆就顺势而生了，如图 7-7 所示。

图 7-7　虚拟博物馆

　　此外，在保护、修缮、对外教育、开发旅游和文化延续名胜古迹等方面的技术难度和需求价值较大。名胜古迹具有稀缺性，同时又有非常强的历史文化教育意义。我们既要保护它的完整性，又要对外展示宣传，而采用虚拟现实技术就能很好地解决这一现实难题。

4. 娱乐与艺术

娱乐与艺术既是虚拟现实技术最先应用的领域，又是其重要的发展方向之一，它为虚拟现实技术的快速发展起到了巨大的需求牵引作用。计算机游戏从最初的文字游戏，到二维游戏、三维游戏，再到网络三维游戏，在保持实时性和交互性的同时，逼真度和沉浸感正在进一步提高和加强，所以虚拟现实技术已成为三维游戏工作者的崇高追求(丰富的感觉能力和 3D 显示环境使得 VR 成为理想的视频游戏工具)。作为传输显示信息的媒体，VR 在未来艺术领域方面潜在的应用也是不可估量的：VR 所具有的临场参与感和交互能力可将静态的艺术(如油画、雕刻等)转化为动态的，可以使观赏者更好地欣赏作者的思想艺术；另外，VR 技术也能提高艺术表现能力，譬如，一个虚拟的音乐家可以演奏各种各样的乐器，手足不便的人或远在外地的人可以去虚拟的音乐厅欣赏音乐会等。

三维立体电影也将是虚拟现实技术的应用方向之一。结合虚拟现实概念拍摄的电影对人的视觉会产生巨大冲击，是电影界划时代的进步。在 2010 年年初在中国首次上映的电影《阿凡达》，其场景气势恢宏、波澜壮阔，展现了一个原始生态星球上的美妙仙境，欣赏之后使人久久难以忘怀。创新使用的虚拟现实技术不仅完美地表现出自然界的生态美，而且还将电影艺术再一次从平面推向了立体。整个拍摄过程使用新一代 3D 摄影机，拍出了立体感。虚拟现实在三维立体电影中的应用主要包括，制造栩栩如生的人物、引人入胜的宏大场景，添加各种撼人心魄的特技效果等。

5. 房地产

随着房地产行业竞争的加剧和房地产行业的转型升级，传统的展示手段如平面图、表现图、沙盘、样板房等已远远无法满足消费者的需求，因此，敏锐把握市场动向，果断采用最新的技术展示建筑物设计并迅速将其转化为生产力，方可在竞争中取得领先地位。

传统的效果图等表现手段容易被人为修饰而误导用户。应用虚拟现实技术，用户可以通过亲身感受，评估各方案的特点与优劣，以便作出最佳决策方案，这不但可以避免决策失误，而且可以大大提高该房产的潜在市场价值，从而提高土地资源的利用效率和项目开发成功率。利用虚拟现实技术作为大型项目的展示工具，构建逼真的三维动态模型，全方位地展示建筑物内、外空间及功能，使目标受众产生强烈的参与感，项目策划者的理念也更容易被他人所认同。

对于房产商来说，传统的样板间往往存在造价昂贵、重复使用率低、户型局限等诸多缺点，这些问题通过虚拟样板间就能很好地解决。在售房过程中，应用虚拟现实技术，可以通过网络进行虚拟现实看房(如贝壳看房)，客户可以在虚拟现实系统中自由行走、任意观看，突破传统三维动画的瓶颈，带给客户难以比拟的真实感和现场感，虚拟看房场景如图 7-8 所示，帮助客户更快、更准地做出订购决定。购房者可以通过虚拟样板间来查看房间的结构，还可以自主进行家装设计，提升体验感。目前，以万科、绿地为首的诸多地产开发商均已将 VR 技术融入销售的环节中。为降低时间和空间的维度影响，实现跨区域营销以及展示项目丰富的业态，在项目售楼处设置 VR 体验区也已经成为地产开发商销售环节中不可或缺的一个部分。

家装 VR 产品主要服务于家装设计师，户型模型确定后，设计师可以选择家具模型进行设计，最后呈现给用户一个 VR 体验版的"设计图"。与传统的设计图相比，VR 给用户提供了一个更为直观的感受，用户可以在体验中自己调整设计方案，同时也降低了设计师和用户间的沟通成本。VR 家装的使用场景主要是线下体验店。

图 7-8　虚拟看房场景

　　和家装设计师一样，建筑设计师也可以通过 VR 技术给用户呈现体验版"设计图"，只不过 VR 所呈现的内容变为了建筑的整体外观效果。建筑设计师采用 Sketchup、3Dmax 等主流模型进行 VR 展示方案设计，而客户可以戴上 VR 头盔做沉浸式体验。

6. 虚拟购物

　　虚拟现实技术采用三维显示技术构建具有逼真效果的虚拟商场。用户在购物过程中拥有像逛实体商场一样的体验，在这里没有实体商场的喧嚣、人群的拥挤，用户可以尽情地浏览各种商品。

　　阿里巴巴于 2016 年 4 月推出的全新购物方式 Buy+，在当年的"双十一"正式上线，该系统使用了 VR 技术，生成可交互的三维购物环境。简单来说，戴上一副连接传感系统的"眼镜"，就能"看到"真实场景中的商铺和商品的 3D 图景，实现各地商场随便逛，各类商品随便试，甚至可以和场景中的虚拟服务员产生互动，享受传统线下店铺的服务。

　　2006 年 5 月，eBay 与澳大利亚零售商 Myer 合作推出了全球第一个虚拟现实百货商场。这是一款可在 iOS 或 Android 下载的 App，用户可浏览 Myer 上成千上万的商品，同时该公司还免费赠送 2 万个 Cardboard 纸盒子来吸引消费者购买。这款 App 可实现当用户进入虚拟商店时，通过产品分类选择所需内容，这个虚拟商城可将排序靠前的 100 款产品以三维模型效果展示给用户。同时这个系统还开发了"视觉搜索"系统，消费者只需要凝视产品几秒钟，就会定位产品并把产品放进购物车，摘下 Cardboard 纸盒子，返回 eBay App 付款，App 还可以根据消费者的选择自动推送相关产品。

采用虚拟现实技术构建的三维商品模型，具有逼真度高的特点，人们可以全方位地观察商品对象，不仅能查看商品的外观，而且还能看到商品的内部结构，同时还可以通过动画效果显示商品的性能、功能和质量情况。

3D 智能试衣镜更是一种虚拟现实技术应用的例子，用户只要输入自己的身高、肩宽、胸围、腰围等数据，就可以找到一个身材和自己完全一样的虚拟模特，在网上代替自己试穿新时装，如图 7-9 所示。可以在网上对模特的身材进行交互式修改，在挑选到色泽和款式满意的时装后，不仅可以让虚拟模特一件件试穿，还可以让虚拟模特实时转动、调整姿势，甚至可以走动来观察商品，直至挑选到心满意足的商品。

图 7-9　虚拟试衣镜

7.7　虚拟现实的发展

7.7.1　发展历程

与大多数新技术一样，虚拟现实也不是突然出现的，它是在社会各界诉求下，经过实验室相当长时间的研究后，逐步开发、应用并进入公众视野的。同时，虚拟现实技术的发展也与其他技术(如三维跟踪定位、图像显示、语音交互及触觉反馈等)的成熟程度密切相关，而计算机技术的快速发展更成为虚拟现实不断进步的直接动力。

虚拟现实技术的发展历史最早可以追溯到 18 世纪，人们开始有意识地对图画画面逼真程度进行探索。1788 年，荷兰画家罗伯特·巴克尔(Robert Barker)画了一幅爱丁堡(Edingburgh)城市的 360° 全方位图，并将其挂在一个直径为 60 ft(1 ft = 0.3048 m)的圆形展室中。结果发现，与普通图画相比，这种称为全景图的图画给人提供了一种强烈的逼真感。

19 世纪初,人们发明了照相技术,1833 年又发明了立体显示技术,使得人们借助一个简单的装置就可以看到实际场景的立体图像。1895 年世界上第一台无声电影放映机出现,1923 年又出现了有声电影,之后,1932 年出现了彩色电影,1941 年出现了电视技术,与电影相比,电视可以使观众看到实时现场情景,因此显得更为生动。同时,电视的出现引出了遥现(Telepresence)概念,即通过摄像机获得人同时在另一个地方的图景。这些概念的萌芽为后来人们追求更加逼真的环境效果提供了一种非常直接的原动力。

然而,虚拟现实技术的发展进入快车道还是在计算机出现以后,随着其他技术的进步以及社会市场需求的提高,人们开始追求逼真、交互等概念效果。于是经历了漫长的技术积累后,虚拟现实技术逐步成长起来,并日益显露出强大的社会影响力。虚拟现实的发展过程,主要可以总结为以下三个阶段。

1. 探索阶段(20 世纪 50 年代—20 世纪 70 年代)

1956 年,在全息电影技术的启发下,美国电影摄影师莫顿·海利希(Morton Heilig)开发了 Sensorama。Sensorama 是一个多通道体验的立体电影显示系统,用户借助其可以感知事先录制好的体验,包括景观、声音和气味等,如图 7-10 所示。1960 年,海利希研制的 Sensorama 立体电影显示系统获得美国专利,此设备与 20 世纪 90 年代的 HMD 非常相似,只能提供一个人观看,它就像现在的大型游戏机一样,当我们把头放进这台机器里后,不仅会有 3D 的视觉,还能闻到气味、听到声音。由于海利希设计以及机器自身的缺陷,例如没有互动性,仅靠事先做好的画面播放,因此 Sensorama 机器在当时并没有得到很好的反响。

图 7-10 Sensorama 设备

1965 年,计算机图形学的奠基者美国科学家伊万·萨瑟兰(Ivan Sutherland)博士在国际信息处理联合会上提出“The Ultimate Display(终极显示)”的概念,首次提出了全新的、富有挑战性的图形显示技术,即不通过计算机屏幕这个窗口来观看计算机生成的虚拟世界,而是使观察者直接沉浸在计算机生成的三维虚拟世界中。随着观察者随意转动头部和身体,其所看到的场景就会随之发生变化,也可以用手、脚等部位,以自然的方式与虚拟世界进行交互,虚拟世界会产生相应的反应,使观察者有一种身临其境的感觉。

1968 年,Ivan Sutherland 使用两个可以戴在眼睛上的阴极射线管研制出了第一个头盔式显示器,如图 7-11 所示。在这个系统中,用户不仅可以看到三维物体的线框图,还可以确定三维物体在空间的位置，并通过头部运动从不同视角观察三维场景的线框图。

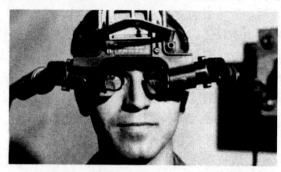

图 7-11　Ivan Sutherland 发明的第一个头盔式显示器

20 世纪 70 年代, Ivan Sutherland 在原来的基础上把模拟力量和触觉的力反馈装置加入到系统中，研制出一个功能较齐全的头盔式显示器系统，该显示器使用类似电视机显像管的微型阴极射线管(CRT)和光学器件，为每只眼睛显示独立的图像，并提供与机械或超声波跟踪的接口。

在当时的计算机图形学技术水平下，Ivan Sutherland 取得的成就是非凡的。1968 年，他研制成功了带跟踪器的头盔式立体显示器(HMD)，目前，在大多数虚拟现实系统中都能看到 HMD 的影子，因此，许多人认为 Ivan Sutherland 不仅是"图形学之父"，而且也是"虚拟现实技术之父"。

1976 年，迈伦·克鲁格(Myron Kruger)完成了 VideoPlace 系统原型，它使用摄像机和其他输入设备，创建了一个由参与者动作控制的虚拟世界。

2. 从实验室进入应用阶段(20 世纪 80 年代初—20 世纪 80 年代末期)

基于 20 世纪 60 年代以来取得的一系列成就,美国 VPL 公司创始人杰伦·拉尼尔(Jaron Lanier)在 20 世纪 80 年代正式提出"Virtual Reality"一词，当时研究此项技术的目的是提供一种比传统计算机模拟更好的方法。

20 世纪 80 年代，美国宇航局(NASA)及美国国防部组织了一系列有关虚拟现实技术的研究，并取得令人瞩目的研究成果，从而引起了人们对虚拟现实技术的广泛关注，这一时期出现了两个比较典型的虚拟现实系统，即 VideoPlace 系统和 View 系统。

VideoPlace 系统是一个计算机生成的图形环境，在该环境中参与者看到本人的图像投影在一个屏幕上，通过协调计算机生成的静物属性及动态行为，可使它们实时地响应参与者的活动。

View 系统是 NASA Ames 实验中心研制的第一个进入实际应用的虚拟现实系统，当 1985 年 View 系统雏形完成时，该系统以低廉的价格、让参与者有"真实体验"的效果引起有关专家学者的注意。随后，View 系统又装备了数据手套、头部跟踪器等硬件设备，还提供了使用语言、手势等的交互手段，使之成为一个名副其实的虚拟现实系统。目前，大多数虚拟现实系统的硬件体系结构大都由 View 发展而来，由此可见 View 系统在虚拟现实技术发展过程中的重要作用。

3. 高速发展阶段(20 世纪 90 年代初期至今)

在虚拟现实技术的高速发展阶段，该技术从研究全面转向了应用。进入 20 世纪 90 年代，随着计算机技术的迅猛发展，基于大型数据集合的声音和图像的实时动画制作成为可能，人机交互系统的设计不断创新，新颖、实用的输入/输出设备不断进入市场，这些均为虚拟现实系统的发展奠定了良好的基础。

1996 年 10 月，世界上第一个虚拟现实技术博览会在伦敦开幕，全世界的人们可以通过因特网参观这个没有场地、没有工作人员、没有真实产品的虚拟现实技术博览会。1996 年 12 月，世界上第一个虚拟现实环球网在英国投入运行，这样，用户可以在一个由立体虚拟现实世界组成的网络中遨游，身临其境地欣赏各地风光，参观博览会和在大学课堂听讲座等。

由此可见，虚拟现实系统极其广泛的应用领域使人们对迅速发展中的虚拟现实系统的广阔应用前景充满了憧憬与兴趣。

7.7.2　发展现状

1. 国外发展现状

美国是 VR 技术研究的发源地，因而大多数的研究机构都在美国，其 VR 技术的研究水平基本上代表了国际 VR 技术发展的水平。美国是全球研究最早、研究范围最广的国家，其研究内容几乎涉及从新概念发展(如 VR 的概念模型)、单项关键技术(如触觉反馈)到 VR 系统的实现及应用等各个方面。

美国宇航局(NASA)下属的艾姆斯研究中心(Ames Research Center)一直是许多 VR 技术思想的发源地。早在 1981 年，该研究机构就开始研究空间信息显示，1984 年又开始了虚拟视觉环境显示(VIVED)项目，后来，其研究人员还开发了虚拟界面环境(VIEW)工作站。Ames 完善了 HMD，并将 VPL 公司的数据手套工程化，使其成为可用性较高的产品。目前，Ames 把研究的重点放在空间站操纵的实时仿真上，该实验室正致力于一个叫"虚拟行星探索"(Virtual Planet Exploration)的试验计划，该项目能使"虚拟探索者"(Virtual Explorer)利用虚拟环境来考察遥远的行星，他们的第一个目标是火星，系统中大量运用了面向座舱的飞行模拟技术。

北卡罗来纳大学(North Carolina University，UNC)的计算机系是最早进行 VR 研究的著名大学，他们的研究主要集中在四个方面：分子建模、航空驾驶问题、外科手术仿真和建筑仿真。他们从 1970 年开始研究分子建模，解决了分子结构的可视化问题，并已用于药物和化学材料的研究，还开发了名为"Walk Through"的系统，在这一环境中，人们可以像坐直升机一样在建筑物中漫游。

欧洲的 VR 技术研究主要由欧洲共同体的计划支持，英国、德国、瑞典、荷兰等国家都积极进行了 VR 技术的开发及应用。

英国在分布式并行处理、辅助设备设计、应用研究等方面，在欧洲处于领先地位。

德国的 FhG-IGD 计算机图形研究所和德国计算机技术中心为 VR 技术研发的代表机构，它们主要从事虚拟世界的感知、虚拟环境的控制和显示、机器人远程控制、VR 在空间领域的应用、宇航员的训练、分子结构的模拟研究等。德国的计算机图形研究所(IGD)测试平台主要用于评估 VR 技术对未来系统和界面的影响，向用户和生产者提供通向先进的可视化、模拟技术和 VR 技术的途径。

在亚洲，日本的 VR 技术研究的发展速度十分迅猛。在当前实用 VR 技术的研究与开发中，日本是处于领先位置的国家之一，它主要致力于建立大规模 VR 知识库的研究，在 VR 游戏方面也做了大量工作：东京技术学院精密和智能实验室研究了一个用于建立三维模型的人性化界面；日本 NEC 公司开发了一种虚拟现实系统，它能让操作者使用"代用手"去处理三维 CAD 中的形体模型，该系统通过数据手套把对模型的处理与操作者手的运动联系起来；东京大学原岛研究室开展了人类面部表情特征的提取、三维结构的判定和三维形状的表示、动态图像的提取三项研究；日本富士通实验室有限公司正在研究虚拟生物与 VR 环境的相互作用，他们还在研究虚拟现实中的手势识别，已经开发了一套神经网络姿势识别系统，该系统可以识别姿势，也可以识别表示词的信号语言。此外，韩国、新加坡等国家也积极开展了 VR 技术方面的研究工作。

2. 国内研究现状

我国 VR 技术研究始于 20 世纪 90 年代初，与其他国家相比，起步晚，技术上有一定的差距，但这也引起我国政府和科学家的高度重视，并及时根据我国国情，制订了开展 VR 技术研究的计划，例如"九五"计划和"十五规划"、国家 863 计划。国家自然科学基金会、国防科工委等都把 VR 技术研究列入重点资助范围，在国家"973 项目"中，VR 技术的发展应用已列为重中之重，而且研究开发的支持力度越来越大。与此同时，国内一些重点高等院校已积极投入这一领域的研究工作中，先后建立了省级和国家级虚拟仿真实验教学中心。

北京航空航天大学计算机学院是国内最早进行 VR 研究、最具权威的单位之一。北京航空航天大学虚拟现实技术与系统国家重点实验室在分布式虚拟环境网络上开发了直升机虚拟仿真器、坦克虚拟仿真器、虚拟战场环境观察器、计算机兵力生成器，连接了装甲工程学院提供的坦克仿真器，基本构建了分布式虚拟环境网络下分布式交互仿真使用的真实地形，并正在联合多家单位开发 J7、F22 及单兵等虚拟仿真器，他们的总设计目标是为我国军事模拟训练和演习提供一个多武器协同作战或对抗的战术演练系统。

浙江大学 CAD&CG 国家重点实验室开发了一套桌面型虚拟建筑环境实时漫游系统，采用层面叠加绘制技术和预消隐技术实现立体视觉，同时还提供了方便的交互工具，使整个系统的实时性和画面的真实感都达到较高的水平。另外，他们还研制了在虚拟环境中的一种新的快速漫游算法和一种递进网格的快速生成算法。

哈尔滨工业大学已成功解决了人的高级行为中特定人脸图像的合成、表情的合成和唇动的合成等虚拟技术问题，并正在研究人说话时头部和手势动作、话音和语调的同步等技术。

清华大学对虚拟现实和临场感方面进行了研究，例如，在球面屏幕显示和图像随动、克服立体图闪烁的措施和深度感实验等方面都有不少独特的方法；他们还针对室内环境水平特征丰富的特点，提出了借助图像中对应的水平特征呈现形状的一致性来实现特征匹配和获取物体三维结构的新颖算法。

西安交通大学信息工程研究所对虚拟现实中的关键技术——立体显示技术进行了研究，他们在借鉴人类视觉特性的基础上提出了一种基于 JPEG 标准压缩编码的新方案，获得了较高的压缩比、信噪比和压缩速度，并且已经通过实验结果证明了这种方案的优越性。

　　北方工业大学 CAD 研究中心是我国最早开展计算机动画研究的单位之一，中国第一部完全用计算机动画技术制作的科教片《相似》就出自该中心。在关于虚拟现实的研究方面，他们已经完成了 2 个"863 研究项目"，研究和实现了体视动画的自动生成部分的算法和合成软件处理，创建了 VR 图像处理与演示系统的多媒体平台及相关的音频资料库，制作了一些相关的体视动画光盘。

　　总之，VR 技术是一个投资大、具有高难度的科技领域。目前的虚拟现实技术仍然存在许多缺陷，要实现一个模拟现实世界、接近人体自然体验的虚拟现实系统，需要解决实时传感性能、数据模型重建、空间定位方案和数据处理单元性能等方面的大量技术问题，而这些技术问题的解决依赖于一系列基础研究的创新方向和多学科之间的交叉研究。

7.7.3　发展趋势

　　虚拟现实技术是高度集成的技术，涵盖了计算机软硬件、传感器技术、立体显示技术等。虚拟现实技术的内容大体可以分为 VR 技术本身的研究和 VR 技术应用的研究两大类。未来 VR 技术的研究仍将延续"低成本、高性能"原则，从软件、硬件两个范围展开，发展方向主要包括以下几个方面。

1. 动态环境建模技术

　　虚拟环境的建立是 VR 技术的核心内容，发展动态环境建模技术的目的是获取实际环境的三维数据，并根据需要建立相应的虚拟环境模型。三维数据的获取可以采用 CAD 技术，而更多的环境则需要采用非接触式的视觉建模技术，两者的有机结合可以有效提高数据获取的效率。

2. 实时三维图形生成和显示技术

　　三维图形的生成技术已比较成熟，而关键是"实时生成"。在不降低图形的质量和复杂程度的基础上，如何提高 VR 设备的分辨率，将会是 VR 研究一个重要的转折点，即分辨率要高到人眼无法辨别真伪的程度，这与苹果公司倡导的 Retina 概念类似——研发出分辨率在 4K～8K 之间的设备，使人们根本无法分辨出虚拟和真实世界的区别。另外，虚拟现实技术还依赖于传感器技术和立体显示技术的发展，现有的虚拟设备还不能够让系统的需要得到充分的满足，还需要开发全新的三维图形生成和显示技术。

3. 新型交互设备的研制

　　虚拟现实技术使人能够自由与虚拟世界对象进行交互，犹如身临其境。面部追踪是一个关键的技术节点，当面部识别技术完善到一定程度后，VR 真实度将提升到新的阶段，这意味着同样的场景，如果将硬件贴近面部，便可追踪和测量到面部细微的变化，那时，人们在 VR 场景中交互时，能获得和现实中人们的交流一样的亲切感和自然感。目前，输入/输出设备主要有头盔显示器、数据手套、数据衣服、三维位置传感器和三维声音产生器等，因此，新型、便宜、优良的数据手套和数据衣服也将成为未来研究的重要方向。

4. 虚拟现实建模

　　虚拟现实建模是一个复杂的过程，需要大量的时间和精力，而若将 VR 技术与智能技术、语音识别技术相结合，就可以很好地解决虚拟现实建模这个问题。通过语音识别技术将对模型的属性、方法和一般特点的描述转化成建模所需的数据，然后利用计算机的图形处理技术和人工智能技术进行设计、导航以及评价，将模型用对象表示出来，并将各种基本模型静态或动态连接起来，最终形成系统模型。

5. 大型网络分布式虚拟现实技术

大型网络分布式虚拟现实技术是指多个用户在一个基于网络的计算机集合中，利用新型的人机交互设备介入计算机，产生多维的、适用于用户的虚拟情景环境。分布式虚拟环境系统除了要使复杂虚拟环境计算的需求得到满足之外，还需要让协同工作以及分布式仿真等应用对共享虚拟环境的自然需求得到满足。分布式虚拟现实系统可以看成是一种基于网络的虚拟现实系统，可以让多个用户同时参与，让不同地方的用户进入到同一个虚拟现实环境中。

分布式虚拟现实技术是未来虚拟现实技术发展的重要方向。随着因特网应用的普及，一些面向因特网的数字视频特效(Digital Video Effect，DVE)应用使得位于世界各地的多个用户可以进行协同工作。将分散的虚拟现实系统或仿真器通过网络连接起来，采用协调一致的结构、标准、协议和数据库，形成一个在时间和空间上互相耦合的虚拟合成环境，参与者可自由地进行交互活动。

总之，虚拟现实技术将与人们生活更多地结合起来。从日常游戏、娱乐到教育、医疗、房产等领域，虚拟现实都将全面普及，行业将不断发展，其应用范围也将更加广阔，虚拟现实技术将与更多的行业领域合作，改变人类生活。

7.7.4　与其他新技术的融合

1. 与 5G 技术的融合

目前的主流的个人电脑主机使用的 VR 设备大多是通过数据线将头显和主机相连，这极大地限制了使用者的行动自由，大大缩小了 VR 产品的使用场景。现在的无线解决方案是通过厂家额外售卖的无线套装为单一用户提供短距离的无线传输服务，依然难以满足用户需求。高带宽、低时延助力 VR 头显真正实现了"无线化"。"无线化"是高端 VR 发展的必然趋势，也是目前 VR 体验的痛点之一。

VR 头显"无线化"的难点主要有两点：一是无线传输带宽，二是网络时延。

5G 百倍带宽的提升使"无线化"成为现实。VR 内容占用空间极大，一段几秒的 VR 视频大小在数百兆到 1 GB 之间。实时传输一段全景 8K 的 VR 视频(等效 TV 分辨率 2K 需要的带宽为 418 Mb/s)对无线传输方案的带宽提出了非常高的要求。5G 的传输速率理论峰值在 10～20 Gb/s，用户感知的速率在 0.1～1 Gb/s；而 4G 的用户感知速率只有数十兆比特每秒。所以 5G 的高带宽已经达到或部分超越了高清 VR 内容实时传输速率的要求，未来我们可以佩戴 VR 头显在任何一个有 5G 网络覆盖的场所使用，不必受到空间的束缚。

网络时延是 VR 实现"无线化"的另一个难点，根据研究，由于 VR 的显示方式属于近眼显示，头动与视野延迟(Motion-to-Photons Latency，MTP)应控制在 20 ms 以内，用户才不至于产生眩晕感。头动与视野延迟来源于传感采集、计算渲染、传输通信、显示反馈等多个环节。在无线环境下，传统通信的时延为影响无线化的主要因素，一般的无线传输的时延要远远大于 20 ms，就连家用 WiFi 也超过 100 ms，不适合用于 VR 内容的无线传输方案。而 5G 通过创新的帧结构、新波型和新型多址技术将端到端的时延控制在 10 ms 以内(空中接口的时延控制在 1 ms)，这就满足了 VR 内容关于无线传输时延的要求。

5G 引入边缘计算技术，将部分数据的处理能力下沉到网络边缘，进一步提升了云计算能力，降低了时延。移动边缘计算技术(Mobile Edge Computing，MEC)是基于 5G 演进的架构，将基站与互联网业务深度融合的一种技术。MEC 被视为 4.5G/5G 的一个技术趋势，能够提供一个低时延、海量吞吐率、安全的可编程的弹性网络，满足移动互联网和物联网业务发展对移动网络的新要求。传统移动通信网络是集中化处理机制，数据往返于核心网与用户终端之间，时延大、网络负荷高。移动边缘计算位于网络边缘，它将数据中心(核心网)的计算和存储等能力下沉，使之更接近用户终端，降低了物理时延，也减少了与中心云的信息交换，降低了网络负荷，从而可以创造出一个具备高性能、低延迟与高带宽的电信级服务环境，加速网络中各项内容、服务及应用的分发和下载，让消费者享有更高质量的网络体验。MEC 技术对于云端 VR 设备的提升在于 MEC 可以使一部分 VR 数据的处理放在网络边缘，不仅降低了数据处理和传输所需的时延，还一定程度上降低了 VR 使用时的网络流量消耗。

5G 的超大带宽、超低时延及超强移动性可以确保 VR 在沉浸体验、AR 在实时反馈方面更上一个台阶。相较于 4G，5G 在提升峰值速率、移动性、时延、可靠性和频谱效率等传统指标的基础上，新增加了用户体验速率、连接数密度、流量密度和能效四个关键能力指标，10 ms 的端到端时延、10 Gb/s 的吞吐量支持以每平方公里 100 万台的设备连接数使得 5G 成为信息领域基础技术，助力 VR/AR 腾飞成为可能。

随着 5G 技术的进一步发展和落地，"VR + 5G"的使用场景将在以下方面得到发展。

1) VR 视频

通过 5G 高速的传输速度，用户可以体验到高清晰度的视频，特别是对于体积较大的 VR 视频来讲，用户可以随时随地进行观看。

VR 视频目前的窘境是：虽然生产 VR 视频的片源提供商、生产商的数量在变多，但现阶段专用的影片数量还是很少。以在搜索引擎上搜索"VR 影片"为例，目前的 VR 视频内容形式还是以简短的 VR 体验式影片为主，除此之外，在版权意识日益加重的今天，视频服务商在提供内容的同时也必须要考虑视频内容的来源正规化，这就导致 VR 内容在制作、分发等环节上受到很大的局限性。

2) VR 游戏

5G 的延迟低似乎正好可以解决 VR 游戏的一个弊端——眩晕感，显然低延迟会让使用者的体验变好，然而对于游戏来说，硬件的处理能力也是关键的一环。相比于 PC 来说，VR 一体机的 CPU 还远不能与之相比，所以"云 VR"这样的解决方案孕育而生。

在 5G 的加持下，VR/AR 等沉浸式游戏场景的通信传输短板将被弥补，预计沉浸式游戏的 VR/AR 商用将加速。对于中国市场来说，根据 IDC 最新发布的《IDC 全球增强与虚拟现实支出指南》，至 2023 年中国 VR/AR 市场支出规模将达到 652.1 亿美元，较 2019 年的预测(65.3 亿美元)有显著增长。同时 2018—2023 年的年复合增长率(CAGR)将达到 84.6%，高于全球市场 78.3% 的增长率。

3) VR 社交

VR 社交一直都在 VR 行业中有着不小的关注度,"VRChat"这款软件的火热程度也似乎在告诉大家 VR 社交其实是条走得通的路子。5G 技术能够为 VR 社交提供更高速的背景,让人与人可以在很多场景下通过 VR 进行沟通。

新的社交媒体平台往往带来新的内容形式,但目前 VR 内容的制作还处在单向阶段,只有厂商向用户兜售内容,缺乏用户参与。VR 社交真正火热的节点很可能出现在 VR 内容制作门槛降低的时候,可能当用户能在 VR 社交平台上向朋友发送 VR 画作,或是发送有自己虚拟形象出现的 VR 视频时,"社交"行为中 VR 的重要性才能真正凸显出来。

4) VR 直播

2018 年 11 月,NBA 球队萨克拉门托国王队就使用了 Verizon(美国第二大电信运营商)的 5G 技术进行了 360° 赛事直播。对于用户来说,360° 直播可以为他们提供更多的细节,也可以让更多的数据类信息简单地表现在自己的眼前。2019 年 3 月 27 日,在重庆都市旅游节上,重庆移动展示了 5G 技术索道 VR 超感景区体验项目,通过引入 5G 无线网络技术,借助 360° 全景高清 VR 作为呈现方式,把传统景点的运营模式与最前沿的通信技术巧妙结合,向游客提供了长江索道 VR 的超感体验;在 2019 年春晚直播中,VR 也扮演了重要角色,2019 年央视春晚第一次采用了 4K 超高清级别的"AR 虚拟技术",屏幕上的虚拟技术效果有了质的提升,通过真实物理运算的技术引擎,电视机前的观众欣赏到了接近真实世界的虚拟效果,并实现了与春晚节目的实时互动。

目前,VR/AR 技术在电商直播领域也开始发力,相比于传统直播形式,借助 VR/AR 设备的虚拟直播自由度更大、效果更好。传统直播受限于技术,主要依靠人物讲解,一旦碰到旅游产品推广,直播效果就很难触达消费者。而虚拟直播使用 VR/AR 技术,采用 AR 三维建模将背景模拟出来,再利用 VR 全景视频来补充展示一些消费者无法看到的内容,让他们身临其境,吸引他们下单。但这种全新的直播方式想要实现起来其实也很不容易。首先,目前直播端的成本较高,一般的主播很难在技术上实现;其次,消费端的门槛较高,需要内容端、平台、消费端的协同工作。

2. 与 AI 技术的融合

虚拟现实与人工智能同为新一代关键性技术,对加速我国产业转型、催生新的经济增长点具有重要意义。习近平总书记在 2018 年 10 月南昌举办的首届世界 VR 产业大会的致贺信中指出:新一轮科技革命和产业变革正在蓬勃发展,虚拟现实技术逐步走向成熟,拓展了人类的感知能力,改变了产品形态和服务模式。中国正致力于实现高质量发展,推动新技术、新产品、新业态、新模式在各领域的广泛应用。中国愿加强虚拟现实等领域的国际合作与交流,共享发展机遇,共享创新成果,努力开创人类社会更加智慧、更加美好的未来。

中国工程院院士赵沁平在 2017 年 11 月青岛举办的国际虚拟现实创新大会上发表了《虚拟现实发展现状、趋势及未来影响》的主题演讲,指出:虚拟现实是一项可能的颠覆性技术,虚拟现实与人工智能的融合是趋势之一,由于 VR 和 AI 技术的快速进步,以及 VR 应用领域的日益拓展及其对 VR 系统功能智能化的不断提高,AI 技术开始融入 VR 系统,并逐渐成为 VR 的一部分,VR 也由 3I 发展到 4I。此外,赵沁平院士阐释了虚拟现实智能化的三个方面,分别是虚拟对象智能化、VR 交互方式智能化、虚拟现实内容研发与生产智能化。

虚拟对象智能化主要体现在三个方面:一是虚拟实体逐渐向虚拟孪生过渡,二是虚拟化身向虚拟人过渡,三是虚拟环境向虚拟人体过渡,虚拟人体是虚拟现实的终极目标。所谓虚拟人体,便是对真实人体进行动静态多源数据采集,并通过几何、物理、生理和智能建模构建的数字化人体。人体各种尺度单元的生理模型和人脑及其智能特征模型是虚拟人体的终极研究目标,而微秒级过程的仿真和千亿级脑神经元系统的模拟是对计算能力的巨大挑战。虚拟对象的智能化离不开建模技术,未来这项技术会由模型固化向可演化进化孪生方向发展,由几何、物理向生理、智能发展。

VR 交互智能化则体现在交互方式的改变上。现有的 VR 交互强调交互的通道和方式,智能交互则是强调交互的感知、识别和理解。传统 VR 交互方式是人—机—人,而"VR 交互+智能交互"将会通过视觉、听觉、嗅觉等增强方式带来交互的全新方式:由人—人直接进行交互,届时,VR 将成为真正的 VR,或者说使虚拟成为真正的现实。

虚拟现实内容研发与生产智能化中,人工智能将提升虚拟现实制作工具、开发平台的智能化及自动化水平,提高建模效率,提升 VR 内容生产力。两种技术的融合发展将开辟新一代信息技术产业新的增长源泉。目前 VR 各种内容制作的生产力低下,原因之一是 VR 建模、绘制、修补等生产环节的工具和开发平台的自动化、智能化程度低,提高 3D 建模等 VR 内容环节的效率,提升智能化、自动化水平是一个需要研究的方向。

目前,越来越多的企业、高校、研究所在国家相关激励政策的扶持下,积极开展虚拟现实技术与人工智能技术融合发展的创新创业活动,通过主攻关键技术、坚持需求导向、积极培育创新产品和服务,加强虚拟现实、人工智能在医学、教育、制造、文旅、住房、交通等领域的产业化应用。2019 年 1 月 5 日,由西北工业大学太仓长三角研究院和域圆科技共同成立的虚拟现实与人工智能研究院正式投用,该研究院依托西工大的人才优势和技术优势,瞄准高端智能制造与国防军事行业,打造长三角虚拟现实与人工智能产业高地。

2019 年 3 月 20 日,由微软与崂山区联合主办的"微软助力青岛'高端制造业+人工智能'峰会"在青岛举行,国内首家基于微软人工智能及虚拟现实技术的公共服务平台正式在崂山启用。这也是微软在中国设立的唯一一家人工智能及虚拟现实公共服务平台,助力崂山区打造国家级虚拟现实产业中心和人工智能产业示范区。

3. 与大数据的融合

近年来,虚拟现实技术正在快速激增,VR 已经渗透到了视频游戏、电影甚至社交媒体中,它迅速推动用户进入 3D 世界。可视化对数据的理解至关重要,VR 让用户以更自然和直观的方式将自己沉浸在数据中,可以想象,大数据可视化的这场革命可能会给现实世界带来相当大的变化。

在 2D 屏幕实现大量数据可视化几乎是不可能完成的任务,VR 提供了一种替代方法。如果你能够站在海量数据的中心,走向一个数据点,然后飞向异常值,你觉得怎么样?通过 VR 技术,你真的可以走向你的数据,以不同的角度查看数据点。

数据对于许多企业的发展至关重要,虽然电子表格、饼图和条形图在理解数据方面发挥了作用，但它只是触及数据含义的表面，企业一直在寻找解释大数据的新方法，VR 有可能改变大数据的表现方式。

可视化数据是一个新的前沿，VR 可以将其整体提升到一个新的水平。VR 使数据更具互动性，因为员工可以通过 VR 技术获得物理和数字结对。数字结对方法非常强大，特别是对拥有大量库存和物理资产的管理公司而言，通过 VR 数据可视化，支持用户一目了然地查看大量数据，确定哪个数据与项目最相关。简而言之，VR 可以更容易、更快速、更全面地理解大数据，从而更好地制定决策。

很多资源丰富的大公司已经在使用 VR 的沉浸式功能来解决复杂问题。几年前，在 VR 最早倡导者之一 Creve Maples 的帮助下，Goodyear 公司利用虚拟现实技术分析他们在比赛中表现不佳的原因。Maples 博士及其团队创建了一个虚拟环境，在这个环境中，Goodyear 公司的车辆和轮胎被复制，他们实时放大了轮胎的变化，例如轮胎的压力变化，这种沉浸式体验让很多重要数据变得更容易识别，Goodyear 很快发现问题的根源。

交互性是理解大数据的关键，毕竟，如果没有动态处理数据的能力，拟真就没有太多意义。几十年以来，人们一直在使用静态数据模型来了解动态数据，但 VR 提供了动态处理数据的能力。通过使用 VR，用户可以触摸数据，大数据将成为一种触觉体验，这使得它更容易被理解和操纵。

当数据以更自然和拟真的方式呈现时，人类更容易理解数据，这甚至可以提高在特定时间内处理的数据量和对数据的发现。GE 公司表示，VR 有能力以更"同理"的方式组织数据，因为 3D 数据不太可能向用户大脑加载不可理解的事实和数字。

Masters of Pie 展示了他们的 VR 技术，在他们的演示中突出展示了用户可即刻修改数据的能力，测试该技术的大数据研究员表示，可在"一瞥之下"看到四倍于日常文件的信息量。

大数据已经是我们生活的重要组成部分，而 VR 可帮助我们重塑与大数据的关系，并可能增强我们的数据分析能力。VR 正让数据变得拟真和交互，此外，它还可增加我们可摄取的信息量，并让我们更好地了解数据。随着可用信息量的扩大，我们必须找到更有效的技术来分析数据，而 VR 可帮助我们做到这一点。

HTC 董事长兼首席执行官王雪红女士表示虚拟现实技术提供给人们一个进入"全新世界"的通路，这个通路资源无限且完全不受约束，它的发展前景只取决于人们的创新思维与想象力的广度与宽度。虚拟现实技术的快速发展以及大数据的推进将颠覆以前被束缚的思想，也能让我们梦想成真。

谷歌与设计工作室 Pitch Interactive 合作，为 Flourish(一款数据可视化工具)的新闻工作室用户制作免费的虚拟现实模板，任何记者都可以使用这个模板，并应用不同的数据。在以传统方式实现的过程中，使用不同的数据来创建相同的视觉效果是一项需要开发者参与的棘手工作，Flourish 令这一切变得简单，因为视觉可以重新被利用，或者开发者可以添加图片说明和引导用户踏上一次视觉之旅，通过创建"故事"来讲述这个视觉图形。借助 Flourish，没有编程经验的记者都可以制作高端的交互式图形和故事，无需任何的技术支持。

4. 与 BIM 的融合

BIM(Building Information Modeling)是指建筑信息模型数据化，是以建筑工程项目各项相关信息数据作为模型基础,进行建筑模型建立,通过数字信息仿真模拟建筑物所具有的真实信息,它具有可视化、协调性、模拟性、优化性和可出图性五大特点。BIM 受益于国家政策支持、工业 4.0 需求以及互联网技术进步的推动,可提高生产效率、节约工程造价、缩短建设工期。应用 BIM 进行项目管理有助于协助各施工部门的沟通,加强成本管理和安全管理,降低工程复杂度,缩短工期,加速资金周转。BIM 将成为建筑供给端,同时也是最前端(设计环节),成为引领行业变革的重要推动力之一。随着 BIM 受到的热烈欢迎,不少新兴产品以及黑科技也伴随着 BIM 应运而生。VR 技术可提升 BIM 的应用效果并加速其技术推广,在西方的工业设计中该技术已得到实际应用,在我国目前的智慧城市、室内装饰、3D 模拟中都会看到 VR 在 BIM 中的应用体现。

借用前沿的虚拟现实设备,不仅能让体验者和抽象的三维世界进行沟通,同时也丰富了设计师们对于建筑表达与展示的手段。BIM 技术已经很方便地实现了可视化,而与 VR 技术的结合,更是把可视化展示到完美。在虚拟环境中,建立周围场景、结构构件及机械设备等的虚拟模型,形成基于计算机的具有一定功能的仿真系统,让系统中的模型具有动态性能,通过对系统中的模型进行虚拟装配,并且根据虚拟的装配结果,在人机交互的可视化环境中实现对施工方案的修改。同时,利用虚拟现实技术可以对不同方案在短时间内作大量分析,从而保证施工方案最优化。借助虚拟仿真系统,把不能预演的施工过程和方法表现出来,不仅节省了时间和建设投资,还大大增强了施工企业的投标竞争力。

虽然现在的 BIM 模型已经很好地表达了建筑的形状和样式,但是跟真实的建筑产品在视觉上的呈现还是有差别的,而 VR 则正好能弥补视觉上的这个弱点,给用户以更真实的视觉体验。VR 沉浸式体验加强了具象性及交互功能,大大提升了 BIM 的应用效果,从而推动了其在建筑设计方面的加速推广和应用,加强了 BIM 模型的可视性与交互性,解决了 BIM 数据可视化"最后一公里"的问题。

VR 能将 BIM 建筑模型的表皮渲染得非常逼真,在交互体验上更接近生活实际,但是数据、信息等实质性的内容却被屏蔽了,而 BIM 可以弥补其短板,二者相结合做出来的场景,不单单带来视觉和触觉的极致体验,而是可以切实地通过看到的内容解决实际工程问题。

不仅如此,"BIM + VR"还能加速推进建筑行业转型,让建筑变得触手可及。"BIM + VR"除了能解决建筑行业最大的痛点——"所见非所得"和"工程控制难",提供统筹规划、资源整合、构建具象化的开发环境之外,系统化的 BIM 平台还能将建筑设计过程信息化、三维化,同时加强建筑施工过程的项目管理能力。VR 在 BIM 的三维模型基础上加强了可视性和具象性,通过构建虚拟展示,为使用者提供交互性设计和可视化印象。

对于 BIM 厂商而言,如果搭载了 VR 技术,BIM 系统就能提供沉浸式体验,从而有效提高资源的整合能力,提升产品的竞争力,并通过引入强大的新型 3D 引擎,大幅提高画面的渲染效果,实现构件的真实物理属性和机械性能。基于 VR 技术与基建 BIM 系统的对接,工程模型和数据能实现实时无缝双向传递,在虚拟场景中对构件进行任意编辑。

BIM + VR 的结合在设计前期方案评审中有助于规避设计风险,并在施工中进行三维方案模拟,模拟存在安全风险的方案,减少事故率,从而提高整个项目的管理水平。

BIM 与 VR 相结合,未来将会成为设计企业的核心竞争力之一,将会对建筑设计产生革命性的推动作用，主要表现在四个方面：提升渲染真实度，增强整个 BIM 模型的展示效果；提升 VR 插件动作捕捉显示沉浸和显示分辨率；推广 BIM + VR 在建筑营销方案；推广 BIM + VR 施工方案。在整个设计阶段，BIM 与 VR 的结合可以使项目的设计、建造、运营过程中的沟通、讨论和决策都可在可视化的状态下进行，这将会对提高生产效率和工程质量、缩短项目周期起到积极的作用。

 项目任务

任务 1　今昔对比看发展

任务描述

　　虚拟现实技术一经问世，人们就对它产生了浓厚的兴趣。2016 年被称为 VR 元年，此后 VR 的市场规模呈现爆发式增长。有专家认为：20 世纪 80 年代是个人计算机时代，20 世纪 90 年代是网络、多媒体的时代，而 21 世纪初是虚拟现实技术的时代。近几年来，VR 技术已经开始在教育、军事、医疗、娱乐、房地产等诸多领域得到越来越广泛的应用，给整个社会带来了巨大的经济效益。

任务实施

　　试以虚拟现实技术的典型应用为例，通过回顾、调查和讨论等方式分析现存的虚拟现实技术应用及其引入前、后带来的各种变化，为人类经济生活带来的各种便利，并分析其优缺点(见表 7-2)。

表 7-2　虚拟现实技术典型应用案例对比

案例应用	引入前的方式	现在的方式	优缺点
网上购物			
影视			
游戏			
教育教学			
医疗手术			
房地产			
航空航天			

任务 2　了解常见 VR 头显

任务描述

　　19 世纪英国著名的物理学家查尔斯·惠斯通(Charle Wheatstone)爵士于 1838 年发现并

确定了立体图原理(Principle of Stereo Graph)，此原理阐明了双目视觉的实现机制，由此他构建了一种由棱镜和平面镜组成的器材，使人可以从一对二维图像中观察到三维效果，这一原理实际上就是目前一些简易 VR 产品(如 Google Carboard，谷歌 VR 纸盒)的工作原理。

惠斯通在此理论基础上发明了观察立体图像的眼镜，这一产物至今仍被用于观察 X 射线和航空拍照。除此之外，惠斯通对双目视觉、反射式立体镜等进行了深入研究，探究了视觉可靠性的根源问题。他对人眼的视觉、色觉等生理光学的问题也作了正确的阐述。

简单来说，本质上 VR 头显就是一个显示器，不过这是一个带有各种传感器的高级显示器。头显左、右眼屏幕分别显示左、右眼的图像，人眼获取这种带有差异的信息后会在脑海中产生立体感，从而让自己觉得周围的环境发生了变化。

所谓的外接式 VR 头显，就是依靠外接计算机，让计算机作为运行和存储的"大脑"，外接式头显本身只具备显示相关图像的功能。外接式头显是目前市面上技术含量最高、沉浸感最强、使用体验最佳的虚拟现实头显类型，比如 HTC Vive、Oculus Rift、PlayStation VR、3Glasses、蚁视 VR 头显、大朋 VR 头显、小派 VR、PicoVR 等都是外接式头显的代表作。

VR 一体机头显，顾名思义，就是具备独立处理器的 VR 头显，不需要手机、电脑配合就能单独使用的 VR 头显具备了独立运算、输入/输出功能，相当于集成了"智能手机 + VR 光学系统 + 传感器 + 体感手柄"，其主要优势是方便、灵活，缺点是由于内核根本上还是智能手机，所以往往性能不强。

与配置高端但价格昂贵的外接 PC 头盔、价格便宜但效果粗糙的 VR 手机盒子相比，在效果与价格之间取得了较好平衡的 VR 一体机开始受到越来越多使用者的青睐。另一方面，随着相关技术的不断改进和完善，VR 一体机在不断提升产品性能、提高画面分辨率、丰富 VR 资源的同时，因为没有连接线的束缚，其愈发轻盈的设计也使得使用者佩戴起来更加轻便、舒适，这也极大地缓解了之前使用者在 VR 体验上的痛点。

任务实施

大家可以通过百度等搜索引擎来完成该任务，并填写表 7-3 和表 7-4。

表 7-3 外接式 VR 头显

品　牌	主要参数(处理器、分辨率、刷新频率、视场角等)	产品截图	优缺点
HTC Vive 系列			
Oculus Rift 系列			
PlayStation VR			
3Glasses			
蚁视 VR			
大朋 VR			

表7-4　VR 一体机头显

品　牌	主要参数(处理器、分辨率、刷新频率、视场角等)	产品截图	优缺点
HTC Focus3			
Oculus quest2			
Pico Neo3			

 项目小结与展望

通过本项目的学习，可以了解虚拟现实技术的基本概念、虚拟现实的特点和组成、虚拟现实系统的分类以及其几个典型应用领域，并对虚拟现实技术的发展趋势进行了介绍。随着新技术的不断发展，虚拟现实技术与其他新技术(如 5G、AI 等)也实现了进一步的融合，本项目最后通过两个小任务了解了虚拟现实技术的典型应用和常见的 VR 设备。

随着虚拟现实技术的持续发展，元宇宙(Metaverse)的概念在 2021 年被大肆渲染，而 2021 年也被业内人士称为元宇宙元年。著名的 Facebook 公司也将公司名称改为 Meta。其实元宇宙并不是一个新的概念，它更像是一个经典概念的重生。1992 年，美国著名科幻大师尼尔·斯蒂芬森在其小说《雪崩》中这样描述元宇宙："戴上耳机和目镜，找到连接终端，就能够以虚拟分身的方式进入由计算机模拟、与真实世界平行的虚拟空间。"

元宇宙是在扩展现实(XR)、区块链、云计算、数字孪生等新技术下的概念具化。当然，核心概念缺乏公认的定义是前沿科技领域的一个普遍现象。元宇宙虽然备受各方关注和期待，但同样没有一个公认的定义。回归概念本质，可以认为元宇宙是在传统网络空间基础上，伴随着多种数字技术成熟度的提升，构建形成的映射、独立于现实世界的虚拟世界。同时，元宇宙并非是一个简单的虚拟空间，而是把网络、硬件终端和用户囊括进一个永续、广覆盖的虚拟现实系统之中，系统中既有现实世界的数字化复制物，也有虚拟世界的创造物。

当前，关于元宇宙的一切都还在争论中，从不同视角去分析会得到差异性极大的结论，但元宇宙所具有的基本特征则已得到业界的普遍认可。

 课后练习

1. 选择题

(1) 虚拟现实技术的特征有(　　)。

A. 沉浸性　　　　B. 想象性　　　　C. 开放性　　　　D. 交互性

(2) 典型的虚拟现实系统主要由(　　)组成。

A. 虚拟世界生成设备　　　　　　B. 感知设备

C. 跟踪设备　　　　　　　　　　D. 人机交互设备

(3) 根据用户参与虚拟现实的不同形式以及沉浸程度的不同，可以把各种类型的虚拟现实系统划分为(　　)。

 A. 桌面虚拟现实系统　　　　　　　　　　B. 沉浸式虚拟现实系统

 C. 增强虚拟现实系统　　　　　　　　　　D. 分布式虚拟现实系统

(4) 虚拟现实技术的发源地是(　　)。

 A. 美国　　　　　　B. 中国　　　　　　C. 法国　　　　　　D. 欧洲

(5) 阿里巴巴于 2016 年推出全新购物概念是(　　)。

 A. Alibaba　　　　B. Taobao　　　　　C. Buy+　　　　　D. Tmall

(6) 虚拟现实(Virtual Reality)一词由(　　)正式提出。

 A. 马云　　　　　　　　　　　　　　　　B. 拉尼尔

 C. 钱学森　　　　　　　　　　　　　　　D. Ivan Sutherland

(7) 我国 VR 技术研究始于(　　)。

 A. 20 世纪 90 年代初　　　　　　　　　B. 20 世纪 80 年代初

 C. 20 世纪 70 年代初　　　　　　　　　D. 20 世纪 60 年代初

2. 简答题

(1) 简述虚拟现实的概念。

(2) 虚拟现实有哪些特点？

(3) 虚拟现实系统有哪些组成部分？

(4) 虚拟现实技术为什么能在众多领域得到广泛应用？

(5) 随着 5G、AI 等新一代信息技术的发展，虚拟现实技术将得到怎样的发展？

(6) 3R 技术的异同有哪些？

3. 应用题

(1) 谈谈你对虚拟现实技术未来发展趋势的看法。

(2) 根据你自身的理解，探讨一下当前虚拟现实技术发展存在的问题。

(3) 结合自身体验，谈谈你感兴趣的虚拟现实应用在哪些方面存在优势。

项目 8　　区块链技术

项目背景

在大型商场内，我们可以看到商品的包装上贴着产品的溯源二维码，扫码后会出现商品的信息详情，包括产品产地、流通环节、检验检疫证明编号、核酸检测抽检报告等。那么，这些信息的可信性如何？普通用户怎么分辨此类信息的真实性呢？

现在，我们可以结合区块链技术来生成一个溯源码，如图 8-1 所示。区块链溯源码提供了特有的技术性背书，提升了产品溯源的真实性，满足了更深层次的溯源标准要求，提升了产品竞争力。相比于传统溯源系统，区块链溯源摒弃了中央式数据存储方式，把区块链作为数据存储核心，让每一份关键节点数据分布在大量的数据网点之上，从技术理论上看，具有不可篡改性，从而提升了消费者与终端用户对于溯源数据的信任程度。

图 8-1　区块链溯源码示例

区块链作为分布式数据存储、点对点传输、共识机制、加密算法等技术的集成应用，被认为是继大型机、个人电脑、互联网之后对计算模式的颠覆式创新，很可能在全球范围引起一场新的技术革新和产业变革。

目前，区块链技术被很多大型机构称为彻底改变业务乃至机构运作方式的重大突破性技术。同时，对比于云计算、大数据、物联网等新一代信息技术，区块链技术并不是某种单一的信息技术，而是在原有技术基础上加以独创性的组合及创新而诞生的技术。

我们可以从以下两点定位区块链技术。首先，区块链技术是创建信任的技术。"代码即法律""代码即信任"是区块链领域经常提及的两句话，也是区块链领域的核心和精髓，是"信任的共识"。区块链技术表面上解决的是技术性的问题，本质上解决的是信任的问题，是基于代码的信任、不可篡改的信任、广而告之的信任，是在一个缺乏信任的环境下建立信任和传递信任。其次，区块链体现的是生产关系。数据是重要的生产要素，数据等生产要素归谁拥有，将直接影响生产关系。人工智能等新一代技术的作用是促进生产力提升，而区块链技术改变了数据归谁所有，直接影响了生产关系。区块链以一种技术的形式，重新构建了商业关系甚至生产关系，它是人类有史以来在构建商业关系和生产关系方面最伟大的发明。区块链为人类社会突破以往的商业模式、商业逻辑和生产组织关系提供了全新的模式、平台和技术实现的路径及工具。通过数据上链的形式，个体的权益被保护。通过授权与被授权的形式，个体可以参与到整体的发展中，甚至可以参与整体发展的决策过程，影响或推动整体的发展，并且从整体发展的收益中获取到自己原来被剥夺的应有权益。

因此，很多应用领域需要区块链技术。我们可以通过区块链技术去构建或者改造原有系统，实现社会化、网络化的可信协作，实现可信的数据存储、保护、授权、交易等。本项目首先介绍区块链的"前世今生"，然后详细介绍区块链的相关知识。

思维导图

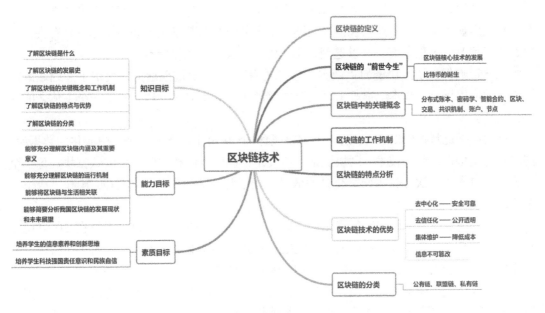

项目延伸

✍️ 项目相关知识

8.1　区块链的定义

项目微课

区块链(Blockchain)是一种去中心化的分布式账本数据库，没有数据中心，数据存储的每个节点都会同步复制整个账本，信息透明且不可篡改。

最近几年区块链技术的关注度和曝光度持续上升，区块链的热潮席卷了各行各业，成为当下最热门的信息技术之一。我国也大力支持发展区块链技术，特别是 2021 年 3 月推出的"十四五"规划纲要中，区块链被列入七大数字经济重点产业之一，区块链技术的主要发展目标是推动智能合约、共识算法、加密算法、分布式系统等区块链技术的发展创新。

那么，到底什么是区块链？

根据工信部指导发布的《区块链技术和应用发展白皮书》的解释：狭义地讲，区块链是一种按照时间顺序将数据区块以顺序相连的方式组合成的一种链式数据结构，并以密码学方式保证不可篡改和不可伪造的分布式账本；广义来讲，区块链技术是利用链式数据结构来验证和存储数据、利用分布式节点共识算法来生成和更新数据、利用密码学的方式保证数据传输和访问的安全性、利用由自动化脚本代码组成的智能合约来编程和操作数据的一种全新的分布式基础架构与计算模式。

从科技视角来看，区块链涉及数学、密码学、互联网和计算机编程等很多科学技术问题。从应用视角来看，简单来说，区块链是一个分布式的共享账本和数据库，具有去中心化、不可篡改、全程留痕、可以追溯、集体维护、公开透明等特点。

上述特点保证了区块链的"诚实"与"透明"，为区块链创造信任奠定了基础。区块链丰富的应用场景，基本上都基于区块链能够解决信息不对称问题，实现多个主体之间的协作信任与一致行动。

区块链是比特币(Bitcoin)中的一个重要概念，区块链本质上是一个去中心化的数据库，同时作为比特币的底层技术。区块链是一串使用密码学方法相关联产生的数据块，每一个数据块中包含了一次比特币网络交易的信息，用于验证其信息的有效性(防伪)和生成下一个区块。

大部分观点认为，区块链技术由中本聪发明。其实不然，区块链技术早在 20 世纪七八十年代就有了。只不过中本聪创造性地把分布式存储和加密技术结合发明了比特币，而因为比特币的价格一路攀升才逐渐为人们所重视和熟知。

提起区块链不能不提比特币，但是比特币不等于区块链，比特币只是区块链技术的应用之一；区块链也不等于各种数字货币，各种数字货币只是区块链经济生态和模型中的一部分。区块链技术的应用不一定非要有币，但是必须承认，因为有了比特币和各种币形成的财富效应，区块链技术才得以更快、更广泛地引起人们的关注、认识，也客观上推动了实际应用的发展。

图 8-2 的区块链—分布式账本示意图，构成区块链网络的节点(Node)都记录着相同

的分布式账本。每个节点中的账本数据都是由多个区块(Block)通过链式串联而成的，所以取名为区块链。如何使网络中各个计算节点的账本保持一致的算法，就是通常所说的共识算法。

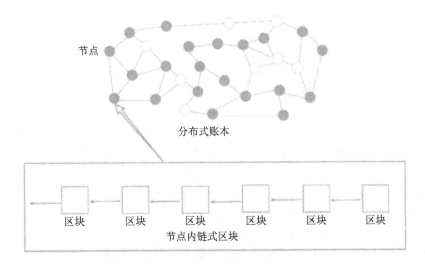

图 8-2 区块链—分布式账本示意图

8.2 区块链的"前世今生"

1. 区块链核心技术的发展

1976 年，是区块链史前时代元年，正是在这一年正式开启了整个密码学的发展，包括密码学货币的发展。贝利·惠特菲尔德·迪菲(Bailey W. Diffie)和马丁·赫尔曼(Martin E. Hellman)两位密码学的大师发表了论文《密码学的新方向》，论文覆盖了未来几十年密码学所有的新的进展领域，包括非对称加密、椭圆曲线算法、哈希算法等，奠定了迄今为止整个密码学的发展方向，也对区块链的技术和比特币的诞生起到了决定性作用。同年，哈耶克(Hayek)出版了他人生中最后一本经济学方面的专著《货币的非国家化》。

1977 年，著名的 RSA 算法诞生。这是 1976 年《密码学的新方向》的自然延续，三位发明人也因此在 2002 年获得了图灵奖。(注：三位发明人是罗纳德·李维斯特(Ron Rivest)、阿迪·萨莫尔(Adi Shamir)和伦纳德·阿德曼(Leonard Adleman)，当时他们三人都在麻省理工学院工作。RSA 就是以他们三人姓氏开头的字母拼在一起组成的。)

1980 年，默克尔·拉尔夫(Merkle Ralf)提出了默克尔树(Merkle-tree)数据结构和相应的算法。后来默克尔树的主要用途之一是分布式网络中数据同步正确性的校验，这也是比特币中引入用来做区块同步校验的重要手段。

1982 年，兰波特(Lamport)提出拜占庭将军问题，标志着分布式计算的可靠性理论和实践进入了实质性阶段。

1982 年，密码朋克的"主教"级人物大卫·乔姆(David Chaum)发明了密码学匿名现金系统 Ecash。乔姆认为分布式的、真正的数字现金系统应该为人们的隐私加密。

1985 年，科布利茨(Koblitz)和米勒(Miller)各自独立提出了著名的椭圆曲线加密(ECC)算法。由于此前发明的 RSA 的算法计算量过大而难以实用，ECC 的提出才真正使得非对称加密体系产生了实用的可能。直到 1985 年，也就是《密码学的新方向》发表后 10 年左右的时候，现代密码学的理论和技术基础才完全确立。

1992 年，默克尔通过引入"允许在单个块中收集多个文档"的概念使区块链更加高效，并创建了一个安全的块链，其中存储了连接的数据系列。虽然这项技术在 2004 年被关闭，但最新纪录包含了整个链条的历史。

1997 年，英国的密码学家亚当·贝克(Adam Back)发明了哈希现金(Hash Cash)，其中用到了工作量证明系统(Proof of Work)。工作量证明系统是比特币的核心理念之一。

1997 年，哈伯(Haber)和斯托尼塔(Stornetta)提出了一个用时间戳的方法保证数字文件安全的协议。这个协议也成为比特币区块链协议的原型之一。时间戳最大的特点就是当一个虚拟货币被交易时，如果被盖上时间戳，它就不能被改动。

1998 年，密码学专家戴伟(Dai Wei)发明了 B-money。B-money 强调点对点的交易和不可更改的交易记录，网络中的每一个交易者都保持对交易的追踪。

1998 年，Ecash 宣布倒闭。工作量证明系统不能保证数字货币是否交易过很多次；时间戳这个技术协议只被政府小范围应用；B-money 系统中，戴伟并没有解决账本同步的问题。

2001 年，NSA 发布了 SHA-2 系列算法，其中就包括目前应用最广的 SHA-256 算法，这也是比特币最终采用的哈希算法。也就在这一年，比特币和区块链技术诞生的所有技术基础在理论上、实践上都被解决了，比特币呼之欲出。

2004 年，PGP 加密公司的顶级开发人员哈尔芬妮(Hal Finne)推出了电子货币"加密现金"，在其中采用了可重复使用的工作量证明机制(RPOW)。但是，哈尔芬妮的设想仍无法支撑一种世界型的虚拟货币的产生。

2. 比特币的诞生

2008 年 11 月，中本聪发表了著名的论文《比特币：点对点的电子现金系统》。他认为之前的虚拟货币失败的最重要的原因是，这些虚拟货币都有一个中心化的结构，所有的交易数据都会汇总到公司的数据中心，和政府发行的货币没有什么两样。一旦为虚拟货币背书的公司倒闭，或者总账本的中央服务器被黑客攻破，这个虚拟货币就会面临崩溃的风险。中本聪对大卫·乔姆的 Ecash 进行了优化，综合了时间戳、工作量证明机制、非对称加密技术、UTXO(Unspent Transaction Output，未花费的交易输出)的结构，最终发明了比特币。图 8-3 所示为比特币的组成。

图 8-3　比特币的三个组成部分

2009 年 1 月：中本聪用"The Times 03/Jan/2009 Chancellor on brink of second bailout for banks."(2009 年 1 月 3 日，财政大臣正处于实施第二轮银行紧急援助的边缘)这句话，像魔咒一样开启了比特币的时代。

2010 年 9 月，第一个矿场玛瑞克·帕拉蒂娜斯(Marek Palatinus)发明了多个节点合作挖矿的方式，成为比特币挖矿这个行业的开端。在此之前的 2010 年 5 月，1 万比特币才值 25 美元，如果按照这个价格来计算，全部的比特币(2100 万)也就值 5 万美元，集中投入挖矿显然是没有任何意义的。因此，建立矿池的决定就意味着有人认定比特币未来将成为某种可以与真实世界货币相兑换、具有无限增长空间的虚拟货币，这无疑是很有远见的。

2011 年 4 月，比特币官方有正式记载的第一个版本 0.3.21 发布，这个版本非常初级，然而意义重大。因为只有实现了我们日常使用的 P2P 软件的能力，比特币才能真正地登堂入室，进入寻常百姓家，让任何人都可以参与交易。

2013 年，比特币发布了 0.8 的版本，这是比特币历史上最重要的版本，它整个完善了比特币节点本身的内部管理、网络通信的优化。也就是在这个时间点以后，比特币才真正支持全网的大规模交易，成为中本聪设想的电子现金，真正产生了全球影响力。

由上述可见，区块链不是一个单一的技术，它是一系列技术的集合。比特币只是区块链技术的首次大规模应用的典型案例。未来区块链技术可以应用到金融服务、社会生活等众多领域。

8.3　区块链中的关键概念

1. 分布式账本

账本主要用于管理账户、交易流水等数据，支持分类记账、对账、清结算等功能。在多方合作中，多个参与方希望共同维护和共享一份及时、正确、安全的分布式账本，以消除信息不对称，提升运作效率，保证资金和业务安全。而区块链通常被认为是用于构建分布式共享账本的一种核心技术。通过链式的区块数据结构、多方共识机制、智能合约、世界状态存储等一系列技术的共同作用，可实现一致、可信、事务安全、难以篡改、可追溯的分布式账本。

区块链最吸引人的是其分布式存储的机制，即去中心化的思想。分布式账本构建了区块链的框架，它本质是一个分布式数据库，区块链中每一个区块上的信息记录，都是由参与记账的每一台电脑即节点通过竞争记录的，其背后并没有任何企业、公司来管理。

区块链由众多节点共同组成一个端到端的网络，不存在中心化的设备和管理机构，节点间数据交换通过数字签名技术进行验证，无需人为式的互相信任，只要按照既定的规则进行。节点间也无法欺骗其他节点。因为整个网络都是去中心化的，每个人都是参与者，每个人都有话语权。

为了防止某些恶意节点来搞破坏，对于采用 PoW 共识机制的区块链中的新数据的修改，至少也需要有 51%的节点同意，因此某个节点想篡改数据是很难的。

2. 密码学

作为一个可以传输价值的区块链，如果安全仅靠节点数取胜，当然令人难以置信，因此区块链采用了一个撒手锏——密码学。密码学中的非对称加密技术是保障安全的重要部分。对称加密就相当于开门和锁门用了同一把钥匙。非对称加密则相当于开门和锁门用了两把不同的钥匙，一个叫公钥，一个叫私钥。用公钥锁门，只有私钥可以开门；而用私钥锁门，也只有公钥可以开门。公钥是公开的，任何人都可以获取；私钥是保密的，只有拥有者才能使用。他人使用你的公钥加密信息，然后发送给你，你用私钥解密，取出信息；反之，你也可以用私钥加密信息，别人用你的公钥解开，从而证明这个信息确实是你发出的，且未被篡改，这叫做数字签名。

公钥和私钥这两种密钥一般都存储在钱包里，私钥一旦丢失，资产也就荡然无存了。在区块链中，公钥和私钥的形成都是经过哈希算法和椭圆曲线算法等多重转化而成的，字符都比较长而复杂，因此比较安全。

此外，数据进入分布式数据库中，除了将数据打包，还需经过其他操作才能入库，底层的数据构架是由区块链密码学来决定的，打包好的数据块会通过密码学中的哈希函数处理成一个链式的结构，后一个区块包含前一个区块的哈希值。因为哈希算法具有单向性、抗篡改等特点，所以在区块链网络中的数据一旦上链就不可篡改，但数据可追溯。另外，账户也会通过非对称加密的方式进行加密，进而保证了数据的安全，且验证了数据的归属。

单个或多个数据库的修改是无法影响其他数据库的，除非超过整个网络51%的数据被同时修改，但这几乎是不可能发生的。区块链中的每一笔交易都通过密码学方式与相邻两个区块串联，因此可以追溯到任何一笔交易的"前世今生"。

区块链里所有的交易信息都是公开的，因此每一笔交易都对所有节点可见，由于节点与节点间是去中心化的，所以节点间无须公开身份，每个节点都是匿名的。

3. 智能合约

智能合约是编程在区块链上的汇编语言。通常人们不会自己写字节码，但是会用更高级的语言(如 Solidity、Javascript 等)来编译它。这些字节码给区块链的功能性提供了指引，因此代码可以很容易与它进行交互，如转移密码学货币和记录事件。

从用户角度来讲，智能合约通常被认为是一个自动担保账户。例如，当特定的条件满足时，程序就会释放和转移资金。

从技术角度来讲，智能合约被认为是网络服务器，只是这些服务器并不是使用 IP 地址架设在互联网上，而是架设在区块链上，从而可以在其上面运行特定的合约程序。

智能合约可以解决一些信任问题，将用户间的约定通过代码的形式固定下来，在代码中将条件罗列清楚，后将代码通过执行程序来实现。而区块链中的数据则可以通过智能合约进行调用，所以智能合约在区块链中起到了数据执行与应用的功能。

智能合约可帮助用户以透明、无冲突的方式交换金钱、财产、股份或任何有价值的物品，同时避免中间商的服务。智能合约甚至可能取代律师的服务。通过智能合约方式，资产或货币被转移到程序中，程序运行此代码，并在某个时间点自动验证一个条件，智能合约会自动确定资产或货币的转移动向。与此同时，分散账本也会存储和复制文件，使其具有一定的安全性和不变性。

智能合约具有以下特色：

(1) 自治——取消中间人和第三方，达成协议的人没有必要依赖经纪人、律师或其他中间人来确认。这样也就消除了第三方操纵的危险，因为执行是由网络自动管理的。

(2) 信任——文件在共享账本上加密。

(3) 备份——在区块链上，数据在每个节点上都有其备份。

(4) 安全——通过密码、网站加密等方式，保证文件安全，防止黑客的攻击。

(5) 速度——智能合约使用软件代码来自动执行任务，从而缩短了一系列业务流程的时间。

(6) 节省存储成本——智能合约可以节省你的资金，因为智能合约淘汰了中间人。

(7) 准确性——自动化合同不仅更快、更便宜，而且还避免了手工填写表格所产生的错误。

比喻智能合约的最佳方式是将技术与自动售货机进行比较。例如，人们会在自动售货机上投入 1 美元来获得苏打水。以同样的方式，通过智能合约，你可以通过将加密货币放入自动售货机来支付费用，即分类账和文档会放入你的账户。更重要的是，智能合约不仅以与传统合同相同的方式定义协议周围的规则和处罚，而且还自动执行这些义务。

就像任何其他新的系统协议一样，智能合约并不完美。使用智能合约有一些优点(如更高的效率)和缺点(如缺乏监管)。

使用智能合约的主要优势是它在处理文档时具有更高的效率。这归功于它能够采用完全自动化的流程，不需要任何人为参与，只要满足智能合约代码所列出的要求即可。其结果是节省时间，降低成本，交易更准确，且无法更改。

另外，智能合约去除了第三方干扰，进一步增强了网络的去中心化。

另一方面，智能合约的使用也会产生不少问题，如人为错误、完全实施有困难、不确定的法律状态等。虽然很多人把智能合约的不可逆转特性看作是它的主要好处，但也有人认为一旦出现问题便无法修改本身就是个问题。因为人类会犯错误，在创建智能合约时也一样，一些绑定协议可能包含错误，而它们是无法逆转的。此外，智能合约只能使用数字资产，在连接现实资产和数字世界时会出现问题。最后也是最重要的一点是，智能合约缺乏法律监管，只受制于代码约定的义务。缺乏法律监管可能会导致一些用户对网络交易持谨慎态度。

4. 区块

区块是按时间次序构建的数据结构，区块链的第一个区块称为"创世块"(Genesis Block)，后续生成的区块用"高度"标识，每个区块高度逐一递增，新区块都会引入前一个区块的 Hash(哈希)信息，再用 Hash 算法和本区块的数据生成唯一的数据指纹，从而形成环环相扣的块链状结构，称为"Blockchain"，即区块链。精巧的数据结构设计，使得链上数据按发生时间保存，可追溯可验证，如果修改任何一个区块里的任意一个数据，都会导致整个块链验证无法通过，因此篡改的成本会很高。

5. 交易

交易可认为是一段发往区块链系统的请求数据，交易的基本数据结构包括发送者、接收者、交易数据等。用户可以构建一个交易，用自己的私钥给交易签名，发送到链上，并通过共识机制在全网中进行确认及验证，然后交易将被打包到区块里，和状态数据一起落盘存储，该交易即为被确认，被确认的交易被认为具备了事务性和一致性。

和"写操作"交易对应，还有一种"只读"调用方式，用于读取链上的数据，节点收到请求后会根据请求的参数访问状态信息并返回，并不会将请求加入共识流程，也不会修改链上的数据。

6. 共识机制

为了保证节点共同正确地记账，区块链形成了一种重要的共识机制。共识机制是区块链领域的核心概念，没有共识算法，就无法构成区块链系统。区块链作为一个分布式系统，可以由不同的节点共同参与计算、共同见证交易的执行过程，并确认最终计算结果。协同这些松散耦合、互不信任的参与者达成信任关系，并保障一致性，持续性协作的过程，可以抽象为共识过程，所牵涉的算法和策略统称为共识机制。

因为分布式账本去中心化的特点，决定了区块链网络是一个分布式的结构，每个人都可以自由地加入其中，共同参与数据的记录。但与此同时，也衍生出了令人头疼的"拜占庭将军问题"，即网络中参与的人数越多，全网就越难以达成统一。于是就需要另一套机制来协调全节点账目保持一致，共识机制就制定了一套规则，明确每个人处理数据的途径，并通过争夺记账权的方式来完成节点间的意见统一，最后谁取得记账权，全网就用谁处理的数据。所以共识机制在区块链中起到了统筹节点的行为及明确数据处理的作用。

任何人都可以参与到区块链网络中，每一台设备都能作为一个节点，每个节点都允许获得一个完整的数据库，节点间都有一套共识机制，通过竞争、计算，共同维护整个区块链，任一节点失效，其余节点仍能正常工作，这相当于认可了你的游戏规则。比特币有比特币的共识机制，全球认可就可以参与比特币挖矿，因为你认可了它的共识机制，也可理解为认可它的游戏规则。比特币的规则就是进行庞大的运算，谁先计算出来就给谁奖励。

PoW(算法机制)是最初的一种共识机制，所有参与的节点通过比拼计算能力来竞争记账权，这是相对比较公平和去中心化的一种方式。但是所有人都参与，却只能选一个节点，会浪费大量资源和时间成本。

因此，后面又出现了PoS(权益证明机制)共识机制，持有数字货币时间越长，持有的资产越多，就越有可能获得记账权和奖励，节省了时间。但有人说这违背了去中心化的初衷，容易出现马太效应。之后出现了DPoS(委托权益证明机制)，节点选出代表节点来代理验证和记账，更加简单高效，但也有人说这也在一定程度上牺牲了一些去中心化。

7. 账户

在采用账户模型设计的区块链系统里，账户代表着用户、智能合约的唯一性存在。

在采用公私钥体系的区块链系统里，用户创建一个公私钥对，经过 Hash 等算法换算即得到一个唯一性的地址串，代表这个用户的账户，用户用该私钥管理这个账户里的资产。用户账户在链上不一定有对应的存储空间，而是由智能合约管理用户在链上的数据，因此这种用户账户也会被称为外部账户。

对智能合约来说，一个智能合约被部署后，在链上就有了一个唯一的地址，也称为合约账户，指向这个合约的状态位、二进制代码、相关状态数据的索引等。智能合约运行过程中，会通过这个地址加载二进制代码，根据状态数据索引去访问世界状态存储里对应的数据，根据运行结果将数据写入世界状态存储，更新合约账户里的状态数据索引。智能合约被注销时，主要是更新合约账户里的合约状态位，将其置为无效，一般不会直接清除该合约账户的实际数据。

8. 节点

安装了区块链系统所需的软硬件，加入到区块链网络里的计算机，可以称为一个"节点"。节点参与到区块链系统的网络通信、逻辑运算、数据验证，验证和保存区块、交易、状态等的数据的工作中，节点也能对客户端提供交易处理和数据查询的接口。节点的标识采用公私钥机制，生成一串唯一的 NodeID，以保证它在网络上的唯一性。

8.4 区块链的工作机制

1. 比特币的工作原理

以比特币为例，区块链的具体工作原理如下。

第一，节点构造新的交易，并将新的交易向全网进行广播。

一笔交易就是一个地址的比特币，转移到另一个地址。由于比特币的交易记录全部都是公开的，哪个地址拥有多少比特币，都是可以查到的，因此，支付方是否拥有足够的比特币，完成这笔交易，这是可以轻易验证的。

问题出在怎么防止其他人冒用你的名义申报交易。例如，有人申报了一笔交易：地址 A 向地址 B 支付 10 个比特币。如何确认此申报为真、申报人为地址 A 的主人？

根据比特币协议规定，申报交易时，除了交易金额外，转出比特币的一方还必须提供以下数据：

① 上一笔交易的 Hash(你从哪里得到这些比特币)；

② 本次交易双方的地址；

③ 支付方的公钥；

④ 支付方的私钥生成的数字签名。

第二，接收节点对收到的交易进行检验，判断交易是否合法；若合法，则将交易纳入一个新区块中。

验证交易是否属实，需要三步：

① 找到上一笔交易，确认支付方的比特币来源。

② 算出支付方公钥的指纹，确认与支付方的地址一致，从而保证公钥属实。

③ 使用公钥解开数字签名，保证私钥属实。

经过上面三步，就可以认定这笔交易是真实的。

第三，全网所有矿工节点(网络中具有对交易打包和验证能力的节点)对区块执行共识算法，选取打包节点。

确认交易的真实性以后，交易还不算完成。交易数据必须写入数据库，才算成立，对方才能真正收到钱。

比特币使用的是一种特殊的数据库，叫做区块链(Blockchain)。首先，所有的交易数据都会传送到矿工那里。矿工负责把这些交易写入区块链。根据比特币协议，一个区块的大小最大是 1 MB，而一笔交易大概是 500 B 左右，因此一个区块最多可以包含 2000 多笔交易。矿工负责把这 2000 多笔交易打包在一起，组成一个区块，然后计算这个区块的哈希，如表 8-1 所示。

表8-1　区　块　哈　希

数字码	哈希码	时刻	交易号	总比特币	容量
356987	141a6f95b2…	2015-05-18 13:28:14	1714	17353.00313324	749.227
356986	13cff723ec…	2015-05-18 13:11:53	2114	23805.24520712	749.204
356985	1128aa2601…	2015-05-18 12:27:49	597	6119.90095486	392.306
356984	140b0f27b9…	2015-05-18 12:20:14	1087	7849.33374079	544.102
356983	diea5bc1c7…	2015-05-18 12:08:01	830	7799.27270534	455.006
356982	76634652be…	2015-05-18 12:20:14	221	1706.08443753	152.745
356981	Ab5a643167…	2015-05-18 11:57:28 756	756	7245.57902445	372.38

　　计算哈希的过程叫做采矿,这需要大量的计算。矿工之间也在竞争,谁先算出哈希,谁就能第一个添加新区块进入区块链,从而享受这个区块的全部收益,而其他矿工将一无所获。

　　第四,该节点通过共识算法将其打包的新区块进行全网广播。

　　第五,其他节点通过校验打包节点的区块,经过数次确认后,将该区块追加到区块链中。

　　一笔交易一旦写入区块链,则无法更改。需建立一个观念:比特币不存放在钱包或其他别的地方,而是只存放于区块链上面。区块链记载了矿工参与的每一笔交易,他得到过多少比特币,又支付了多少比特币,因此可以算出他拥有多少资产。

　　即使区块链是可靠的,也存在尚未解决的问题。例如,当两个人同时向区块链写入数据,同时有两个区块加入,因为它们都连着前一个区块,就形成了分叉,如图8-4所示。这时应该采纳哪一个区块呢?

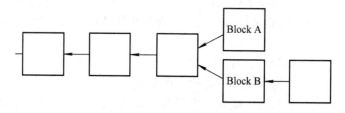

图 8-4　区块链分叉 1

　　按照现在的规则,新节点总是采用最长的那条区块链。如果区块链有分叉,则看哪个分支在分叉点后面,先达到6个新区块(称为"六次确认"),如图8-5所示。按照10分钟一个区块计算,1小时就能确认完。

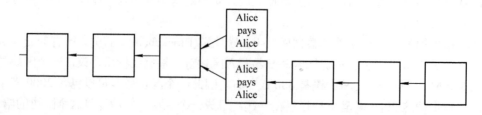

图 8-5　区块链分叉 2

由于新区块的生成速度由计算能力决定，所以这条规则就是，拥有大多数计算能力的那条分支，就是正宗的区块链。

2. 比特币的数据结构

比特币中的交易被组织成默克尔树结构，如图 8-6 所示。交易均被存储在默克尔树的叶子节点上，通过两两合并哈希直至得到根节点。根节点的哈希值作为一个区块头的元素，除此之外，区块头还包括时间戳、Nonce 和前一区块的哈希值等。Nonce 是矿工完成工作量证明算法时的输入，也是矿工获取奖励的凭证。区块头包含前一区块的哈希值，使得每一个区块逻辑上以链的方式串联起来。在仅有部分节点的情况下，默克尔树结构可快速验证交易的有效性，并大幅减小节点的存储空间。

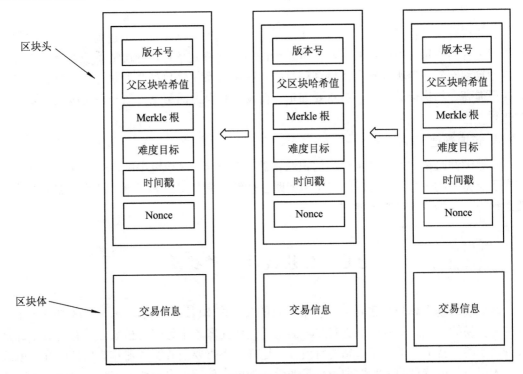

图 8-6　比特币系统的默克尔树结构

比特币平均每 10 分钟产生 1 个区块，且其 PoW 机制很难缩短区块时间，PoS 机制相对而言可缩短区块时间，但更易产生分叉。所以交易需要等待更多确认才被认为是安全的。一般认为，比特币中的区块经过 6 个确认后才是足够安全的，这大概需要 1 个小时。这样的确认速度难以满足商业级的应用。因此，ETH 及 EoS 等支持更多写入速度的公有链正在不断发展。

8.5　区块链的特点分析

区块链技术具有 4 个主要特点：去中心化、透明化、合约执行自动化和可追溯性。

1. 去中心化

去中心化是指整个区块链网络中没有一个强制性的控制中心，网络中的每一个节点都具有相同的权利和义务。由于数据在较多节点时可互为备份，所以任意节点的数据损坏或者异常都不会影响整个数据系统的运行，即没有一个中心单元能够对数据进行单方面的操控，这使得基于区块链的数据存储具有较高的可靠性和鲁棒性。

2. 去信任化

去信任化是指整个区块链系统的运作规则是公开透明的，区块链记录的信息在多个节点进行冗余备份，信息的更新需要多个节点共同认证，于是节点之间的数据交换是去信任化的，某一节点不能欺骗其他节点。

3. 合约执行自动化

合约执行自动化是指通过区块链可以设定一系列写入软件代码的智能合约，在智能合约中规定合约中每一方需要履行的义务及合约执行的判定条件，区块链系统对合约执行条件进行自动判断，当所有判定条件都满足时，区块链系统将自动强制执行合约条款。这一方面可提高合约执行的效率，更重要的是，在没有强有力的第三方监督下可有效保障合约的执行。

4. 可追溯性

可追溯性是指加入到区块链中的记录将被永久存储，区块链中的每一笔交易记录中均绑定了交易者的信息，交易标的完整传递路径能够被完整记录和追溯，且不可被摧毁或篡改。这为交易的监管带来了便利。

8.6　区块链技术的优势

区块链的基本思想是建立一个基于网络的公共账本(数据区块)，每一个区块包含了一次网络交易的信息。由网络中所有参与的用户共同在账本上记账与核账，所有的数据都是公开透明的，且可用于验证信息的有效性。这样，不需要中心服务器作为信任中介，就能在技术层面保证信息的真实性和不可篡改性。相比于传统的中心化方案，区块链技术主要有以下四个优点。

1. 去中心化——安全可靠

与传统网络系统对比，区块链的最大特性是去中心化。在区块链系统中，整个网络没有中心化的硬件或管理机构，任意节点之间的权利和义务都是均等的，所有的节点都有能力去用计算能力投票，从而保证了得到承认的结果是过半数节点公认的结果。即使遭受严重的黑客攻击，只要黑客控制的节点数不超过全球节点总数的一半，系统就依然能正常运行，数据也不会被篡改。

2. 去信任化——公开透明

传统的交易建立在信任的基础之上，尽管信任中介获取了大量信息，但是从中流出的、披露的信息却极为有限，导致大量数据被浪费和隐藏。参与区块链系统的每个节点之间进行数据交换则无须互相信任。

在区块链系统中，由于整个系统的运作规则是透明的，所有的数据内容也是公开的，因此在系统指定的规则范围和时间范围内，节点之间不能也无法相互欺骗。

3. 集体维护——降低成本

在中心化网络体系下，系统的维护和经营依赖于数据中心等平台的运维和经营，成本不可省略。

区块链构建了一整套协议机制，系统中的数据块由整个系统中所有具有维护功能的节点来共同维护。这些具有维护功能的节点是任何人都可以参与的，每一个节点在参与记录的同时也会验证其他节点记录结果的正确性，从而提高了维护效率，降低了成本。

4. 信息不可篡改

在区块链中一旦信息经过验证并添加至区块就会永久地存储起来，且无法进行修改。

8.7　区块链的分类

根据不同的使用需求和场景，区块链可分为公有链、联盟链和私有链三种类型。

1. 公有链

公有链(Public Blockchain)是指全世界任何节点的任何人在任何地理位置都可以通过进入系统读取数据、发送交易、竞争记账等参与基于共识机制的区块链。没有任何机构或个人可以篡改其中的数据，因此公有链是完全去中心化的。比特币和以太坊都是公有链的代表。公有链一般通过发行代币(Token)来鼓励参与者竞争记账(挖掘)，以确保数据的安全性和共识更新。

公有链有三个主要特点。首先，公有链中的用户权益可以得到很好的保护，因为公有链中的程序开发者不能干涉用户。其次，开放性更强，任何用户都可以在其上开发自己的应用，并且产生效应。最后，数据是完全公开透明的，每个参与者都能够看到所有账户的交易活动，不过由于匿名性，参与者可以很好地隐藏自己在现实生活中的身份。

公有链的缺点是尽管公有链很安全，但是这么多随意出入的节点是很难达成共识的，因为有些节点可能随时宕机，黑客也可能伪造很多虚假的节点。因此，公有链有一套很严格的共识机制，而公有链最大的问题就是共识问题，共识问题直接导致公有链处理数据的速度问题，如用比特币转账需要很久才能到账。

2. 联盟链

联盟链(Consortium Blockchain)是指有若干机构共同参与和管理的区块链，每个机构都运行 N 个节点。联盟链的数据只允许系统内不同的机构进行读写和交易，通过数字证书的方式实现基于 PKI 的身份管理体系、交易或提案的发起，以参与方共同签名验证来达成共识，因此不需要 PoW，也不存在数字货币(代币)，提高了交易达成的效率，节约了大量计算成本(算力硬件投入和电力能源消耗)。通常情况下，参与联盟链的节点会被分配不同的读写权限，支持每秒 1000 笔到 1 万笔的数据写入。

联盟链的一个最显著的特点就是每个节点都对应一个实体机构，任何实体机构节点想要加入联盟链，都需要得到联盟的许可。这些机构共同维护系统的稳定发展。

联盟链的缺点是尽管联盟链速度加快了，但是相比公有链来说，联盟链并不是完全去中心化的，所以理论上联盟之间可以联合起来修改区块链的数据。

3. 私有链

与公有链完全去中心化不同，私有链(Private Blockchain)的进入权限由某个组织进行控制，各个节点参与资格由该组织授权控制。由于参与的各个节点是有限且可控的，私有链往往拥有很快的处理速度，能支持每秒 1000 笔到 10 万笔的数据写入，同时可降低内部各个节点的交易成本。节点可以实名参与，因此具有确认身份的金融属性。私有链的价值主要是提供安全、可追溯、不可篡改、自动执行的运算平台，可以同时防范来自内部和外部对数据的安全攻击或篡改，这在传统的系统中是很难做到的。

私有链主要有以下优点：

(1) 交易速度很快。私有链的交易速度是其他公有链和联盟链所不能比的，主要是因为它不需要每个节点来验证一个交易，少量的节点就可以完成验证。

(2) 具有更好的隐私保护。由于读取数据的权限受限，任何节点参与者很难获得数据链上面的数据。

(3) 节点连接方便。私有链中的节点连接是很方便的。

(4) 交易成本很便宜。对于私有链的每笔交易，只需要算力比较好、信任度高的几个节点验证即可，从而大大降低了交易所花费的成本。

私有链的缺点是它不具备去中心化。

私有链的应用场景一般在企业内部，如分公司的库存管理，各地数据的汇总统计等，也可以用在政府的预算和执行等可以被公众监督的领域。大型金融集团目前也倾向于使用私有链技术。

公有链、联盟链与私有链的对比如表 8-2 所示。

表 8-2　公有链、联盟链与私有链对比

比较项目	私有链	联盟链	公有链
参与者	个体或公司内部	特定人群(需要入盟协议)	任何人自由进出
信任机制	自行背书	集体背书	PoW/PoS/DPoS
记账人	自定	参与者协商决定	所有参与者
激励机制	不需要	可选	需要
中心化程度	中心化	多中心化	去中心化
突出优势	透明和可追溯	效率和成本优化	信用的自建立
典型应用代表	审计、发行	结算	Token
典型代表	Overstock	Fabric	BTC/ETH
承载能力	1000～10 万笔/秒	1000～1 万笔/秒	3～20 笔/秒

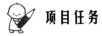 **项目任务**

任务 1　今昔对比看发展

任务描述

2018 年以来,我国区块链技术应用出现了快速增长,区块链技术应用渗透到各行各业,多方信任协作程度大幅度提高。作为时代新青年和新时代的建设者,你是否注意到区块链技术应用带来的巨大变化呢?

任务实施

试以区块链的案例应用为例(表 8-3 列出了 6 种应用),通过回顾、调查和讨论等方式分析存在的区块链技术应用及其引入前后为人类经济生活带来的各种变化,并谈谈你的想法。

表 8-3　区块链的案例应用

案例应用	引入前的方式	现在的方式	你的想法
供应链金融			
票据存证			
溯源系统			
司法证据			
公益慈善			
数字货币			

任务 2　利用区块链技术进行学历验证

任务描述

该任务是利用区块链相关技术实现学历验证的一个案例。

任务实施

根据以下定义数据结构,基于区块链的学历验证系统实现下面的流程。

(1) 定义数据结构。

```
//证书
contract Certificate{
    address owner;
```

```
        string certificateHash;
        string certificateDesc;
        address grantor;
        bool isVerify;
    }

    //用户
    contract User{
        string name;
        address owner;
        mapping(string => address) certificates;

        string[] certificateList;
        string[] certificateDesc;
    }
```

(2) 待实现流程。

① 添加普通用户。

```
function addUser(address _address, string _name)public onlyAdmin returns(address){
    ...
}
```

② 添加授权者。

```
function addGrantor(address _address, string _name) public onlyAdmin returns(address){
    ...
}
```

③ 对授权人进行授权。

```
function grantCert(address _user, string _certhash)returns (bool){
    ....
}
```

④ 为普通用户创建证书。

```
function addCertificate(string _certificateHash, string _certificateDesc, address _grantor) public
returns(address) {
    ...
}
```

⑤ 数据查询，获取用户的所有证书以及授权信息。

```
function getInfo(address_address)public view returns (string, address[], string[], string[], bool[]) {
    ...
}
```

项目小结与展望

本项目介绍了区块链技术的定义及概念、区块链核心技术的发展历程、工作机制及其技术特点，阐述了区块链技术优势及当前的应用分类。

当前，数据已成为重要的生产要素，区块链技术从根本上改变了数据归属，所以，区块链技术的发展，将引发生产关系的重构，对社会产生深层次的影响。

工业和信息化部、中央网络安全和信息化委员会办公室联合发布了《关于加快推动区块链技术应用和产业发展的指导意见》(以下简称《指导意见》)。《指导意见》立足新发展阶段，贯彻新发展理念，构建新发展格局，围绕制造强国和网络强国战略部署，结合当前区块链发展现状，对未来我国区块链技术应用和产业发展的重点任务和配套保障措施进行了统筹安排。

 课后练习

1. 选择题

(1) 公钥和私钥是成对生成的，对于它们的主要用途，说法错误的是(　　)。

A. 私钥加密，公钥解密　　　　　　　　B. 公钥加密，私钥解密

C. 数字签名　　　　　　　　　　　　　D. 公私钥对是由对称加密算法生成的

(2) 下列选项中不属于区块链的核心价值的是(　　)。

A. 创造信任　　　B. 分布关系　　　　C. 共识机制　　　　　D. 加密算法

(3) 文件(　　)的发布宣告区块链首次登上了世界舞台。

A. 《以太坊：下一代智能合约和去中心化应用平台》

B. 《布雷顿森林白皮书：比特币和区块链技术的希望》

C. 《腾讯区块链白皮书》

D. 《比特币：一种点对点的电子现金系统》

(4) 公有链的代表是(　　)。

A. 比特币　　　　B. 赤链　　　　　　C. R2 联盟　　　　　D. 超级账本

(5) 关于智能合约，下列说法正确的是(　　)。

A. 智能合约随着以太坊(ETH)的发明而被提出

B. 当一个预先编好的条件被触发时，智能合约会立即执行相应的合同条款

C. 使用智能合约的区块链只能承担货币职能

D. 智能合约的工作原理类似于计算机程序的 while 语句

(6) 关于哈希值，下列说法中正确的是(　　)。

A. Hash 是计算机科学中的一个术语，意思是输入任意长度的字符串，然后产生一个固定长度的输出

B. 改变明文中的任意一个字母，得到的哈希值有可能相同

C. 哈希算法只有一种

D. 每次哈希计算得到的哈希值长度是不固定的

(7) 拜占庭将军问题解决了(   )问题。

A. 分布式通信   B. 共识机制

C. 内容加密   D. 领土纠纷

(8) 51%攻击能够(   )。

A. 修改自己的交易记录，这可以使其进行双重支付

B. 修改每个区块产生的比特币数量

C. 凭空产生比特币

D. 把不属于某人的比特币发送给该人

(9) 关于区块链，以下说法正确的是(   )。

A. 单一的新技术   B. 新型加密货币

C. 绝对安全的存储模式   D. 区块链中的智能合约非合同

(10) 区块链密封的关键是(   )

A. 共识机制   B. 哈希函数

C. 分布式记账   D. 投票机制

2. 应用题

(1) 描述区块链的链式结构，并说明区块链具有不可篡改和可追溯特征的原因。

(2) 什么是数字签名？

(3) 根据区块链的特性，简单阐述区块链的几个主要应用场景。

项目 9　网络空间安全技术

 项目背景

计算机网络是人类伟大的发明，它给人们带来了便利，创造了价值，提高了效率，提供了快乐。不知不觉中，人们的工作和生活已经离不开网络。随时随地、随心所欲地浏览全世界的资讯新闻，快捷地收发邮件，与远在千里之外的人分享资源，坐在家里买卖商品等，这些都已经成为很多人生活的一部分。

网络以开放、共享等特点渗透到人类生活的各个方面，社会政治、经济、文化等越来越依赖网络，人类对计算机网络的依赖程度已达到了前所未有的程度。

来自中国互联网络信息中心(CNNIC)的数据显示，截至 2021 年 12 月，中国网民规模达 10.32 亿人。互联网已深入到各行各业，涉及人们的衣、食、住、行，人们每天都在享受着互联网带来的便捷。如清晨起床，可以在 APP 上查找自己喜欢的早餐，下单后很快会送货上门；上班时如果乘坐公交车，可以随时查看各路公交车到达预定车站的时间，及时确定哪路公交车更为快捷；乘坐网约车，在家里就可预定，出门即乘车，提高了出行效率；下班之后，三五知己去吃饭或者看电影，都可以预先通过相关软件预定位置或购票，大大节省了人们排队等候的时间；生活中其他消费也充分体现了互联网络的便捷，如网上买飞机票和高铁票、预约医院就诊时间、线上缴费，甚至购买一棵小葱，都可以通过微信或者支付宝支付，既省去了找零钱的麻烦，也大大节省了等待时间。可以说，当今社会动动手指，就可以满足生活中各式各样的需求，展现互联网络的速度与便利。

信息时代，网络空间已成为陆、海、空、天之外人类活动的"第五空间"。伴随着数字化的快速发展和信息技术的更广泛应用，数字经济已成为国民经济繁荣发展的重要战略，网络空间作为数字经济和智能化发展的基石，其安全关乎国家利益、人民福祉。然而，在网络为人类带来便利的同时，也产生了威胁，随着网络应用的深入普及，网络空间安全越来越重要，国家和企业都对建立一个安全的网络有了更加迫切的需求。当今网络空间安全日益凸显，已经成为国家安全的新威胁，网络发达的国家，在尽享信息技术带来好处的同时，受到网络攻击的威胁也越大。网络安全和信息化是事关国家安全和发展、事关广大人民群众工作生活的重大战略问题，网络安全已经成为我国面临的最复杂、最现实、最严峻的非传统安全问题之一。

网络空间安全问题小到网络黑客窃取个人隐私，大到侵犯国家机密，越来越受到人们的关注，"斯诺登事件"更是将网络安全问题推上风口浪尖。2013 年 6 月，前中情局(CIA)职员爱德华·斯诺登(Edward Snowden)引爆"棱镜门"事件。英国《卫报》和美国《华盛顿邮报》2013 年 6 月 6 日报道，美国国家安全局(NSA)和联邦调查局(FBI)于 2007 年启动了一个代号为"棱镜(PRISM)"的秘密监控项目(正式名号为"US-984XN"),直接进入美国国际网络公司的中心服务器里挖掘数据、收集情报,包括微软、雅虎、谷歌、苹果等在内的9家国际网络巨头皆参与其中。2013年10月23日,德国政府发言人赛伯特称,德国政府已得到情报,德国总理默克尔的手机可能被美国情报机关监听。拉美和欧盟国家领导人对美国的监控行为集体发难,当时的德国总理默克尔和法国总统奥朗德用"完全不可接受"等罕见强硬的措辞,表达了被传统盟友监听的愤怒。

目前,网络病毒暴发的频率远远低于2010年以前,原因很多,比如电脑安全等级的提升、国家对于网络攻击打击力度的增强,以及付费杀毒软件的没落等众多因素,但偶尔暴发的病毒,其威胁程度超出了人们的想象和理解,甚至极为恐怖,如勒索病毒。

勒索病毒是一种新型电脑病毒,主要以邮件、程序木马、网页挂马的形式进行传播,该病毒性质恶劣、危害极大,一旦感染,将给用户带来无法估量的损失。这种病毒利用各种加密算法对文件进行加密,被感染者一般无法解密,必须拿到解密的私钥才有可能破解。黑客利用系统漏洞或通过网络钓鱼等方式,向受攻击电脑或服务器植入病毒,进而加密硬盘上的文档乃至整个硬盘,之后向受害者索要数额不等的赎金。美国投资咨询机构Cybersecurity Ventures 2021年预测,鉴于勒索软件以几秒钟一次的速度攻击企业和消费者,到2031年,此类网络犯罪攻击将导致全世界损失2650亿美元。

项目延伸

 思维导图

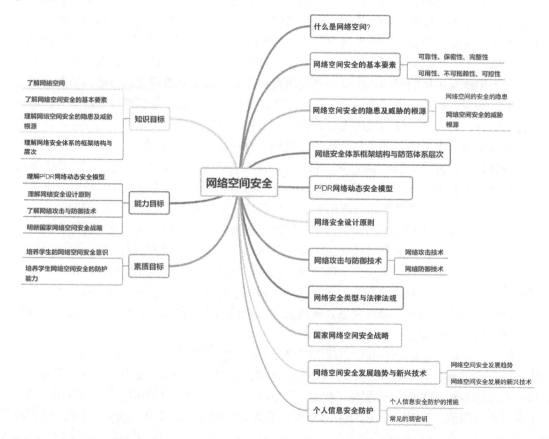

项目相关知识

9.1 什么是网络空间

项目微课

网络空间(Cyberspace)这个名称来自美国科幻作家威廉·吉布森(William Gibson) 1984 年的短篇科幻小说《神经漫游者》(Neuromancer)，指的是由计算机创建的虚拟信息空间。小说中描述了一种人们可以通过神经连接方式进入由计算机虚拟出的感官体验世界，作者将这个世界称为网络空间。现今我们所说的网络空间，指的是由互相依存的信息基础设施、通信网络和计算机系统构成的全球性空间。

美国在 2003 年《保护网络空间的国家战略》中界定 Cyberspace 的含义为"一个由信息基础设施组成的相互依赖的网络"，进而提出"保障网络空间的正常运转对我们的经济、安全、生活都至关重要"。2009 年 5 月，美国《网络空间政策评估》将 Cyberspace 定义为"信息技术基础设施相互依存的网络，包括互联网、电信网、计算机系统以及重要工业中的处理器和控制器。常见的用法还指信息与人及人与人交互构成的虚拟环境"。网络空间安全伴随着网络空间的出现，CSEC2017 JTF 将网络空间安全定义为：基于计算的学科，涉及技术、人员、信息和流程，可确保在对手的上下文中进行有保证的操作。它涉及安全计算机系统的创建、操作、分析和测试。网络空间安全跨越多个学科，包括法律、政策、人为因素、道德和风险管理等方面。

中国对 Cyberspace 的认识已有 20 多年。著名科学家钱学森先生曾经专门向中科院负责同志写信，希望安排人专门跟踪研究 Cyberspace 及相关问题，密切关注该领域的进展。我国政府的官方文件指出，由互联网、通信网、计算机系统、自动化控制系统、数字设备及其承载的应用、服务和数据构成的网络空间，已经成为与陆地、海洋、天空、太空同等重要的人类活动的新领域。当前，网络空间正全面改变着人们的生产生活方式，深刻影响着人类社会历史的发展进程：网络技术突破了时空限制，拓展了传播范围，创新了传播手段，引发了传播格局的根本性变革，网络成为人们获取信息和学习交流的新渠道；网络教育、创业、医疗、购物、金融等日益普及，越来越多的人通过网络交流思想、成就事业、实现梦想；信息技术在国民经济各行业广泛应用，推动传统产业改造升级，催生了新技术、新业态、新产业、新模式，促进经济结构调整和发展方式转变，为经济社会发展注入了新的动力；网络促进了文化交流和知识普及，释放了文化发展活力，推动了文化的创新创造，丰富了人们的精神文化生活，网络文化已成为文化建设的重要组成部分；电子政务应用走向深入，政府信息公开共享，进一步推动了政府决策的科学化、民主化，畅通了公民参与社会治理的渠道，网络成为保障公民知情权、参与权、表达权、监督权的重要途径；信息化与全球化交织发展，促进了信息、资金、技术、人才等要素的全球流动，增进了不同文明的交流融合，网络让世界变成了地球村，国际社会越来越成为你中有我、我中有你的命运共同体。

社会安全、军事安全等领域相互交融、相互影响，已成为当前面临的最复杂、最现实、最严峻的非传统安全问题之一。2014 年 4 月，中央国家安全委员会第一次会议提出了总体国家安全观的概念。习近平总书记指出，贯彻落实总体国家安全观，必须既重视外部安全，又重视内部安全，对内求发展、求变革、求稳定、建设平安中国，对外求和平、求合作、求共赢、建设和谐世界；既重视国土安全，又重视国民安全，坚持以民为本、以人为本，坚持国家安全一切为了人民、一切依靠人民，真正夯实国家安全的群众基础；既重视传统安全，又重视非传统安全，构建集政治安全、国土安全、军事安全、经济安全、文化安全、社会安全、科技安全、信息安全、生态安全、资源安全、核安全等于一体的国家安全体系。在总体国家安全观中，网络空间安全是重要组成部分。

9.2　网络空间安全的基本要素

网络空间安全基本要素包括可靠性(Reliability)、可用性(Availability)、保密性(Confidentiality)、完整性(Integrity)、不可抵赖性(Non-repudiation)和可控性(Controllability)等。

1. 可靠性

可靠性是指网络信息系统能够在规定的条件下和规定的时间内完成规定功能的特性。可靠性是系统安全最基本的要求之一，是所有网络信息系统建设和运行的目标。网络信息系统的可靠性测度主要有抗毁性、生存性和有效性三项指标。

(1) 抗毁性是指网络系统在遭受人为破坏情况下的可靠性。增强抗毁性，可以有效避免因各种灾害(包括人为与自然灾害)造成的大面积网络瘫痪事件。

(2) 生存性是指在遭受随机破坏情况下系统的可靠性。生存性主要反映随机性破坏和网络拓扑结构对系统可靠性的影响。随机性破坏是指系统部件因为自然老化等原因造成的自然失效。

(3) 有效性是一种基于业务性能的可靠性。有效性主要反映在网络信息系统部件失效的情况下，满足业务性能要求的程度。比如，网络部件失效虽然没有引起连接性故障，但是却造成质量指标下降、平均延时增加、线路阻塞等。

可靠性主要表现在硬件可靠性、软件可靠性、人员可靠性、环境可靠性等方面。硬件可靠性最为直观和常见。软件可靠性是指在规定的时间内，程序成功运行的概率。人员可靠性是指人员成功完成工作或任务的概率。人员可靠性在整个系统可靠性中扮演着重要角色，因为系统失效的大部分原因是人为差错造成的。人的行为受到生理和心理的影响，受到其技术熟练程度、责任心和品德等素质的影响，因此，人员的教育、培养、训练和管理以及合理的人机界面是提高可靠性的重要因素。环境可靠性是指在特定环境内网络成功运行的概率。环境主要是指自然环境和电磁环境。

2. 可用性

可用性是指网络信息可被授权实体访问并按需求使用的特性，即网络信息服务允许授权用户使用，或者在网络部分受损时仍能为授权用户提供有效服务的特性。可用性是网络信息系统面向用户的安全性能。网络信息系统最基本的功能是向用户提供服务，而用户的需求是随机的、多方面的，有时还有时间要求。可用性一般用系统正常使用时间和整个工作时间之比来度量。

可用性还应该满足以下要求：身份识别与确认、访问控制(对用户的权限进行控制，只能访问相应权限的资源，防止或限制经隐蔽通道的非法访问，包括自主访问控制和强制访问控制)、业务流控制(利用均分负荷方法，防止业务流量过度集中而引起网络阻塞)、路由选择控制(选择那些稳定可靠的子网、中继线或链路等)、审计跟踪(把网络信息系统中发生的所有安全事件情况存储在安全审计跟踪之中，以便分析原因，分清责任，及时采取相应的措施。审计跟踪的信息主要包括事件类型、被管客体等级、事件时间、事件信息、事件回答以及事件统计等方面的内容)。

3. 保密性

保密性是指网络信息不被泄露给非授权的用户、实体或过程的特性，即信息只为授权用户使用的特性。保密性是在可靠性和可用性基础之上，保障网络信息安全的重要手段。

常用的保密技术包括：防侦收(使对手侦收不到有用的信息)、防辐射(防止有用信息以各种途径辐射出去)、信息加密(在密钥的控制下，用加密算法对信息进行加密处理，即使对手得到了加密后的信息也会因为没有密钥而无法读懂有效信息)、物理保密(利用各种物理方法，如限制、隔离、掩蔽、控制等措施，保护信息不被泄露)。

4. 完整性

完整性是指网络信息未经授权不能进行改变的特性，即网络信息在存储或传输过程中保持不被偶然或蓄意删除、修改、伪造、乱序、重放、插入等破坏和丢失的特性。完整性是一种面向信息的安全性，它要求保持信息的原样，即信息的正确生成、存储和传输。

完整性与保密性不同，保密性要求信息不被泄露给未授权的用户，而完整性则要求信息不被破坏。影响网络信息完整性的主要因素包括设备故障、误码、人为攻击、计算机病毒等。

保障网络信息完整性的主要方法包括：

(1) 协议，通过各种安全协议可以有效地检测出被复制的信息，被删除、被修改和失效的字段。

(2) 纠错编码，可以完成检错和纠错功能。最简单和常用的纠错编码方法是奇偶校验法。

(3) 密码校验，是抗篡改和检测传输失败的重要手段。

(4) 数字签名，保障信息的真实性。

(5) 公证，请求网络管理或中介机构证明信息的真实性。

5. 不可抵赖性

不可抵赖性也称作不可否认性，是指在网络信息交互过程中，确信参与者的真实同一性，即所有参与者都不可能否认或抵赖曾经完成的操作和承诺。利用信息源证据可以防止发信方否认已发送信息，利用递交接收证据可以防止收信方事后否认已经接收的信息。

6. 可控性

可控性是指对网络信息的传播及内容具有控制能力的特性。

概括地说，网络信息安全与保密的核心是通过计算机、网络、密码技术和安全技术，保护在公用网络中信息传输、交换和存储的可用性、可靠性、保密性、完整性、不可抵赖性和可控性等。

在信息安全等级保护工作中，通常根据信息系统的机密性(Confidentiality)、完整性(Integrity)和可用性(Availability)来划分信息系统的安全等级，三个性质简称信息安全三要素 CIA。

9.3　网络空间安全的隐患及威胁的根源

9.3.1　网络空间安全的隐患

互联网以其实时交互、资源共享等优势带给人们众多的便利，如信息交换不受空间限制，信息交换具有时域性(更新速度快)，交换信息具有互动性(人与人、人与信息之间可以互动交流)，信息交换的使用成本低，信息交换的发展趋向于个性化(容易满足每个人的个性化需求)，使用者众多，有价值的信息资源被整合(信息储存量大、高效、快速)，信息能以多种形式存在(视频、图片、文字等)。

计算机网络技术与各领域的融合发展具有广阔的前景和无限潜力，对各国经济社会的发展有着战略性和全局性的影响，同时，也带来很多的安全隐患，如图 9-1 所示。我国整体网络的安全系数相当低，加强互联网的安全防护更为重要。

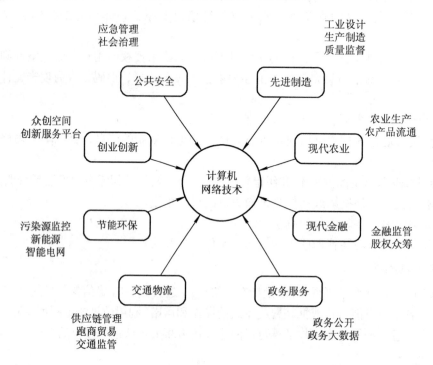

图 9-1　计算机网络产业与相关领域的融合发展

互联网是没有地理和物理间隙的开放世界，现实社会中原有的国界、围墙以及法律法规等安全保护措施和技术失去了作用。我国的整体网络的安全系数相当低，存在着许多安全隐患，主要来自以下几个方面。

1. 互联网自身的安全隐患

互联网在设计之初就缺乏安全构架的总体规划，网络底层协议 TCP/IP 协议族是假定于可信环境，首先考虑的是网络互相连接，强调的是 Internet 的开发性和便利性，欠缺网络安全的整体架构和设计。TCP/IP 协议族存在安全漏洞和安全检测缺陷，黑客利用某些安全漏洞或安全缺陷作为攻击系统的手段，开放性和共享性是互联网的优点，但这同时也成为导致网络安全威胁的主要原因。无论是硬件还是网络底层协议都潜伏着安全隐患和固有的安全检测缺陷，网络硬件设备如服务器、网络设备等都存在着可靠性和可用性问题；应用软件系统存在的漏洞、BUG、代码错误，软件中的不安全代码的执行模式或不安全的设计也可能构成安全风险；网络协议的漏洞、系统的相互依赖性也是导致网络存在安全风险的原因；网络安全设计本身的不完备性亦可能构成网络新的安全风险。随着信息技术和网络技术发展的日新月异，操作系统、网络协议的安全漏洞被不断发现和利用，攻击技术推陈出新，攻击手段层出不穷，互联网将面临长期的网络安全威胁。

2. 网络空间安全需要全社会的共同参与

目前我国网民总数已达全球第一，但总体上讲，我国网络信息化程度较发达国家水平还有相当大的差距，不论是国家还是民众，对于信息网络安全的意识还没有上升到国民经济和国家安全的高度。网络安全为人民，网络安全靠人民，维护网络安全是全社会的共同责任。网络安全涉及全国各级政府、各个行业，需要国家级别的信息安全战略和规划进行统一指导和协调，需要全国上下提高认识、统一思想，需要政府、企业、社会组织、广大网民共同参与，共筑网络安全防线。互联网是一点接入、全球联网，网络安全是一点击破、全网突破，一个地方不安全，全国就不安全。无论是中央单位还是地方单位，无论是政府部门还是企事业单位，都要尽职尽责，共同维护国家网络安全。政府部门要做好顶层设计，健全政策法规，完善互联网发展环境；企业要积极发挥网络安全维护的主体作用，引领安全技术创新发展；社会公众要增强网络安全防护意识，掌握必备的安全防护技能。另外，一提到网络信息安全防范，人们就会联想到外部攻击，其实是"家贼难防"；安全必须从内部开始，要提高人们的内部安全风险的防范意识。

3. 基础薄弱，安全防护能力不强

目前，我国还未拥有网络安全技术的核心软件和硬件，网络安全基础薄弱，在核心芯片和系统内核方面缺乏自主研发能力，网络安全防护能力整体较弱，核心技术受制于人。我国的软件产业比较落后，计算机操作平台和网络安全产品缺乏自主开发能力，即使有自主开发的软件，其完善性、规范性、实用性都存在许多不足，不能满足客户的需求。我国目前虽然已经研发出许多安全设备与安全软件系统产品，但是由于安全设备的核心硬件必须从国外购买，而国外的硬件内容总是无法全部了解，因此从国家信息安全的高度，显得有些底气不足。当前，我国急需加快技术攻关和产业发展，加强信息安全防护技能和管理措施，提升网络与信息安全的监管能力和保障水平，确保重要信息系统和基础信息网络安全。

4. 网络安全管理机构缺乏权威

目前，国家网络安全管理条块分割、各行其政、相互隔离，极大地妨碍了国家有关法规的贯彻执行；我国网络安全技术储备严重不足，缺乏完备的法律支持和管理规范；在网络安全分级、技术和产品的统一标准、测评认证、事件响应及处理等方面也未取得理想的成果。这些都可能直接影响互联网的安全建设水平。

5. 网络安全人才不足

我国目前在网络安全体系结构、技术研发等方面尚处于初级阶段，网络安全产业在研发、运用等方面人才匮乏，网络安全行业普遍缺乏高素质的网络安全技术人员，高层次的网络安全人才尤其稀缺。由于人才匮乏，网络安全的解决方案只能采用安全产品的简单集成，安全防护效果不尽如人意。

9.3.2　网络空间安全威胁的根源

1. 网络攻击的原因

互联网络容易招致来自各方面的各种形式的攻击，分析其主要原因不外乎利益、技术和心理等几个方面。

1) 利益驱动

国家与国家之间也有信息强国和信息弱国的区别，在信息领域里，出现了信息霸权国家、信息主权国家和信息殖民国家，处于信息劣势的国家的政治安全、经济安全、军事安全以及文化安全等都受到前所未有的冲击和威胁。信息强国和信息弱国之间，经常会出现在信息方面的欺压和反击的事件，很小的摩擦都可能升级成大的信息战。其次，民族利益的冲突或民族仇恨的激化，也经常导致人们利用掌握的技术进行网络窃密和攻击，这种行为大多是民间自发组织的，反映了国家利益的对立，也是民族情结的体现。由于信息资源实际上可以被看成是信息社会中的一个重要生产资料，因此竞争对手会通过网络攻击获取商业机密，散布虚假信息进行信息欺诈。

2) 技术驱动

技术是一把"双刃剑"，现代技术提供给人们高效率的同时，不可避免地带来了诸多不安全因素；尤其是网络技术，其高速爆炸式的发展以及本身所具有的缺陷，让许多怀有特殊目的的人有了可乘之机。随着破坏技术的发展，安全技术也不断进步，这给了那些利用安全漏洞进行破坏的黑客新的挑战。随着信息技术的不断推陈出新，操作系统和数据库软件的不断更新换代，存在漏洞的可能性非常大，IT厂商不断发布自身产品的补丁，就是为了弥补原有系统中存在的漏洞，但仍然有很多漏洞可能被黑客们找到，并利用这些网络和系统的漏洞攻击网络。

3) 心理驱动

网络黑客进行破坏和入侵活动存在很多种心理因素。有些黑客的入侵行为纯粹是出于好奇心理，并没有太大的破坏性，但是这种行为仍然会干扰系统的正常工作，可能会造成严重的后果；有些黑客的入侵是出于自身的争胜心理或表现欲望，技术集中于少数精英手中带来的刺激感，对某些性格极端的人充满吸引力，开发新的攻击技术成为他们的目标；还有一些性格极端的人具有强烈的破坏欲，一旦出于某些政治目的或者对现实的不满心理，就会采取非法手段实施有目的的破坏，造成不可估量的损失。

2. 网络空间安全威胁的特点和表现形式

互联网络所面临的威胁大体可以分为两种：一种是对网络中信息的威胁，一种是对网络中设备的威胁。影响网络安全的因素很多，有些因素可能是有意的，也可能是无意的；有些可能是人为的，也可能是非人为的。

1) 网络安全威胁的特点

依照工作环境，网络可划分为内部网和外部网，可以发现，无论是内部还是外部网络区域，都存在对互联网络构成的安全威胁。来自外部的威胁主要包括黑客入侵、网络攻击、信息恐怖活动、计算机病毒、间谍软件与信息战争等，来自内部区域的威胁主要包括内部人员的恶意破坏、越权访问、管理人员滥用职权、工作人员操作失误、安全意识薄弱、内部管理疏漏、内外勾结、软硬件缺陷或自然灾害等，如图 9-2 所示。

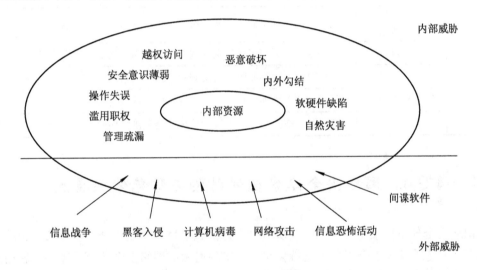

图 9-2　网络空间安全威胁

对于外网入侵，目前已经有许多防范措施，如设置防火墙，安装入侵检测系统软硬件，对外网实行物理隔离等；内网的安全措施相对比较复杂，主要依靠内网的安全管理与控制来实现。通常情况下，人们对于外网的攻击和破坏问题比较关注，而对内网安全威胁的关注则要少得多。

事实上，当某个系统建设完成后，部门的信息安全是很难由自己控制的，而是与整个网络的安全设计相关。系统的安全性存在一个"木桶效应"，一旦最薄弱的环节出了问题，就可能引起整个系统的崩溃。从这个角度来说，任何系统的联网行为都会降低整个系统信息的安全性，内部人员的操作失误和安全意识薄弱等，都可能造成不可估量的损失。

2) 网络安全威胁的表现形式

对于来自互联网络内部或者外部的安全威胁，有各自不同的表现形式，如表 9-1 所示。

表 9-1　网络安全威胁的表现形式

分类	具体种类	主要表现形式
内部威胁	恶意破坏	破坏数据，转移资产，设置故障及损坏设备等
	滥用职权越权访问	越权查看内部文件，越权使用系统资源等
	操作不当	数据被误删除，硬件使用不当，垃圾处理不当等
	安全意识薄弱	经验不足，思想麻痹，对安全工作重视不够等
	管理疏漏	制度不完善，人员组织不合理，缺乏有力的监控措施以及职权不清等
	内外勾结	透露重要口令，出卖情报，破坏数据，损坏设备，入侵系统等
	软硬件缺陷	OS 漏洞，数据库缺陷，协议漏洞，网络设备老化，软件逻辑陷阱，电磁泄漏，剩磁效应等
	自然灾害	因为地震、火灾、雷击、水灾、静电、温度、湿度、污染等非人为因素造成的软、硬件设备故障或损坏等
外部威胁	黑客入侵网络攻击	系统入侵，网络监听，密文破解，拒绝服务攻击等
	计算机病毒	文件损坏，系统资源耗用，扰乱屏幕显示，妨碍磁盘操作等
	信息间谍	信息窃取，网络监听，密文破解，密钥窃取等
	信息恐怖活动	制造并散布恐怖信息，摧毁信息基础设施等
	信息战争	窃取军事情报，电磁干扰，破坏社会经济秩序等

9.4　网络安全体系框架结构与防范体系层次

网络安全体系框架结构是一个多层次、多方面、立体的安全构架，涉及安全策略、安全防范、安全管理与安全服务等支持体系。要实现有效的网络安全防范，需要了解用户的安全需求，制定适当的安全策略，选择合适的安全产品，才能建立具有科学性、可行性的网络安全防范体系。

图 9-3 给出了国防信息系统保密计划(Defence Information System Secrecy Plan，DISSP)扩展的一个三维安全防范技术体系框架结构：框架结构中的第一维是安全服务，给出了八种安全属性；第二维是系统单元，给出了信息网络系统的组成；第三维是协议层次，给出并扩展了国际标准化组织 ISO 的开放式系统互联(OSI)模型。

从框架结构可以看出，每一个系统单元对应着不同的协议层次，要采取多种安全服务才能保证该系统(单元)的安全。例如要保障网络平台的安全，需要有网络节点之间的认证与访问控制；要保障应用平台的安全，架构中需要对应有用户的认证、访问控制、抗抵赖和审计功能，具备数据传输的完整性、保密性与可用性措施等。可以说，信息网络系统的安全实质上就是这个系统中的每个系统单元都有相应的安全措施来满足其安全需求。

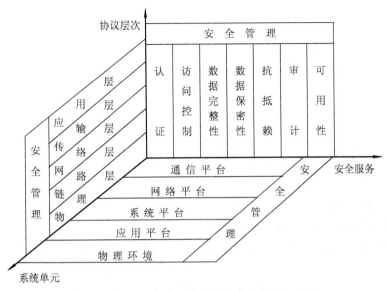

图 9-3　网络安全防范技术体系的三维框架结构

　　全方位整体的网络安全防范体系是分层次的，不同层次反映了不同的安全问题。根据网络应用现状和网络结构，可以将网络安全防范体系的层次划分为物理层、系统层、网络层、应用层和管理层安全，如图 9-4 所示。

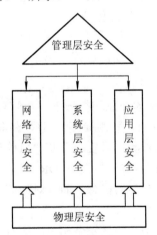

图 9-4　网络安全防范体系层次

　　1)　物理层安全

　　物理层的安全包括通信线路、物理设备、机房的安全等。该层次的安全主要体现在通信线路(线路备份、传输介质等)的可靠性、软硬件设备(网管软件、替换设备、拆卸设备、增加设备等)的安全性、设备备份、防灾害能力、防干扰能力、设备的运行环境(温度、湿度、烟尘)以及不间断电源保障等方面。

　　2)　系统层安全

　　系统层的安全问题主要来自网络操作系统的安全，如 Linux、Windows 操作系统等，主要表现在三方面：一是操作系统本身的缺陷带来的不安全因素，主要包括身份认证、访问控制、系统漏洞等；二是操作系统的安全配置问题；三是病毒对操作系统的威胁。

3) 网络层安全

网络层的安全问题主要体现在网络系统的安全性方面，包括网络层身份认证、网络资源访问控制、数据传输保密与完整性、远程接入安全、域名系统安全、路由系统安全、入侵检测手段以及网络设施防病毒等。

4) 应用层安全

应用层的安全问题主要来自提供服务所采用的应用软件和数据，包括 Web 服务、电子邮件系统、DNS 等，此外，还包括病毒对系统的安全威胁。

5) 管理层安全

管理层安全包括技术和设备管理安全、管理制度安全、部门与人员的组织规则等。管理的制度化极大程度地影响着整个网络的安全，严格的安全管理制度、明确的部门安全职责划分、合理的人员角色配置，都可以在很大程度上降低其他层次的安全漏洞。

9.5 P^{2}DR 网络动态安全模型

随着网络的蓬勃发展，人们已经意识到网络安全是最迫切需要解决的问题之一。由于传统的计算机安全理论不能适应动态变化的与多维互联的网络环境，于是可适应网络安全理论体系逐渐形成。可适应网络安全理论(或称动态信息安全理论)的主要模型是 P^{2}DR 模型，该模型给网络安全管理提供了方法。所有的安全问题都可以在统一的安全策略指导下，采取防护、检测、响应等不断循环的动态过程，提示系统的安全性和安全能力。

1. P^{2}DR 动态安全模型的概念

P^{2}DR 模型是在整体安全策略的控制和指导下，在综合运用防护工具(如防火墙、操作系统身份认证、加密等手段)的同时，利用检测工具(如漏洞评估、入侵检测等系统)了解和评估系统的安全状态，将系统调整到"最安全"和"风险最低"的状态。防护、检测和响应组成了一个完整的、动态的安全循环过程。P^{2}DR 模型是对传统安全模型的重大改进，它是一个动态模型，其中引进了时间的概念，而且对如何实现系统的安全，如何评估安全的状态，给出了可操作性的描述。

动态安全模型最基本的原理是：信息安全相关的所有活动，不管是攻击行为、防护行为、检测行为和响应行为等都要消耗时间。因此可以用时间来衡量一个体系的安全性和安全能力。

作为一个防护体系，当入侵者要发起攻击时，每一步都需要花费时间。攻击成功花费的时间就是安全体系提供的防护时间；在入侵发生的同时，检测系统也在发挥作用，检测到入侵行为也要花费时间——检测时间；在检测到入侵后，系统会做出相应的响应动作，这也要花费时间——响应时间。

P^{2}DR 模型要求满足防护时间大于检测时间加上响应时间，也就是在入侵者危害安全目标之前就能被检测到并及时处理。

P^{2}DR 模型赋予信息安全新的内涵，即及时的检测和响应就是安全，及时的检测和恢复就是安全，同时，为信息安全问题的解决指明了方向：提高系统的防护时间，降低检测时间和响应时间。

P²DR 模型包含四个主要部分，即安全策略(Policy)、防护(Protection)、检测(Detection)、响应(Response)，如图 9-5 所示。

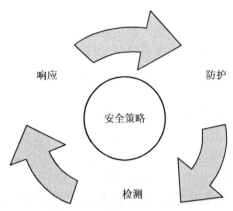

图 9-5 P²DR 动态安全模型

(1) 策略。策略是 P²DR 安全模型的核心，所有的防护、检测、响应都是依据安全策略实施的，网络安全策略为安全管理提供方向和支持手段。策略体系的建立包括安全策略的制定、评估、执行等，制定可行的安全策略取决于对网络信息系统的了解程度。

(2) 防护。防护通常是通过采用一些传统的静态安全技术及方法来实现的，主要包括防火墙、加密、认证等技术和方法。

(3) 检测。在 P²DR 模型中，检测是非常重要的一个环节，检测是动态响应和加强防护的依据，也是强制落实安全策略的有力工具；通过不断地检测和监控网络和系统来发现新的威胁和弱点，通过循环反馈来及时做出有效的响应。网络的安全风险是实时存在的，所以检测的对象应该主要针对构成安全风险的两个部分：系统自身的脆弱性及外部威胁。

(4) 响应。紧急响应在安全系统中占有重要的地位，是解决安全威胁最有效的办法。从某种意义上讲，安全问题就是要解决紧急响应和异常处理问题，要解决紧急响应问题，就要制定紧急响应的方案，做好紧急响应方案中的一切准备工作。

2. P²DR 动态安全模型的内涵

安全策略、防护、检测和响应实际上是一个螺旋上升的过程，经过了一个 P²DR 循环之后，系统防护能力能够得到显著提高。P²DR 动态安全模型的具体内涵如下：

(1) 策略是整个模型的核心。在网络安全机制的实施过程中，策略意味着网络安全所要实现的目标，它决定了各种措施的强度。因为追求安全是要付出代价的，一般会牺牲用户的舒适度和便捷性，还有整个网络系统的运行性能，因此策略要根据网络的安全等级需要进行制定。防护、检测和响应将依据安全策略展开，但并不是每一个网络安全机制都具备 P²DR 模型中的全部功能，只有策略才是任何网络安全机制所必备的。

(2) 防护是网络安全的第一步，它包括三方面的内容。一是制度。任何一种行为都必须规范在一定的制度之下，网络安全也不例外，它需要在安全策略的基础上制定安全制度。二是系统。根据安全策略可安装防火墙、建立 VPN 等安全系统。三是完善。针对现有网络环境的系统配置，安装各种必要的补丁软件，并对系统进行仔细的配置，以达到安全策略规定的安全级别。防护的基础是检测与响应的结果。

（3）检测是一种手段，因为防护相对于攻击来说总是滞后的，一种漏洞的发现或者攻击手段的发明，与当前采用的相应防护手段之间，总会有一个时间差，所以检测就是弥补这个时间差的必要手段。检测内容包括：

① 异常监视：发现系统的异常情况，如重要文件的修改、不正常的登录等。

② 模式发现：对已知的攻击模式进行识别。

（4）响应是在发现网络中存在攻击企图或者攻击之后，需要系统及时采取的反应。其内容包括：

① 报告：无论系统的自动化程度有多高，都需要让管理员知道是否有入侵发生。

② 记录：必须将所有的情况记录下来，包括入侵的各个细节和系统的反应。

③ 反应：进行相应的处理以阻止进一步的入侵。

④ 恢复：清除入侵造成的影响，使系统恢复正常运行。

如果把响应所包含的告知与取证等非技术因素剔除，实际上响应就意味着进一步的防护。

9.6　网络安全设计原则

网络安全设计需要考虑可实施性、可管理性、可扩展性、综合完备性、系统均衡性等网络安全要素，在整体设计过程中应遵循以下 9 项原则。

1. 木桶原则

木桶原则即"木桶的最大容积取决于最短的一块木板"。木桶原则是网络安全防护的基本原则。网络信息安全防护是一个复杂的系统工程，由于网络自身的复杂性、资源共享性，使其安全风险防不胜防。攻击者经常在系统中最薄弱的环节实施攻击，且容易成功。因此，网络安全设计要防止最常见的攻击，提高系统整体防御能力。

2. 整体性原则

网络安全的整体性原则要求在网络发生被攻击、被破坏事件的情况下，必须尽可能地快速恢复网络信息中心的服务，减少损失。

3. 安全性评价与平衡原则

网络安全总是相对的，不存在绝对的安全，因此网络安全是不断完善与加强的，需要正确处理需求、风险与代价的关系，做到安全性与可用性相容，达到系统的可执行性。

4. 标准化与一致性原则

网络系统是一个庞大的系统工程，其安全体系的设计必须遵循一系列的标准，这样才能确保各个分系统的一致，使整个系统安全地互联互通、信息共享。

5. 技术与管理相结合原则

网络安全体系是一个复杂的系统工程，需要将各种安全技术、运行管理机制和人员培训等相结合，以期实现网络安全的最优组合。

6. 统筹规划、分步实施原则

随着网络规模的扩大及应用的增加，网络的复杂程度和脆弱性也会不断增加，应根据实际需要调整或增强安全防护力度，保证整个网络最根本的安全需求。

7. 等级性原则

等级性原则是指安全层次和安全级别。良好的信息安全系统必然会分为不同等级，应针对不同级别的安全对象，提供全面、可选的安全算法和安全体制，以满足网络中不同层次的各种实际需求。

8. 动态发展原则

应根据网络安全的变化不断调整安全措施，以适应新的网络环境，满足新的网络安全需求。

9. 易操作性原则

易操作性原则可以保证实施安全措施的可靠性。

9.7　网络攻击与防御技术

9.7.1　网络攻击技术

常见的网络攻击技术包括网络嗅探技术、缓冲区溢出技术、拒绝服务攻击技术、IP 欺骗技术、密码攻击技术等，常见的网络攻击工具包括安全扫描工具、监听工具、口令破译工具等。

网络攻击技术和攻击工具的迅速发展，使得各个单位的网络信息安全面临越来越大的风险；要保证网络信息安全，就必须想办法在一定程度上克服以上种种威胁，加深对网络攻击技术发展趋势的了解，尽早采取相应的防护措施。

近年来，网络攻击呈现了一些新特征，主要有以下几点。

1) 网络攻击阶段自动化

(1) 扫描阶段。新出现的扫描技术(隐藏扫描、告诉扫描、智能扫描、指纹识别等)推动了扫描工具的发展，使得攻击者利用更先进的扫描模式来改善扫描效果，提高扫描速度。

一个新的发展趋势是漏洞数据从扫描代码分离出来，并标准化，使得攻击者能自行对扫描工具进行更新。

(2) 渗透控制阶段。传统的网络攻击植入方式包括邮件附件植入、文件捆绑植入已经不再有效，因为系统普遍安装了杀毒软件和防火墙。

新的网络攻击植入方式包括隐藏远程植入方式、基于数字水印的远程植入方式、基于动态链接库(DLL)和远程线程插入的植入技术，能够躲避防病毒软件的检测，将受控端程序植入到目的计算机中。

(3) 传播攻击阶段。以前需要依靠人工启动工具发起的攻击，现在发展成为由攻击工具本身主动发起的新的攻击。

(4) 攻击工具的协调管理阶段。随着分布式攻击工具的出现，攻击者可以很容易地控制和协调分布在 Internet 上的大量已经部署的攻击工具。目前，分布式攻击工具能够更有效地发动拒绝服务攻击，扫描潜在的受害者，从而危害存在安全隐患的系统。

2) 网络攻击智能化

随着智能性网络攻击工具的普及，普通技术的攻击者能在较短的时间内向脆弱的计算机网络系统发起攻击。安全人员若要在这场入侵的网络战争中获胜，必须做到"知彼知己"，才能采用相应的对策阻止这些攻击。

攻击工具的开发者利用更先进的思想和技术来武装攻击工具，攻击工具的特征比以前更难发现，工具已经具备了反侦破、智能动态行为、攻击工具变异等特点。

(1) 反侦破。攻击者越来越多地采用具有隐蔽攻击工具特性的技术，使得网络安全专家需要耗费更多的时间分析新出现的攻击工具和了解新的攻击行为。

(2) 智能动态行为。攻击工具能根据环境自适应地选择，可以预先定义决定策略路径来改变其模式和行为；早期的攻击工具仅仅以单一确定的顺序执行攻击步骤。

(3) 攻击工具变异。攻击工具可以通过升级或更换工具的一部分迅速变化自身，进而发动迅速变化的攻击，且在每一次攻击中会出现多种不同形态的攻击工具。

3) 安全漏洞被利用的速度越来越快

安全漏洞是危害网络安全的主要因素，安全漏洞没有厂商和操作系统平台的区别，在所有的操作系统和应用软件上普遍存在。新发现的各种操作系统与网络安全漏洞每年都会增加一倍，网络安全管理员需要不断用最近出现的补丁修补相应的漏洞。攻击者经常抢在厂商发布漏洞补丁之前，发现这些未修补的漏洞并同时发起攻击。

4) 防火墙的渗透率越来越高

防火墙目前是企业和个人防范网络入侵的主要防护措施。一直以来，攻击者都在研究攻击和躲避防火墙的技术和手段。

根据攻击防火墙的过程，大致可以将攻击的方法分为两类：

(1) 基于防火墙的探测攻击。探测在目标网络上安装的是何种防火墙系统，找出防火墙系统允许哪些服务开放，利用该开放服务进行内网的攻击。

(2) 采取地址欺骗、TCP 序列号攻击等手法绕过防火墙的认证机制，达到攻击防火墙和内部网络的目的。

5) 安全威胁的不对称性在增加

Internet 上的安全是相互依赖的，每一个 Internet 系统遭受攻击的可能性取决于连接到全球 Internet 上其他系统的安全状态。

攻击技术水平的进步，使得攻击者比较容易利用那些不安全的系统，对受害者发动破坏性的攻击。另外，随着部署自动化程度和攻击工具管理技巧的提高，威胁的不对称性也在增加。

6) 对网络基础设施的破坏越来越大

用户依赖网络提供的服务来完成日常业务，攻击者攻击位于 Internet 关键部位的网络基础设施造成的破坏影响越来越大。对网络基础设施攻击的主要手段包括分布式拒绝服务攻击、蠕虫病毒攻击、Internet 域名系统 DNS 攻击和路由器攻击。

1. 网络攻击的一般流程

网络攻击的一般流程如图 9-6 所示。下面具体介绍其中的部分流程。

(1) 确定目标。可以随机选择或预先确定目标。

(2) 目标系统的信息收集。确定攻击目标并收集目标系统的有关信息，包括系统一般信息(硬件平台类型、系统的用户、系统的服务与应用等)、系统及服务的管理信息、系统的配置信息、系统的口令信息、系统提供的服务类型信息等。

(3) 漏洞挖掘。从收集到的目标信息中提取可使用的漏洞信息，包括系统或应用服务软件漏洞、主机信任关系漏洞、目标网络的使用者漏洞、通信协议漏洞、网络业务系统漏洞等。

(4) 攻击。攻击包括攻击目的、攻击行为隐藏和攻击实施。

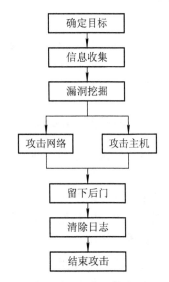

图 9-6　网络攻击的一般流程

① 攻击目的。攻击者的核心目的是获取特权账户权限，利用系统漏洞，运行特洛伊木马程序，窃听管理员口令，从而获得管理员权限。

② 攻击行为隐藏。隐藏方法包括：连接隐藏，冒充其他用户、修改 LOGNAME 环境变量、修改 utmp 日志文件和 IP SPOOF(IP 地址欺骗)；进程隐藏，使用重定向技术减少 ps 给出的信息量、用木马代替 ps 程序；文件隐藏，利用字符串的相似性来麻痹系统管理员，或修改文件属性，使普通的显示方法无法看到；利用操作系统可加载模块特性，隐藏攻击时所产生的信息。

③ 攻击实施。实施攻击的方式和结果包括：实施攻击或以目标系统为跳板向其他系统发起攻击；入侵其他被信任的主机和网络；修改或删除重要数据；窃听敏感数据；停止网络服务；下载敏感数据；删除用户账号；修改数据记录。

(5) 留下后门。在目标系统中开辟后门则可方便以后入侵。开辟后门的方式包括：放宽文件许可权；重新开放不安全的服务，如 REXD、TFTP 等；修改系统的配置，如系统启动文件、网络服务配置文件等；替换系统的共享库文件；修改系统的源代码，安装各种特洛伊木马；安装嗅探器；建立隐蔽通道。

(6) 清除日志。清除日志的目的是清除攻击痕迹，逃避攻击取证。

2. 黑客技术

黑客技术是发现计算机系统和网络的缺陷和漏洞，并针对其实施的攻击技术。缺陷包括软件缺陷、硬件缺陷、网络协议缺陷、管理缺陷和人为失误等。

开放的系统都会有漏洞。黑客攻击是黑客自己开发或利用已有工具寻找计算机系统和网络的缺陷及漏洞，并对其实施攻击；常用手段是获得超级用户口令，先分析目标系统正在运行哪些应用程序，可以获得哪些权限，有哪些漏洞可以利用，再利用这些漏洞获得超级用户权限，再达到他们攻击的目的。

黑客技术是一把双刃剑，其技术的好坏取决于使用它的人。有些人研究计算机系统和网络中存在的漏洞，提出解决和修补漏洞的方法，以完善系统；有些人研究系统和网络漏洞则以破坏为目的，非法进入主机破坏程序、修改网页、串入银行网络转移资金等。

黑客攻击每年以 10 倍的速度增长，美国每年因黑客入侵造成的经济损失达近百亿美元。黑客技术的存在促进了网络的自我完善，推动了整个互联网的发展。网络战成为第四大武器，在未来的战争中，黑客技术将成为主要的攻击手段。

9.7.2　网络防御技术

网络防御是指通过网络安全技术进行有效的介入控制，保证数据传输、存储及应用的安全性。

常用的网络防御技术一般包括入侵检测技术、防火墙及病毒防护技术、数字签名及生物识别技术、信息加密处理与访问控制技术、安全防护技术、安全审计技术、安全检测与监控技术、解密与加密技术、身份认证技术等。

1. 入侵检测技术

在使用计算机软件学习或者工作的时候，多数用户会面临程序设计不当或者配置不当的问题，若是用户没有及时解决这些问题，就会使他人轻易地入侵到自己的计算机系统中。例如，黑客可以利用程序漏洞入侵他人计算机，窃取或者损坏信息资源，对他人造成一定程度上的经济损失。因此，在出现程序漏洞时用户必须及时处理，可以通过安装漏洞补丁来解决。此外，入侵检测技术也能有效地保障计算机网络信息的安全性。该技术是通信、密码等技术的综合体，用户合理利用该技术能够及时了解到计算机中存在的各种安全威胁，并采取一定的措施进行处理。

2. 防火墙及病毒防护技术

防火墙是一种能够有效保护计算机安全的重要技术，由软、硬件设备组合而成，通过建立检测和监控系统来阻挡外部网络的入侵。用户可以使用防火墙有效控制外界因素对计算机系统的访问，确保计算机的保密性、稳定性以及安全性。

病毒防护技术是指通过安装杀毒软件进行安全防御，并且及时更新软件，如金山毒霸、360 安全防护中心、电脑安全管家等。病毒防护技术的主要作用是对计算机系统进行实时监控，同时防止病毒入侵计算机系统对其造成危害，将病毒进行截杀与消灭，实现对系统的安全防护。除此以外，用户还应当积极主动地学习计算机安全防护的知识，在网上下载资源时尽量不要选择不熟悉的网站，若是必须下载则要对下载好的资源进行杀毒处理，保证该资源不会对计算机安全运行造成负面影响。

3. 数字签名及生物识别技术

数字签名技术主要针对电子商务，该技术有效地保证了信息传播过程中的保密性以及安全性，同时也能够避免计算机受到恶意攻击或侵袭等。生物识别技术是指通过对人体特征(主要包括指纹、视网膜、声音等)的识别来决定是否给予用户应用的权利。生物识别技术能够最大限度地保证计算机互联网信息的安全性；现如今应用最为广泛的就是指纹识别技术，该技术在安全保密的基础上也有着稳定、简便的特点，为人们带来了极大的便利。

4. 信息加密处理与访问控制技术

信息加密技术是指用户可以对需要保护的文件进行加密处理,设置一定难度的复杂密码,并牢记密码以保证其有效性。此外,用户还应当对计算机设备进行定期的检修以及维护,加强网络安全保护,并对计算机系统进行实时监测,防范网络入侵与风险,进而保证计算机的安全、稳定运行。访问控制技术是指通过用户的自定义对某些信息进行访问权限设置,或者利用控制功能实现访问限制。该技术使用户信息得以保护,也避免了非法访问情况的发生。

5. 安全防护技术

安全防护技术包括网络防护技术(如防火墙、UTM、入侵检测防御等)、应用防护技术(如应用程序接口安全技术等)、系统防护技术(如防篡改、系统备份与恢复技术等),是防止外部网络用户以非法手段进入内部网络访问内部资源,保护内部网络操作环境的相关技术。

6. 安全审计技术

安全审计包括日志审计和行为审计。通过日志审计,可协助管理员在受到攻击后察看网络日志,从而评估网络配置的合理性、安全策略的有效性,追溯分析安全攻击轨迹,并能为实时防御提供手段;通过对员工或用户的网络行为审计,可确认行为的合规性,确保信息及网络使用的合规性。

7. 安全检测与监控技术

对信息系统中的流量以及应用内容进行二至七层的检测并适度监管和控制,可避免网络流量的滥用、垃圾信息和有害信息的传播。

8. 解密与加密技术

在信息系统的传输过程或存储过程中可进行信息数据的加密和解密。

9. 身份认证技术

身份认证技术用来确定访问或介入信息系统的用户或者设备身份的合法性的技术,典型的手段包括用户名口令、身份识别、PKI 证书和生物认证等。

9.8 网络安全类型与法律法规

网络安全因不同的环境和应用而有不同的类型,主要有以下几种。

1) 系统安全

系统安全即信息处理和传输系统的安全,它侧重于保证系统的正常运行,避免因为系统的崩溃和损坏而对系统存储、处理和传输的消息造成破坏和损失,避免由于电磁泄漏产生信息泄露,干扰他人或受他人干扰。

2) 网络信息安全

网络信息安全包括用户口令鉴别、用户存取权限控制、数据存取权限和方式控制、安全审计、安全问题跟踪、计算机病毒防治、数据加密等。

3) 信息传播安全

信息传播安全即信息传播后果的安全,包括信息过滤等,它侧重于防止和控制由非法、有害的信息进行传播所产生的后果，避免公用网络上自由传输的信息失控。

4) 信息内容安全

信息内容安全侧重于保护信息的保密性、真实性和完整性，避免攻击者利用系统的安全漏洞进行窃听、冒充、诈骗等有损于合法用户的行为，其本质是保护用户的利益和隐私。

为保障网络安全，维护网络空间主权和国家安全、社会公共利益，保护公民、法人和其他组织的合法权益，促进经济社会信息化健康发展，我国政府结合信息化建设的实际情况，制定了一系列法律和法规，具有代表性的法律法规如下：

1991 年 6 月，国务院颁布《中华人民共和国计算机软件保护条例》，加强了软件著作权的保护。

1994 年 2 月，国务院颁布《中华人民共和国计算机信息系统安全保护条例》，主要内容包括计算机信息系统的概念、安全保护的内容、信息系统安全主管部门及安全保护制度等。

1996 年 2 月，国务院颁布《中华人民共和国计算机信息网络管理暂行规定》，体现了国家对国际联网实行统筹规划、统一标准、分级管理、促进发展的原则。

1997 年 3 月，中华人民共和国第八届全国人民代表大会第五次会议对《中华人民共和国刑法》进行了修订，明确规定了非法侵入计算机信息系统罪和破坏计算机信息系统罪的具体体现。

1997 年 12 月，国务院颁布《中华人民共和国计算机信息网络国际联网安全保护管理办法》，加强了国际联网的安全保护。

2017 年 6 月，国务院颁布《中华人民共和国网络安全法》，它是我国第一部全面规范网络空间安全管理方面问题的基础性法律。

2019 年 10 月 26 日，《中华人民共和国密码法》由中华人民共和国第十三届全国人民代表大会常务委员会第十四次会议通过，自 2020 年 1 月 1 日起施行。《中华人民共和国密码法》是为了规范密码应用和管理，促进密码事业发展，保障网络与信息安全，维护国家安全和社会公共利益，保护公民、法人和其他组织的合法权益制定的法律，是中国密码领域的综合性、基础性法律。

2019 年 11 月 20 日，国家互联网信息办公室就《网络安全威胁信息发布管理办法(征求意见稿)》公开征求社会意见，对发布网络安全威胁信息的行为作出规范。

2020 年 6 月 1 日，由国家互联网信息办公室、国家发展和改革委员会、工业和信息化部、公安部等 12 个部门联合发布《网络安全审查办法》，自 2020 年 6 月 1 日起实施。

2022 年 1 月，国家互联网信息办公室等十三部门修订发布《网络安全审查办法》，将网络平台运营者开展数据处理活动影响或者可能影响国家安全等情形纳入网络安全审查，并明确掌握超过 100 万用户个人信息的网络平台运营者赴国外上市必须向网络安全审查办公室申报网络安全审查。

为培养网络空间安全人才，我国还制定了系列相关战略规划，例如：2016 年 12 月《国家网络空间安全战略》正式发布，提出实施网络空间安全人才工程，加强网络空间安全学科专业建设，打造一流网络空间安全学院和创新园区，形成有利于人才培养和创新创业的生态环境；2017 年 6 月，《中华人民共和国网络安全法》正式实施，提出国家支持企业和高等学校、职业学校等教育培训机构开展网络安全相关教育与培训，采取多种方式培养网络安全人才，促进网络安全人才交流；2020 年，工业和信息化部发布促进网络安全产业发展的指导性文件把"网络安全职业人才队伍日益壮大"作为发展目标之一，并提出"推动高校设立网络空间安全学院或网络安全相关专业""加强网络安全职业教育和技能培训""推动校企对接"等一系列保障措施；2021 年 7 月，《网络安全产业高质量发展三年行动计划(2021—2023 年)(征求意见稿)》把"人才队伍建设行动"列为五大重点任务之一，指出要加强多层次人才支撑保障，促进创新链、产业链、价值链协同发展，培育健康有序的产业生态，为制造强国、网络强国建设奠定坚实基础，并明确了"创新型、技能型、实战型人才培养力度显著加大，多层次网络安全人才培养体系更加健全，网络安全人才规模质量不断提高"的发展目标。

9.9　国家网络空间安全战略

信息技术的广泛应用和网络空间的兴起发展极大促进了经济社会的繁荣进步，同时也带来了新的安全风险和挑战。网络空间安全事关人类共同利益，事关世界和平与发展，事关各国国家安全，维护我国网络安全是协调推进全面建成小康社会、全面深化改革、全面依法治国、全面从严治党战略布局的重要举措，是实现"两个一百年"奋斗目标、实现中华民族伟大复兴中国梦的重要保障。为贯彻落实习近平主席关于推进全球互联网治理体系变革的"四项原则"和构建网络空间命运共同体的"五点主张"，阐明中国关于网络空间发展和安全的重大立场，指导中国网络安全工作，维护国家在网络空间的主权、安全和发展利益，2016 年 12 月 27 日，经中央网络安全和信息化领导小组批准，国家互联网信息办公室发布了《国家网络空间安全战略》，内容包括以下几方面。

1. 战略目标

以总体国家安全观为指导，贯彻落实创新、协调、绿色、开放、共享的新发展理念，增强风险意识和危机意识，统筹国内、国际两个大局，统筹发展、安全两件大事，积极防御、有效应对，推进网络空间和平、安全、开放、合作、有序，维护国家主权、安全和发展利益，实现建设网络强国的战略目标。

(1) 和平：信息技术滥用得到有效遏制，网络空间军备竞赛等威胁国际和平的活动得到有效控制，网络空间冲突得到有效防范。

(2) 安全：网络安全风险得到有效控制，国家网络安全保障体系健全完善，核心技术装备安全可控，网络和信息系统运行稳定、可靠。网络安全人才满足需求，全社会的网络安全意识、基本防护技能和利用网络的信心大幅提升。

(3) 开放：信息技术标准、政策和市场开放、透明，产品流通和信息传播更加顺畅，数字鸿沟日益弥合。不分大小、强弱、贫富，世界各国特别是发展中国家都能分享发展机遇、共享发展成果、公平参与网络空间治理。

(4) 合作：世界各国在技术交流、打击网络恐怖和网络犯罪等领域的合作更加密切，多边、民主、透明的国际互联网治理体系健全完善，以合作共赢为核心的网络空间命运共同体逐步形成。

(5) 有序：公众在网络空间的知情权、参与权、表达权、监督权等合法权益得到充分保障，网络空间个人隐私获得有效保护，人权受到充分尊重。网络空间的国内和国际法律体系、标准规范逐步建立，网络空间实现依法有效治理，网络环境诚信、文明、健康，信息自由流动与维护国家安全、公共利益实现有机统一。

2. 战略原则

一个安全、稳定和繁荣的网络空间，对各国乃至世界都具有重大意义。中国愿与各国一道，加强沟通、扩大共识、深化合作，积极推进全球互联网治理体系变革，共同维护网络空间和平安全。

1) 尊重维护网络空间主权

网络空间主权不容侵犯，尊重各国自主选择发展道路、网络管理模式、互联网公共政策和平等参与国际网络空间治理的权利。各国主权范围内的网络事务由各国人民自己做主，各国有权根据本国国情，借鉴国际经验，制定有关网络空间的法律法规，依法采取必要措施，管理本国信息系统及本国疆域上的网络活动；保护本国信息系统和信息资源免受侵入、干扰、攻击和破坏，保障公民在网络空间的合法权益；防范、阻止和惩治危害国家安全和利益的有害信息在本国网络传播，维护网络空间秩序；任何国家都不搞网络霸权、不搞双重标准，不利用网络干涉他国内政，不从事、纵容或支持危害他国国家安全的网络活动。

2) 和平利用网络空间

和平利用网络空间符合人类的共同利益。各国应遵守《联合国宪章》关于不得使用或威胁使用武力的原则，防止信息技术被用于与维护国际安全与稳定相悖的目的，共同抵制网络空间军备竞赛、防范网络空间冲突。坚持相互尊重、平等相待，求同存异、包容互信，尊重彼此在网络空间的安全利益和重大关切，推动构建和谐网络世界。反对以国家安全为借口，利用技术优势控制他国网络和信息系统、收集和窃取他国数据，更不能以牺牲别国安全为代价谋求自身所谓的绝对安全。

3) 依法治理网络空间

全面推进网络空间法治化，坚持依法治网、依法办网、依法上网，让互联网在法治轨道上健康运行。依法构建良好的网络秩序，保护网络空间信息依法有序自由流动，保护个人隐私，保护知识产权。任何组织和个人在网络空间享有自由、行使权利的同时，须遵守法律，尊重他人权利，对自己在网络上的言行负责。

4) 统筹网络安全与发展

没有网络安全就没有国家安全，没有信息化就没有现代化。网络安全和信息化是一体之两翼、驱动之双轮。正确处理发展和安全的关系，坚持以安全保发展，以发展促安全。安全是发展的前提，任何以牺牲安全为代价的发展都难以持续。发展是安全的基础，不发展是最大的不安全。没有信息化发展，网络安全也没有保障，已有的安全甚至会丧失。

3. 战略任务

中国的网民数量和网络规模居世界第一，维护好中国的网络安全，不仅是自身需要，而且对于维护全球网络安全乃至世界和平都具有重大意义。中国致力于维护国家网络空间主权、安全和发展利益，推动互联网造福人类，推动网络空间的和平利用和共同治理。

1) 坚定捍卫网络空间主权

根据宪法和法律法规管理我国主权范围内的网络活动，保护我国信息设施和信息资源安全，采取包括经济、行政、科技、法律、外交、军事等一切措施，坚定不移地维护我国网络空间主权，坚决反对通过网络颠覆我国国家政权和破坏我国国家主权的一切行为。

2) 坚决维护国家安全

防范、制止和依法惩治任何利用网络进行叛国、分裂国家、煽动叛乱、颠覆或者煽动颠覆人民民主专政政权的行为；防范、制止和依法惩治利用网络进行窃取、泄露国家秘密等危害国家安全的行为；防范、制止和依法惩治境外势力利用网络进行渗透、破坏、颠覆、分裂活动。

3) 保护关键信息基础设施

国家关键信息基础设施是指关系国家安全、国计民生，一旦数据泄露、遭到破坏或者丧失功能可能严重危害国家安全、公共利益的信息设施，包括但不限于提供公共通信、广播电视传输等服务的基础信息网络，能源、金融、交通、教育、科研、水利、工业制造、医疗卫生、社会保障、公用事业等领域和国家机关的重要信息系统，重要互联网应用系统等。采取一切必要措施保护关键信息基础设施及其重要数据不受攻击破坏；坚持技术和管理并重、保护和震慑并举，着眼识别、防护、检测、预警、响应、处置等环节，建立实施关键信息基础设施保护制度，从管理、技术、人才、资金等方面加大投入，依法综合施策，切实加强关键信息基础设施安全防护。

关键信息基础设施保护是政府、企业和全社会的共同责任，主管、运营单位和组织要按照法律法规、制度标准的要求，采取必要措施保障关键信息基础设施安全，逐步实现先评估后使用。加强关键信息基础设施风险评估，加强党政机关以及重点领域网站的安全防护，基层党政机关网站要按集约化模式建设运行和管理。建立政府、行业与企业的网络安全信息有序共享机制，充分发挥企业在保护关键信息基础设施中的重要作用。

坚持对外开放，立足开放环境下维护网络安全。建立实施网络安全审查制度，加强供应链安全管理，对党政机关、重点行业采购使用的重要信息技术产品和服务开展安全审查，提高产品和服务的安全性和可控性，防止产品服务提供者和其他组织利用信息技术优势实施不正当竞争或损害用户利益。

4) 加强网络文化建设

加强网上思想文化阵地建设，大力培育和践行社会主义核心价值观，实施网络内容建设工程，发展积极向上的网络文化，传播正能量，凝聚强大精神力量，营造良好网络氛围；鼓励拓展新业务、创作新产品，打造体现时代精神的网络文化品牌，不断提高网络文化产业规模水平；实施中华优秀文化网上传播工程，积极推动优秀传统文化和当代文化精品的数字化、网络化制作和传播；发挥互联网传播平台优势，推动中外优秀文化交流互鉴，让各国人民了解中华优秀文化，让中国人民了解各国优秀文化，共同推动网络文化的繁荣发展，丰富人们的精神世界，促进人类文明进步。

加强网络伦理、网络文明建设，发挥道德教化引导作用，用人类文明优秀成果滋养网络空间、修复网络生态，建设文明诚信的网络环境，倡导文明办网、文明上网，形成安全、文明、有序的信息传播秩序；坚决打击谣言、淫秽、暴力、迷信、邪教等违法有害信息在网络空间的传播蔓延；提高青少年网络文明素养，加强对未成年人上网保护，通过政府、社会组织、社区、学校、家庭等方面的共同努力，为青少年健康成长创造良好的网络环境。

5) 打击网络恐怖和违法犯罪

加强网络反恐、反间谍、反窃密能力建设，严厉打击网络恐怖和网络间谍活动。

坚持综合治理、源头控制、依法防范，严厉打击网络诈骗、网络盗窃、贩枪贩毒、侵害公民个人信息、传播淫秽色情、黑客攻击、侵犯知识产权等违法犯罪行为。

6) 完善网络治理体系

坚持依法、公开、透明管网治网，切实做到有法可依、有法必依、执法必严、违法必究。健全网络安全法律法规体系，制定出台网络安全法、未成年人网络保护条例等法律法规，明确社会各方面的责任和义务，明确网络安全管理要求。加快对现行法律的修订和解释，使之适用于网络空间。完善网络安全相关制度，建立网络信任体系，提高网络安全管理的科学化、规范化水平。

加快构建法律规范、行政监管、行业自律、技术保障、公众监督、社会教育相结合的网络治理体系，推进网络社会组织管理创新，健全基础管理、内容管理、行业管理以及网络违法犯罪防范和打击等工作联动机制，加强网络空间通信秘密、言论自由、商业秘密，以及名誉权、财产权等合法权益的保护。

鼓励社会组织等参与网络治理，发展网络公益事业，加强新型网络社会组织建设，鼓励网民举报网络违法行为和不良信息。

7) 夯实网络安全基础

坚持创新驱动发展，积极创造有利于技术创新的政策环境，统筹资源和力量，以企业为主体，产、学、研、用相结合，协同攻关、以点带面、整体推进，尽快在核心技术上取得突破；重视软件安全，加快安全可信产品推广应用；发展网络基础设施，丰富网络空间信息内容；实施"互联网+"行动，大力发展网络经济；实施国家大数据战略，建立大数据安全管理制度，支持大数据、云计算等新一代信息技术创新和应用。优化市场环境，鼓励网络安全企业做大做强，为保障国家网络安全夯实产业基础。

建立和完善国家网络安全技术支撑体系，加强网络安全基础理论和重大问题研究；加强网络安全标准化和认证认可工作，更多地利用标准规范网络空间行为；做好等级保护、风险评估、漏洞发现等基础性工作，完善网络安全监测预警和网络安全重大事件应急处置机制。

实施网络安全人才工程，加强网络安全学科专业建设，打造一流网络安全学院和创新园区，形成有利于人才培养和创新创业的生态环境；办好网络安全宣传周活动，大力开展全民网络安全宣传教育；推动网络安全教育进教材、进学校、进课堂，提高网络媒介素养，增强全社会网络安全意识和防护技能，提高广大网民对网络违法有害信息、网络欺诈等违法犯罪活动的辨识和抵御能力。

8) 提升网络空间的防护能力

网络空间是国家主权的新疆域，建设与我国国际地位相称、与网络强国相适应的网络空间防护力量，大力发展网络安全防御手段，及时发现和抵御网络入侵，铸造维护国家网络安全的坚强后盾。

9) 强化网络空间的国际合作

在相互尊重、相互信任的基础上，加强国际网络空间的对话合作，推动互联网全球治理体系变革。深化同各国的双边、多边网络安全的对话交流和信息沟通，有效管控分歧，积极参与全球和区域组织网络安全合作，推动互联网地址、根域名服务器等基础资源管理的国际化。

支持联合国发挥主导作用，推动制定各方普遍接受的网络空间国际规则、网络空间国际反恐公约，健全打击网络犯罪的司法协助机制，深化在政策法律、技术创新、标准规范、应急响应、关键信息基础设施保护等领域的国际合作。

加强对发展中国家和落后地区互联网技术的普及和基础设施建设的支持援助，努力弥合数字鸿沟；推动"一带一路"建设，提高国际通信互联互通水平，畅通信息丝绸之路；搭建世界互联网大会等全球互联网共享共治平台，共同推动互联网健康发展，通过积极有效的国际合作，建立多边、民主、透明的国际互联网治理体系，共同构建和平、安全、开放、合作、有序的网络空间。

9.10　个人信息安全防护

《2021 年全国网民网络安全感满意度调查总报告》于 2021 年 12 月 6 日正式发布，报告显示 2021 年国内网民网络安全感满意度指数为 73.422(满分 100)，网民个人信息保护意识普遍增强，认为个人信息保护做得不好的应用领域有社交应用、电子商务、网络媒体、生活服务、数字娱乐等。调查报告显示，网民感觉和日常生活密切相关领域的网络应用在个人信息保护方面仍存在较多问题，网络上遭遇违法犯罪的情况也经常发生，排名靠前的网络违法犯罪情况的遇见率分别为：违法有害信息 61.10%、侵犯个人信息 56.07%、网络诈骗犯罪 43.95%、网络入侵 39.68%、网络攻击 29.03%、网络黑灰色产业犯罪 25.50%。这些数据表明，网络上遭遇违法犯罪的遇见率还是比较高的，因此，作为个人需要掌握网络安全常识，掌握网络安全防范的基本方法，提升防范和抵御网上有害信息的能力。

9.10.1　个人信息安全防护的措施

为了有效保护个人信息安全，需要从以下几个方面进行防护。

(1) 防范病毒或木马的攻击。该方面的防范措施包括：安装杀毒软件，定期查杀，更新软件。前往官方网站下载软件，安装前先查杀病毒；不打开未知链接，通信工具传输链接需谨慎；不随意接收陌生人文件，查看文件类型；移动存储器使用前先查杀病毒，可在存储器中建立名为 autorun.inf 的文件夹(可防 U 盘病毒启动)；定期备份文件，保护数据信息安全。

(2) 防范 QQ、微博、微信账号被盗。账号密码不要相同，尽量使用由大小写字母、数字和其他符号混合构成的密码；在登录多人共用的计算机前应重启计算机。

(3) 安全使用电子邮件。不随意点击不明邮件的链接、图片、文件，收到与个人信息和金钱相关(如中奖等)的信息时需提高警惕，不轻易进行相关操作。

(4) 防范钓鱼网站。查询网站备案信息核实网站真伪；警惕中奖、修改密码的通知、邮件和短信，这些很可能是钓鱼网站的陷阱；与支付相关的网站其网址一般以 https 开头，在网络地址栏会有彩色图标或锁头，可查看认证信息以进行识别，并且不乱点击网址，打开页面查看诱导信息。

(5) 防范网贷诈骗。正规贷款机构放款前不会收取任何费用。选择网上贷款时须进行线下实地查看，不轻信广告标语的宣传。

(6) 银行卡被骗后尽可能减少自身损失。及时向发卡银行报告欺诈交易，冻结交易，止付银行卡账户，及时报案，配合做好调查取证工作。

(7) 安全使用 WiFi。关闭自动连接网络功能，需要时开启；警惕公共场所免费无线信号，尽量不在公共场所进行网银操作；家中无线路由器启用 WPA/WEP 加密方式，修改默认 SSID 号，关闭 SSID 广播。

(8) 安全使用智能手机。设置锁屏密码；不轻易打开陌生链接和文件；安装防护软件，谨慎选择安装权限；不随意破解手机。

(9) 防范"伪基站"的危害。不轻信中奖等与金钱相关的信息，不向陌生号码发送个人信息。

(10) 防范骚扰电话、电话诈骗、垃圾短信。克服"贪利"思想，不轻信，谨防上当；不轻易泄漏家人及自己个人资料，涉及亲人及朋友求助、借钱的短信电话时要仔细核对。

个人信息安全防护最重要的原则是：尽可能少地暴露个人信息，如果在某些环境下一定要填写个人信息，也必须在使用完后及时销毁，如快递单上会有手机号码、地址等个人信息，消费小票上也包含部分姓名、银行卡号、消费记录等信息，这些单据在使用完后需要及时进行妥善处置。

9.10.2　常见的弱密码

1. 弱密码

弱密码(Weak Passwords)即容易破译的密码，多为简单的数字组合、账号相同的数字组合、键盘上的邻近键或常见姓名，如 123456、abc123、Michael 等，终端设备出厂配置的通用密码等都属于弱密码范畴。

强密码是安全最重要的基石。所谓强密码，是指同时包含了大小写字母、数字和符号的 8 位数以上的复杂密码，如 Gp/eB7%2，这种类型的密码被破解的可能性比较小。

据统计，网民常用的"弱密码"主要包括简单数字组合、顺序字符组合、临近字符组合以及特殊含义组合等四大类别，有些密码如 a1b2c3、p@ssword 等组合看似复杂，其实也在黑客重点关注的密码列表中。

NordPass 公布了 2021 年最常用的密码榜单，位列第一的是 123456，它的破解速度低于 1 s，使用次数突破 1.03 亿，如图 9-7 所示。

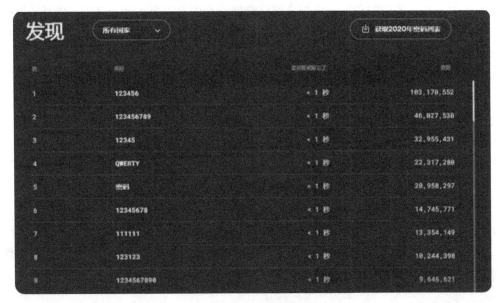

图 9-7   最常用的密码榜单

2. 密码设置的原则

密码设置的主要原则如下：

(1) 共享密码：设定共享密码时，需要选择一个没有在其他任何地方使用的密码，如果在另一个服务也使用相同的密码，一旦攻击成功，就可以获得两个云服务的访问。

(2) 密码有效时间：设定密码有效时间，定期修改密码非常关键，有助于防止攻击者进一步取得认证并窃取更多的敏感信息。

(3) 密码最短长度：密码长度应至少为 8 位，通常建议更长的密码。为了安全起见，可以采用造句的方法来设置密码。

(4) 密码强度：密码应该同时使用大小写字母、数字和特殊字符的组合。

(5) 密码历史：保存并使用密码的历史版本，系统能够比较当前密码与历史密码是否过于相似；如果过于相似，应该提示更换密码。

9.11   网络空间安全发展趋势与新兴技术

随着新一代信息技术与经济社会发展各领域的深度融合，需要及时掌握网络空间安全发展趋势和新兴技术，以便在维护国家安全、社会和谐发展、个人信息安全等方面发挥更重要的作用。

9.11.1   网络空间安全发展趋势

1. 新数据、新应用、新网络和新计算成为网络空间安全的发展方向和热点

物联网和移动互联网等新网络的快速发展给网络空间安全带来了更大的挑战。物联网将会在智能电网、智能交通、智能物流、金融与服务业、国防军事等众多领域得到应用。

物联网中的业务认证机制和加密机制是网络空间安全中最重要的两个环节，也是网络空间安全产业中保障信息安全的薄弱环节。移动互联网快速发展致使移动终端存储的隐私信息的安全风险越来越大。

2. 网络空间安全技术需要满足企业对网络空间安全不断发生变化的需求

传统的网络空间安全更关注防御、应急处置能力，但是，随着云安全服务的出现，基于软、硬件提供安全服务模式的传统安全产业开始发生变化。在移动互联网、云计算兴起的新形势下，简化客户端配置和维护成本，成为企业对新的网络空间安全的需求，也成为网络空间安全产业发展面临的新挑战。

3. 网络空间安全产业发展的大趋势是从传统安全走向融合开放的大安全

随着互联网的发展，传统的网络边界不复存在，给未来的互联网应用和业务带来巨大改变，给网络空间安全也带来了新挑战。融合开放是互联网发展的特点之一，网络空间安全也因此正在向分布化、规模化、复杂化和间接化等方向发展，网络空间安全产业也将在融合开放的大安全环境中探寻发展。

9.11.2　网络空间安全发展的新兴技术

网络空间安全技术不断更新，呈现出创新活跃的态势。以零信任、人工智能、量子技术和太空技术等为代表的新兴网络安全技术在网络安全领域的发展前景受到重点关注。在数字时代下，基于边界构建的传统安全防护正被零信任所取代，零信任逐渐成为数字时代主流的网络安全架构。人工智能赋能网络攻击催生出更多精准化、智能化、自主化的网络安全威胁。

1. 零信任将成为数字时代主流的网络空间安全架构

零信任的雏形最早源于 2004 年耶利哥论坛提出的去边界化的安全理念，2010 年 Forrester 正式提出了"零信任"(Zero Trust，ZT)的术语。经过近十多年的探索，零信任的理论及实践不断完善，逐渐从概念发展成为主流的网络安全技术架构。

在数字时代，云、大、物、移等新兴技术的融合与发展使得传统边界安全防护理念逐渐失效，而零信任安全建立以身份为中心进行动态访问控制，必将成为数字时代下主流的网络空间安全架构。零信任是面向数字时代的新型安全防护理念，是一种以资源保护为核心的网络空间安全范式。

零信任安全的简要归纳和概况为：① 网络无时无刻不处于危险的环境中；② 网络中自始至终都存在外部或内部威胁；③ 网络位置不足以决定网络的可信程度；④ 所有的设备、用户和网络流量都应当经过认证和授权；⑤ 安全策略必须是动态的，并基于尽可能多的数据源计算而来，因此零信任安全的核心思想是在默认情况下企业内部和外部的所有人、事、物都是不可信的，需要基于认证和授权重构访问控制的信任基础。

传统的安全防护是以边界为核心的，基于边界构建的网络安全解决方案相当于为企业构建了一条护城河，通过防护墙、VPN、UTM 及入侵防御检测等安全产品的组合将安全攻击阻挡在边界之外。这种建设方式一定程度上默认内网是安全的，而目前我国多数政企仍然是围绕边界来构建安全防护体系，对于内网安全常常是缺失的，在日益频繁的网络攻防对抗中也暴露出弊端。在不断发展变化的数字时代，旧式边界安全防护逐渐失效，而云、大、物、移、智等新兴技术的应用使得 IT 基础架构发生根本性变化，可扩展的混合 IT 环境已成为主流的系统运行环境，平台、业务、用户、终端呈现多样化趋势，传统的物理网络安全边界消失，并带来了更多的安全风险，旧式的边界安全防护效果有限，面对日益复杂的网络安全态势，零信任构建的新型网络空间安全架构被认为是数字时代下提升信息化系统和网络整体安全性的有效方式，逐渐得到了业界的广泛关注和应用，呈现出蓬勃发展的态势。

2. 人工智能赋能网络攻击，催生新型网络空间安全威胁

随着人工智能技术的发展，攻击者倾向于针对恶意代码攻击链的各个攻击环节进行赋能，增强攻击的精准性，提升攻击的效率与成功率，有效突破网络安全防护体系，对防御方造成重大损失。在恶意代码生成构建方面，深度学习赋能恶意代码生成相较于传统的恶意代码生成具有明显优势，可大幅提升恶意代码的免杀和生存能力。在恶意代码攻击的释放过程中，攻击者可将深度学习模型作为实施攻击的核心组件之一，利用深度学习中神经网络分类器的分类功能，对攻击目标进行精准识别与打击。在 2018 年美国黑帽大会上，国际商业机器公司(IBM)研究院展示了一种人工智能赋能的恶意代码 DeepLocker，借助卷积神经网络(CNN)模型实现了对特定目标的精准定位与打击，验证了精准释放恶意代码威胁的技术可行性。目前，这类攻击手法已被攻击者应用于实际的高级持续性威胁攻击中，一旦继续拓宽应用范围，将难以实现对抗防范，如果将之与网络攻击武器相结合，有可能提升战斗力并造成严重威胁和破坏。

随着物联网的逐步普及、工控系统的广泛互联，直接暴露在网络空间的联网设备数量大幅增加。2016 年 Mirai IoT 僵尸网络分布式拒绝服务攻击(DDoS)事件表明，攻击者正在利用多种手段控制海量 IoT 设备，将这些受感染的 IoT 设备组成僵尸网络，发动大规模 DDoS 攻击可造成网络阻塞和瘫痪。除了呈现大规模攻击的典型特点之外，网络攻击者越发注重将人工智能技术应用于僵尸网络攻击中，据此进化出智能化、自主化特征。

2021 年全球威胁态势预测表明，人工智能技术未来将大量应用在类似的蜂群网络中，可使用数百万个互连的设备集群来同步识别并应对不同的攻击媒介，进而利用自我学习能力，以前所未有的规模对脆弱系统实施自主攻击，这种蜂巢僵尸集群可进行智能协同，根据群体情报自主决策并采取行动，无须僵尸网络的控制端来发出命令；无中心的自主智能协同技术，使得僵尸网络规模可突破命令控制通道的限制而成倍增长，显著扩大了同时攻击多个目标的能力。人工智能赋能的规模化、自主化主动攻击，向传统的僵尸网络对抗提出了全新挑战，催生了新型网络空间安全威胁。

3. 量子技术为网络空间安全技术的发展注入新动力

目前，应对量子威胁的方法主要集中在发展量子密码和后量子密码这两方面。量子密码为提升信息安全保障能力提供了新思路。量子计算对传统加密措施的影响源于其独特的量子特性，如果发挥其正面功能，将这些特性用于构造信息加密算法，量子计算所带来的威胁或许能轻松应对，这种基于量子力学原理保障信息安全的技术便是量子密码(Quantum Cryptography)。1984 年美国国家科学院院士查尔斯·本内特(Charles Bennett)和加拿大蒙特利尔大学教授吉列斯·布拉萨德(Gilles Brassard)提出了一个密钥分发协议(BB84 协议)，该协议为解决密码学中的密钥协商问题提供了一种全新的思路，其安全性建立在这样的量子理论上：量子比特在传输过程中无法被准确复制，通过对发送量子态和接收量子态的比较，

可以发现传输过程中是否存在截取-测量等窃听行为，进而能够实现所谓的信息论意义上的安全。量子密钥分发(QKD)作为量子密码技术中目前最接近产业应用的一个方向，备受各方关注。在产品开发方面，瑞士 ID Quantique、东芝欧洲研究院，以及我国的国科量子、科大国盾、安徽问天等公司已有量子密钥分发的相关产品问世。在战略层面，2019 年 7 月欧盟十国签署了量子通信基础设施(QCI)声明，探讨未来 10 年在欧洲范围内将量子信息技术整合到传统通信基础设施中，以确保加密通信系统免受网络安全威胁。2020 年 6 月，以色列成立量子通信联盟，重点研发改进量子密码技术，并降低实现成本。2021 年，日、韩等国也相应公布了战略文件，并在 ITU-T 等标准开发平台上开展标准化工作。

后量子密码是缓解量子威胁的重要手段。后量子密码(PQC)算法是指那些在大规模量子计算机出现后仍保持计算安全的密码算法。这些算法的构造没有采用量子力学的物理特性，而是延续了传统主流的计算上的可证安全研究方法。目前，后量子算法的研究重点是构造解决公钥加密(密钥建立)和签名问题的非对称算法，主要包括基于格、编码、多变量多项式以及 Hash 函数等相关困难问题构造的密码算法。这些问题已在传统密码学领域发展多年，其抵抗量子攻击的复杂度假设是支撑后量子算法安全的基础。目前还未出现兼顾安全性和效率的 PQC 算法，但是由于形式上 PQC 的部署主要涉及算法模块的替换，相比QKD 技术更为简单、实用，这种解决方案目前承载着更多期望。不过，PQC 的局限性也很突出。例如，PQC 算法模块仍不可避免地存在侧信道泄露问题。此外，由于无法排除未来出现的量子攻击算法能进一步削弱基础数学问题的困难性，导致 PQC 无法实现长期安全的目标，不便用于特殊的保密场合。通常认为根据 Grover 算法的搜索复杂性将密钥长度增加一倍即可抵抗量子攻击，但这种理解不一定正确。尽管理论上不存在超越平方加速的非结构化搜索算法，但不排除后续仍会出现更好的量子破解算法，因此，增大密钥长度实现分组算法安全性的做法只能是权宜之计。在实际应用中选择结合后量子算法和 QKD 技术来实现长期安全目标的做法比较可取，这点与欧洲标准组织 ETSI 的策略一致。

4. "弹性太空"引领太空技术发展方向

美国军方和智库一致认为，美军当前几乎所有的作战系统(包括定位、导航、授时、侦察监视、测绘遥感、通信传输等)都高度依赖太空资源的关键支撑，随着激光、地基、在轨、电子与网络等反卫星武器的研制成功，现有太空体系高度脆弱并面临关键威胁和严峻挑战，亟须发展致命性、弹性、有威慑力又低成本的军事太空能力。"弹性太空"概念随着美国太空战略调整不断丰富完善。2019 年 7 月，美国太空发展局发布了《下一代太空体系架构》，认为在大国竞争时代，"弹性、灵活性、敏捷性"是美国太空军事化的发展趋势，弹性太空是一个新方向。2021 年 4 月，美国智库"大西洋委员会"与斯考克罗夫特战略与安全中心共同发布了《未来太空安全：30 年美国战略》研究报告，报告建议美国优先发展"作战响应空间技术群、在轨服务技术群、新兴防御技术群"等能够提升未来太空体系弹性的关键技术。

弹性太空是美国太空战略发展的新方向，其内涵随着美国太空战略调整而不断丰富，具体体现为：分散式、扩散式、多样化部署；体系能够随时分解、重组、重构、重建与自我修复；威胁全面感知与快速溯源反击；高风险条件下持续支援其他域联合作战。在"弹性太空"思想指导下，美国提出了下一代弹性太空七层体系架构，重点研究抗干扰、强机动、软件定义的弹性卫星技术，探索"航天母舰"平台 X-37B 空天飞机、太空攻防武器、天基互联网等太空战关键技术的军事应用。

项目任务

任务 1　使用恺撒密码加密解密

任务描述

　　恺撒(Caesar)密码是一种替换加密的技术，以罗马共和时期恺撒的名字命名，恺撒曾用此方法对重要的军事信息进行加密。加密方法是将明文中的所有字母用按顺序向后偏移 3 位的字母替代，如明文 A 替代为密文 D；解密方法是将密文中的所有字母用按顺序向前偏移 3 位的字母替代，如密文 E 替代为明文 B。

　　可以用公式表示加密过程，已知明文 p，密文 C 表示为

$$C = (p + 3) \bmod 26$$

其中，mod 为模运算(求余数)。例如，若明文字母为 y，即当 p = y 时，密文为 B。

　　Caesar 的密码代替如表 9-2 所示，可以直接采用字母进行替换，实现加密、解密。

表 9-2　Caesar 密码代替表

明文	a	b	c	d	e	f	g	h	i	j	k	l	m
密文	D	E	F	G	H	I	J	K	L	M	N	O	P
明文	n	o	p	q	r	s	t	u	v	w	x	y	z
密文	Q	R	S	T	U	V	W	X	Y	Z	A	B	C

任务实施

　　使用恺撒密码进行加密、解密运算，并将结果填写在表 9-3 中(注：明文用小写字母，密文用大写字母表示)。

表 9-3　加密、解密表

已知明文	加密密文	已知密文	解密明文
wangluo		WANGLUO	
anquan		ANQUAN	

任务 2　网络空间安全案例收集

任务描述

　　网络空间安全作为数字经济和智能化发展的基石，关乎国家安全，事关社会稳定，网络空间安全问题已威胁到国家的政治、经济、文化和意识形态等领域，成为社会稳定安全

的必要前提条件。随着计算机网络、移动互联网、物联网和云计算在商业领域的普及应用，社会对于网络空间的信息共享资源依赖性越来越强。企业和个人利用移动通信网络感知、处理、传递和存储一些机密数据，使其免受未经授权人员的窃取、伪造、篡改和破坏等极端行为的威胁。

任务实施

通过对网络空间安全事件的了解，增强社会的安全防范意识，采取有效的网络安全防范措施。分别从个人、企业、社会和国家的角度，收集四个网络空间安全案例，并分析安全事件发生的原因和应采取的防范措施。

 项目小结与展望

通过本项目，我们学习了网络空间安全的基本知识，了解了网络空间的概念、网络空间安全的基本要素、网络安全隐患与威胁根源、网络攻击与防御技术，以及网络空间安全的法律法规和发展趋势。随着新技术、新产业的不断发展，网络空间安全与其他新技术、新产业实现了进一步融合，成为新产业发展的安全基石，本项目通过两个小任务，帮助读者了解加密解密技术如何应用，并通过网络空间安全案例的收集，明确网络空间安全对于个人、企业、社会、国家的重要性。

网络空间安全技术、产业的发展，对于国家未来有着极其重要的意义，作者摘录了国内、外对于网络空间安全展望的主要观点，以飨读者。

1. 西方国家对于网络空间安全的展望

《2030 年网络空间战略展望——全球检测和分析(以下简称《展望》)》(*Cyberspace Strategic Outlook 2030*)于 2022 年 3 月 15 日发布，《展望》从网络空间防御的背景、战略展望、态势分析到与全域联合作战的融合以及环境影响，完整地分析了 2030 年影响网络空间变革的驱动因素。北约合作网络防御卓越中心(CCDCOE)认为 2030 年影响网络空间的变革驱动因素主要包括：

1) 网络空间域

(1) 分层韧性能力。到 2030 年，人工智能和机器学习(ML)、自动化、自主系统、军事物联网(IoMT)和下一代(6G)网络将会有更大的发展。网络攻击、电磁干扰等风险的规模和影响将会增加；由于更大的相互联系和相互依赖，民用网络的脆弱性、威胁和风险将更容易影响与国家安全相关的计算机系统、信息系统(CIS)和电信网络的安全。其中不可避免的是，所有的指挥控制系统都与网络空间链接。

(2) 网络能力需要与时俱进。指挥、控制、计算机、通信、网络、情报、监视和侦察(C5ISR)是网络空间固有的，网络空间的漏洞、风险和威胁会转移到指挥控制，因此，网络能力和战术、技术和规程需要与时俱进。

(3) 跨域作战导致的新型漏洞与风险。未来的研究应考虑跨域作战的影响，以及引入的新型漏洞和风险，针对网络攻击和网络活动，在全域发展综合网络响应和防御能力。

2) 与网络空间相关的新兴和颠覆式技术

与网络空间相关的八项新兴和颠覆性技术包括数据、人工智能、自主、空间、高超音速、量子、生物技术和材料，这些技术目前正处于发展的初期阶段或正在经历快速发展。网络领域相关的技术包括自动化、AI、ML、深度神经网络、人机交互、数据分析/数据科学和量子技术(特别是量子计算、传感器、通信和量子密钥分发)，这些技术的交互和组合将对网络空间领域的发展产生深远影响。

2. 中国对于网络空间安全的展望

2021 年 12 月，中央网络安全和信息化委员会印发了《"十四五"国家信息化规划》(以下简称《规划》)，对网络安全提出了系统性的要求。

1) 《规划》突出强调了网络安全的基本定位

明确将"安全和发展并重"作为《规划》的基本原则之一。《规划》同时指出，"坚持安全和发展并重，树立科学的网络安全观，切实守住网络安全底线，以安全保发展、以发展促安全，推动网络安全与信息化发展协调一致、齐头并进，统筹提升信息化发展水平和网络安全保障能力"。

2) 《规划》系统部署了网络安全保障要求

(1) 明确了网络安全总体发展目标。

一是强调产业链安全，将维护"产业链供应链稳定性、安全性和竞争力显著增强"作为保障数字经济高质量发展，实现"数字经济发展质量效益达到世界领先水平"目标的关键要素之一。

二是强调数字发展环境安全，确立了"网络空间治理能力和安全保障能力显著增强"的发展目标，以此保障实现"数字化发展环境日臻完善"的目标。

三是指明了网络安全主攻方向，即明确"深化关口前移、防患于未然"的安全理念；强化责任和信息统筹，形成"多方共建"的网络安全防线；提升网络安全的"自主防御能力"，加大网络安全技术及产品开发；完善法规标准，加强数据安全，"避免重要敏感信息泄露"；强化"新技术应用安全风险动态评估"，探索建立人工智能、区块链等新技术的治理原则和标准等。

(2) 明确了重大任务和重点工程中的网络安全要点。

一是在数字基础设施体系发展方面，提供低时延、高可靠、强安全的边缘计算服务。建设 5G 创新应用工程，构建适应 5G 发展和垂直应用的安全防护体系，加强 5G 供应链的安全管理。

二是在数据要素资源体系发展方面，强化数据安全保障，加强数据生命周期的安全管理，建立健全相关技术保障措施。

三是在构建产业数字化转型发展体系方面，建设制造业数字化转型工程，建立工业互联网企业网络安全分类分级管理制度，发展工业互联网安全技术产业体系。

四是在数字政府服务体系方面，完善全国一体化平台安全保障系统，建设全国一体化平台运营管理系统，统筹推进政务服务平台容灾备份系统建设，保障政务数据安全。

五是在数字化发展治理体系方面，全面加强网络安全保障体系和能力建设，加强网络安全核心技术联合攻关，开展高级威胁防护、态势感知、监测预警等关键技术研究，建立安全可控的网络安全软、硬件防护体系。

(3) 明确了优先行动中的网络安全方向。

一是在全民数字素养与技能提升行动中，开展数字技能教育培训。面向公众开展网络安全等多样化数字技能培训项目，推广和普及全民数字技能教育。

二是在前沿数字技术突破行动中，推进区块链技术应用和产业生态健康有序发展。着力推进密码学、共识机制、智能合约等核心技术研究，支持建设安全可控、可持续发展的底层技术平台和区块链开源社区。

《规划》的颁布及实施，不仅是我国"十四五"信息化发展的重要里程碑，而且是我国"十四五"网络安全发展的重要里程碑，它将成为拉动网络安全产业迈向高质量发展的重要引擎之一。

课后练习

1. 选择题

(1) 人类活动的"第五空间"是指(　　　)。

A. 陆地　　　　　B. 天空　　　　　　　　C. 太空　　　　　　　　D. 网络

(2) 下面选项不属于信息安全三要素的是(　　　)。

A. 可控性　　　　B. 机密性　　　　　　　C. 完整性　　　　　　　D. 可用性

(3) P^2DR 动态安全模型不包括(　　　)。

A. 防护　　　　　B. 检测　　　　　　　　C. 响应　　　　　　　　D. 安全

(4) 网络信息系统的可靠性测度指标不包括(　　　)。

A. 抗毁性　　　　B. 生存性　　　　　　　C. 有效性　　　　　　　D. 鲁棒性

(5) 三维安全防范技术体系框架结构不包括(　　　)。

A. 安全服务　　　　　　　　　　　　　　B. 系统单元

C. 结构层次　　　　　　　　　　　　　　D. TCP/IP 协议族

2. 简答题

(1) 简述网络空间安全的基本要素。

(2) 简述网络安全威胁的根源。

(3) 简述网络空间安全隐患包括的内容。

(4) 简述 P^2DR 网络动态安全模型的结构。

(5) 简述网络安全的设计原则。

3. 应用题

(1) 课程调研活动：召开小组或班级研讨会，分析自己可能遇到的网络空间安全问题。

(2) 网络空间安全应用：通过网络，收集俄乌战争中涉及的网络空间安全应用案例。

第三篇

新兴产业篇

项目 10　信息技术应用创新

 **项目背景**

　　我们中的很多人天天都在使用电脑，包括台式机和笔记本等，当我们打开电脑启动操作系统，然后运行应用软件进行工作和学习时，大家有没有想过这些电脑、笔记本还有软件都来自哪里？我们所使用的都是我们国家自主研发的吗？通过仔细研究、查询资料后，我们发现目前使用的大部分电脑设备和软件都是国外的产品，这就是我们国家的短板。

　　本项目主要介绍信息技术应用创新(简称"信创")。信息技术创新应用是当今国家的新战略，也是国家经济发展所必需的。信创产业发展已经成为经济数字化转型、提升产业链发展的关键，从引进技术体系、强化产业基础、加强保障能力等方面着手，促进信创产业在本地落地生根，带动传统 IT 信息产业转型，构建区域级产业聚集集群。

　　随着我国经济的发展，很多技术因为一些原因越来越受制于人，尤其是上游核心技术。为了解决这个问题，我国明确了"数字中国"建设战略，抢占数字经济产业链制高点。从安全的角度，先要把各种信息技术变成我们自己可掌控、可研究、可发展和可生产的。于是，国家提出了"2＋8"安全可控体系，2020—2022年是国家安全可控体系推广最重要的三年，中国 IT 产业从基础硬件到基础软件再到行业应用软件有望迎来国产替代潮，这些都是为了实现信创发展的目标——自主可控。

项目延伸

 思维导图

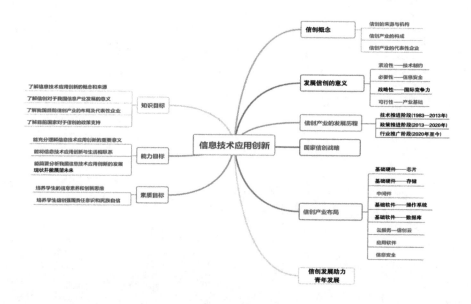

项目相关知识

10.1 信 创 概 述

项目微课

信创是信息技术应用创新的简称，其产业主要包括新一代信息技术下的云计算、软件(操作系统、中间件、数据库、各类应用软件)、硬件(GPU/CPU、主机、各类终端)和安全(网络安全)等领域，信创安全涵盖了从 IT 底层基础软硬件到上层应用软件的全产业链的安全可控、自主创新等重要领域，通俗来讲，就是在核心芯片、基础硬件、操作系统、中间件、数据服务器等领域实现国产替代。

信创技术的国产替代与"863 计划""973 计划""核高基"一脉相承，是我国 IT 产业发展升级的长久之计。信创建设从关键环节核心组件的自主创新入手，从党政军和关系国计民生的关键行业试点，为国产 IT 厂商提供了实践创新的沃土，从而逐步建立自主的 IT 底层架构和标准，实现全 IT 全产业链实力和结构的优化升级。

1. 信创的来源与机构

信创来源于信息技术应用创新工作委员会，这是国内一个由 24 家从事软硬件关键技术研究、应用和服务的单位于 2016 年 3 月 4 日发起建立的非营利性社会组织。

信创理事会主要包括四类单位，即集成厂商、第三方机构、互联网厂商和高等院校，他们主要负责审核后续加入的信创成员单位的资质，制定信创的标准规范。

(1) 集成厂商(10 家)：中国软件、太极股份、航天信息、浪潮软件集团、东华软件、神舟航天软件、东软集团、神州信息、同方股份、华宇软件。

(2) 第三方机构(4 家)：国家工业信息安全发展研究中心、中国电子技术标准化研究院、工业和信息化部电子第五研究所、中国电子信息产业发展研究院。

(3) 互联网厂商(3 家)：阿里云、金山软件、华为技术。

(4) 高等院校(2 家)：北京航空航天大学、北京理工大学。

2. 信创产业的构成

信创产业的构成包括以下几方面：

(1) IT 基础设置：CPU 芯片、计算机终端、外设、服务器、存储、交换机、路由器、各种云等。

(2) 基础软件：操作系统、数据库、浏览器、中间件、BIOS 等。

(3) 应用软件：OA、ERP、办公软件、政务应用、流版签软件等。

(4) 信息安全：边界安全产品、终端安全产品、金融机具等。

3. 信创产业的代表性企业

我国信创产业的代表性企业如下：

• 芯片：鲲鹏、飞腾、龙芯、海光。

• 数据库：南大通用、神州通用、达梦、人大金仓。

• 服务器：中国长城、联想、浪潮、神州数码、清华同方。

- 存储器：华为、同有科技、长城、浪潮。
- 中间件：东方通、金蝶天燕、保兰德、中创软件、普元信息。
- 集成商：中国软件、华宇软件、太极股份、东华软件、航天信息、浪潮软件、同方股份、东软集团、神州信息。
- 操作系统：统信(UOS)、中国软件(麒麟)、太极股份(普华 OS)。
- 整机厂商：中国长城、中科曙光、太极股份、神州数码、华东电脑、东华软件、浪潮信息。
- 终端安全：中孚信息、北信源、南洋股份、卫士通、格尔软件、启明星辰。
- 网络安全：南洋股份(天融信)、启明星辰、三六零、深信服、安恒信息、绿盟科技。
- 文档安全：中孚信息、北信源、启明星辰(书生电子)。
- 办公软件：金山办公、启明星辰(书生电子)。
- 打印扫描：纳思达(奔图)、中国长城。

10.2　发展信创的意义

发展信创有如下几方面的意义：

1. 紧迫性——技术制约

(1) IT 产业链核心环节技术缺失，"卡脖子"事件成为导火索。

2018 年，美国商务部宣布 7 年内禁止美国企业向中国电信设备制造商中兴通讯公司销售零件，直接导致中兴 2018 年度亏损 69.83 亿元。随后，美国陆续将华为等上百家中国公司列入"实体名单"，采取出口管制措施。以中美贸易战为导火索，美国加大对中国的技术制裁，中国由于在 IT 产业链的某些环节缺少关键核心技术而处于被动状态。以"是否关键核心、是否存在垄断、是否攻克难度大、是否在价值链核心位置"为指标，我国"卡脖子"技术主要集中在中上游环节，亟须攻克。

(2) 在实体清单的中国上榜企业中，ICT 企业占清单近 7 成，凸显关键技术国产化紧迫性。

实体清单(Entity List)是美国商务部工业与安全局(BIS)对国外个人、企业和政府等实体开设的贸易管制名单，限制美国企业对名单上的实体进行产品出口或者知识产权转让。经统计，排除个人公民及政府机关后，美国实体清单上榜的中国企业有 19%属于船舶工业、航空航天、国防电子、交通运输等传统性的关键行业，而电子器件(除国防电子)和集成电路、通信科技、人工智能、云计算、超级计算机等 ICT 企业(包括华为系公司)合计占清单上企业近 70%的比重。以实体清单为代表的美国的"卡脖子"政策是我国进行信创建设的直接原因和催化剂，凸显了大力投入 ICT 科技创新、拥有关键技术国产化能力的紧迫性和必要性。

2. 必要性——信息安全

长期以来，我国对海外 IT 产品的依赖度较高。国外 IT 厂商 Intel、Microsoft、Apple、Oracle、IBM、Qualcomm、Google、Cisco 等行业巨头在操作系统、数据库、芯片、服务器、办公软件、智能终端等领域占有了我们国家较大的市场份额，几乎覆盖了政府、海关、邮政、金融、铁路、民航、医疗、军警等各行业环节。在这样的行业背景下，近些年来层出不穷的信息泄露事件，引起了社会的高度重视，信息安全保障刻不容缓，IT 信创建设势在必行。

下面介绍我国近年来遭遇的信息安全威胁事件。

(1) 2008 年，微软黑屏事件。

2008 年 10 月，微软中国宣布从 10 月 20 日起对盗版 Windows XP 专业版采取每隔 1 小时黑屏一次的做法，并对盗版 OFFICE 采取对话框提醒，以此来警示盗版用户。此次事件引起了国内对"用户隐私、信息安全"的思考。

(2) 2013 年，棱镜门事件。

2013 年 6 月，美国国安局对电话、即时消息等信息进行秘密监控的事情被披露，范围涉及谷歌、微软、雅虎、Skype、YouTube、Facebook 等多家跨国互联网公司，即"棱镜计划"。此次事件引起了国内广泛的关注，同时也掀起了"去 IOE"(IBM、Oracle、EMC 的简称)的浪潮。

(3) 2013 年，苹果后门事件。

2013 年 12 月，苹果卷入风波，iOS 操作系统被发现存在多个未经披露的"后门"，利用后门可以绕开 iOS 的加密功能，从而盗取用户的个人信息。

(4) 2018 年，Intel 芯片漏洞事件。

2018 年，英特尔芯片存在技术缺陷被曝光，此缺陷会导致重大安全漏洞，可被黑客利用并读取设备内存，获得密码、密钥等敏感信息。

(5) 2019 年，苹果 Siri 监听门事件。

2019 年 7 月，苹果 Siri 被曝光存在用户未知情的情况下，监听并获取用户私人信息，比如姓名、住址、电话等，并将录音内容交由承包商对用户进行分析。

3. 战略性——国际竞争力

我国 IT 产业经过 30 余年的发展，现如今已经基本形成了产业规模庞大、细分种类众多的 IT 产业体系，并为促进国家经济发展、拉动就业作出了巨大贡献。从 IT 产业总支出的角度来看，2020 年全球 IT 产业支出为 3.8 万亿美元，总增速为负数，同期中国 IT 产业总支出为 2.9 万亿人民币，仍保持 2.3%的增速。但是，由于我国 IT 产业发展滞后，中国 IT 产业结构呈现出"应用强、技术弱、市场厚、利润薄"的倒三角式产业结构，与全球 IT 产业结构并不一致。而信创的兴起和发展为产业结构升级提供了契机。

4. 可行性——产业基础

近年来，我国 IT 产业迅速发展，技术创新能力大幅提高，结构优化升级获得实质性进展，呈现出整体产业由大向强转变的趋势。在基础软硬件领域，得益于政策红利，国内厂商逐渐实现从无到有、从可用到好用的发展，逐渐缩小与国际水平的差距；在应用软件领域，国内供应商将 SaaS 模式与我国市场特点相结合，优秀产品层出不穷，2020 年 12 月收入实现同比 13%的增长，呈现百花齐放的良好局面；此外，在云计算、大数据、物联网、人工智能等新一代信息技术领域，我国也逐渐由单点向融合互动演进。

10.3　信创产业的发展历程

我国信创产业的发展经历了以下三个阶段：

1. 技术推进阶段(1983—2013 年)

该阶段以科研力量为导向促进国产关键技术自主研发能力提升，尝试设立发展标准。

(1) 觉醒：1986 年，国家高技术研究发展计划即"863"计划启动，打响了中国自主创新第一枪。

(2) 起步：2006 年，《国家中长期科学和技术发展规划纲要》颁布，将"核高基"(核心电子器件、高端通用芯片及基础软件产品)列为 16 个重大科技项目之一，标志着信创的起步。

(3) 标准初设：2010 年，国务院对党政机关、关键信息基础设施运营者云服务商资质评估提出要求。

2. 政策推进阶段(2013—2020 年)

该阶段以推进不同信息产业发展为主，出台各类行业政策，建立试点。

(1) 可用：2014 年，工信部发布《国家集成电路产业发展推进纲要》，提出打造"芯片—软件—整机—系统—信息服务"的产业链要求；2016 年，国务院发布《国家信息化发展战略纲要》，提出要从本质上改变核心关键技术受制于人的困境，逐步形成安全可控的信息技术产业体系，大幅提高电子政务应用和信息惠民水平。

(2) 好用：2018 年，我国将信创行业纳入国家战略，并提出"2+8"发展体系，以此改变上游核心关键技术受制于人的现状。

3. 行业推广阶段(2020 年至今)

2020 年信创元年开启，以金融行业为首开始大面积推动行业国产替代。

(1) 总体：以党政为主的"2 + 8"体系开始全面升级自主创新信息产品，十八大行业进行国产化替代，加大信创布局。

(2) 企业：2020 年 9 月，国家发改委发布《关于扩大战略性新兴产业投资 培育壮大新增长点增长级的指导意见》，提出加快关键芯片、高端元器件、新型显示器件、关键软件等核心技术攻关，大力推进重点工程及项目建设，积极扩大合理有效投资。

10.4　国家信创战略

我国的信创战略表现在以下几方面：

(1) 倡导自主、创新、协同的信创产业生态链发展。

信创不仅仅是全球信息安全事件频发、中西摩擦加剧的伴生概念，更是我国 IT 供应链寻求产业升级的重要实现途径。早在 20 世纪 80 年代，我国政府就对 IT 底层基础软硬件的自主创新提出了相关要求，但由于当时的信息产业处在被国外 IT 巨头垄断的阶段，信息基础软硬件的关键技术及标准都被国外 IT 企业抓在手中，我们无法解决诸多的系统性风险与安全隐患。从 2018 年开始，在"华为、中兴事件"催化下，信创开始步入快速推广阶段。2021 年，"十四五"纲要提出要抓紧对原创性科技的攻关、加快高端芯片、操作系统、人工智能算法等关键领域的研发突破与迭代应用，并将增强信创供应链安全保障能力列为重点工作。基于这样的国家战略，中国 IT 产业的基础软硬件、应用软件、信息安全等诸多领域将在未来迎来新一轮的增长曲线。

(2) 国家相关战略规划相继出台。

① "十三五"国家科技创新规划。

"十三五"国家科技创新规划提出，按照聚焦目标、突出重点、加快推进的要求，加快实施已部署的国家科技重大专项，推动专项成果应用及产业化，提升专项实施成效，确保实现专项目标。

② 《新时期促进集成电路产业和软件产业高质量发展的若干政策》(以下简称《若干政策》)。

《若干政策》从财务税收、投资融资、进口出口、开发研究、市场应用、国际合作、人才、知识产权等 8 个方面给予集成电路、软件产业 40 条支持政策。

③ "2 + 8"安全可控体系。

为了解决 IT 产业技术的卡脖子问题，国家提出了"2 + 8"安全可控体系，其中"2"是指党政两大体系，而"8"是指金融、石油、电力、电信、交通、航空航天、医院、教育等八大主要行业。

2020—2022 年这三年是我国安全可控体系推广最重要的节点，中国 IT 产业有望迎来国产替代潮，从基础硬件到基础软件再到行业应用软件都将获得不错的发展。

④ 国产替代产品清单类型表。

2020 年 9 月初，工信部发布信创产品清单类型表(修订稿)，国产替代的清单增加到了计算机终端、服务器、操作系统、数据库、浏览器、中间件、办公软件、外设、存储备份、云计算、网络设备、金融机具、颠覆性创新产品等 13 类。

⑤ "中芯国际"闪电上市。

2020 年 6 月 1 日，上海证券交易所收到了中芯国际递交的申报稿，3 天后问询通过，6 月 10 日顺利过会，6 月 18 日正式获批。短短 18 天时间，中芯国际完成国内上市，创造了最短上市纪录。

与此同时，据中芯国际招股书显示，本次中芯国际募资金额最高达 200 亿元人民币，超过其他科创板企业。中国两大国家级投资基金——国家集成电路基金Ⅱ及上海集成电路基金Ⅱ分别对中芯国际注资 15 亿、7.5 亿美元(约合人民币 160 亿元)。

⑥ 国家集成电路产业投资基金。

国家集成电路产业投资基金一期 1387 亿元，二期近 2000 亿元，加之 1∶3 比例撬动社会资金，中国大陆集成电路产业投资基金总额将过 13 500 亿元。

⑦ 中国首家芯片大学——南京集成电路大学即将落成。

2020 年 9 月，第三届半导体才智大会宣布，中国国务院学委决定建立南京集成电路大学，专攻半导体、芯片和光刻机等科技壁垒，中国第一所芯片大学即将落成。

⑧ 武汉职业技术学院设立信创学院。

2020 年 8 月 28 日下午，在武汉职业技术学院凌峰楼 C11 报告厅，全国首家信创学院在此揭牌正式成立。

⑨ 2021 年 12 月 23 日，国内操作系统代表公司——湖南麒麟信安科技股份有限公司(以下简称"麒麟信安")正式递交科创板上市招股书，拟募资 6.6 亿元。不出意外，麒麟信安将成为"国产操作系统第一股"，而随着一批信创企业集中上市，今后相关产业将迎来快速爆发期。

(3) 地方密集出台相关政策，政策可落地性进一步提升。

自 2018 年起，地方政府密集出台了诸多围绕产业扶持和关键技术攻关的政策，涵盖芯片、整机、集成电路、数据库、云以及信息安全等重点领域，通过税收补贴、政府站台、成长奖励、园区支持等形式，重点打造信创产业集群、培养龙头企业。初期，由于政府通过财政补贴等方式刺激供给端快速发展，造成了某种程度的资源浪费和效用低下问题。未来，随着政策驱动带动需求的增加，形成从应用到反馈到迭代、调优再到再应用的正向循环，持续打磨国产软硬件，供需两侧合力为信创产业链的高质量发展持续赋能。

主要省市信创产业发展状况如下：

北京：印发《北京市加快新型基础设施建设行动方案(2020—2022 年)》，提出要以信创园为依托，通过底层软硬件协同研发能力的提高，建设"两中心三平台"信创应用生态。2021 年 2 月，印发《数字经济领域"两区"建设工作方案》，提出要培养数字经济新型业态，发展以信创产业为代表的数字经济新型生态，加快培养一批工业互联网平台及细分行业平台，促进新一代信息技术产业快速发展。

天津：制定《天津市知识产权"十四五"规划》，首次将重点放在提升信创产业知识产权质量上，重点关注 CPU、基础软件、应用软件等细分领域，主动对接大院大所，推动产、学、研、用相融合，加快补齐发展短板，培育一批高价值专利，集中力量突破一批"卡脖子"的关键技术，提升产业竞争优势。

广州：印发实施《广州市加快软件和信息技术服务业发展若干措施》，加快通用软硬件适配测试中心建设；加快推进黄埔区中国软件 CBD 为核心的信创产业园建设；信创平台项目给予最高 1000 万元的政策扶持。

深圳：印发《中国特色社会主义先行示范区科技创新行动方案》，提出给予深圳强化关键核心技术攻关支持，并采取经过优化的创新性支持方式，采取"立军令状""滚动立项"等组织形式，集中力量，重点突破集成电路等领域的关键核心技术。

10.5　信创产业布局

信创产业的布局主要表现在以下几个方面：

1. 基础硬件——芯片

芯片是计算能力能否提升的决定性因素，是支撑 IT 系统运作的"发动机"。中国芯片产业目前存在产业链上、下游产值失配的情况，尤其表现在 EDA 设计工具和制造流片环节较为薄弱。纵观全球，集成电路的竞争最终将以产业链之间综合实力的竞争为主要表现形式，中国要想突破一批核心技术，完善产业链各环节的配套能力，需要全链路协同芯片产业的发展。

1) 产业现状

受政策支持和资本风向引导，我国集成电路企业数量在近年来急速增长。据天眼查数据,我国约 30% 的集成电路企业成立时间在 1 年以内,约 79% 的企业成立时间在 5 年以内。但相应地,资本和政策热度下的"芯片潮"也带来了产业部分的非理性现象,约 18.4% 的集成电路企业存活时间不到 1 年。

从区域分布看,受地方政策影响,目前集成电路产业主要集中在以深圳、广州、东莞为核心的泛珠三角地区,以上海、苏州、南京为核心的泛长三角地区,以及以成都、西安为核心的中西部地区。

2) 技术架构

处理器的技术路线可根据设计思路的不同分为两种,分别是复杂指令集(CISC)和精简指令集(RISC)。目前主流的指令集架构为 x86(CISC) 和 ARM(RISC)。原始的 CISC 和 RISC 设计反映了设计者对处理器实现及优化方向侧重的不同,随着现代处理器微架构技术的引入,指令集架构的根本区别在于生态,而对于性能和功耗方面,更多的是微架构的差异。

目前我国 CPU 市场主要以 x86 架构为主导地位,Intel 和 AMD 两家公司基本垄断了我国 x86 的市场份额。

国内市场上主流国产 CPU 厂商包括采用 x86 架构的兆芯、海光,采用 ARM 架构的飞腾、华为,基于 Alpha 架构的申威以及基于 MIPS 架构的龙芯。纵观信创市场,不仅仅有性能、功耗、价格等常规市场因素,"生态建设与技术自主"同样制约着各厂商的长久发展。从生态方面来看,基于 x86 和 ARM 架构的 CPU 与下游软硬件的兼容性较好,适配产品较为丰富,在使用上对用户较为友好。基于 MIPS 和 Alpha 架构的 CPU 在高性能计算、嵌入式工控机等特定领域应用较好,市场化仍有待进一步的发展。借信创契机,各国产CPU 厂商都在加大自研力度,加速产品迭代,有利于产业长远的发展。

3) 主流芯片

我国主要芯片厂家如表 10-1 所示。

表 10-1　我国主要芯片厂家

	龙芯	鲲鹏	飞腾	海光	兆芯	申威
研发单位	中科院计算所	华为	天津飞腾	天津海光	上海兆芯	江南计算所
指令集体系	MIPS	ARM	ARM	x86(AMD)	x86(VIA)	Alpha
架构来源	指令集授权+自研	指令集授权	指令集授权	IP 授权	威盛合资	指令集授权+自研
代表产品	龙芯 1/龙芯 2/龙芯 3	鲲鹏 920	FT-2000/4 FT-2000+/64	HygonC86-7185	ZXC FC-1080/1081	申威 SW1600/SW26010
优势	MIPS 架构功耗低,终端芯片不错	ARM 服务器芯片中性能最佳	终端芯片和服务器芯片整体性能较好	基于 AMD 最新的 Zen 架构,性能高	兼容性强,终端领域应用可以无缝对接,得到上海市资金扶持	不依赖商业机构授权,自主性较高
劣势	只有低端的服务器芯片,MIPS 指令集已停止发展	兼容性和生态需要进一步打造	兼容性和生态需要进一步打造,商用性能需要进一步提升	因被列入美工实体名单,技术持续性较差	存在知识产权瑕疵,是否自主可控存疑,没有服务器芯片	Alpha 指令集停止更新,主要用于超算和军队,市场和生态能力弱

(1) 龙芯——国产化程度最高的 MISP 架构芯片。

我国最早的国产 CPU 厂商是龙芯 CPU，其不仅在专用类、工控、嵌入式终端 CPU 等领域拥有较强优势，在桌面端和服务器 CPU 领域也颇有成就。龙芯的产品线十分丰富，比如面向行业应用的专用小 CPU(龙芯 1 号)、面向工控和终端类应用的中 CPU(龙芯 2 号)，以及面向桌面与服务器类应用的大 CPU(龙芯 3 号)。

龙芯的优势在于单核性能较高，但多核性能较弱。目前龙芯桌面端 CPU 在信创试点中占有较高的市场份额，但其服务器 CPU 相比其他国产服务器 CPU 如华为、海光、飞腾服务器 CPU，性能较低。

龙芯的服务器 CPU 之所以落后，主要原因是龙芯此前的主攻方向是嵌入式和 PC 芯片，用嵌入式养活自己，并提升 CPU 的单核性能(因桌面 CPU 对单核性能要求高)，但在 CPU 核心数量上相比友商有所差距，因而导致服务器 CPU 性能较差，龙芯的另一个短板即是生态问题。龙芯是唯一的基于 MIPS 架构的国产 CPU，在目前国产 CPU 中 ARM 架构占优的格局下，如何构建生态是公司未来面临的更大挑战。

(2) 飞腾——基于 ARM 架构的国产 CPU。

飞腾的主要股东包括中国电子(CEC)、国防科大、天津市国资委等，其中中国电子(CEC)是我国信创产业引领者，中国长城是飞腾目前的第一大股东。

飞腾 CPU 产品主要包括三大系列，分别是高性能服务器 CPU、高效能桌面 CPU 和高端嵌入式 CPU，产品类型覆盖从端到云的各型设备，为它们提供核心算力支撑。

飞腾致力于打造 PK 生态，即飞腾 CPU + 麒麟 OS。PK 体系拥有目前我国最成熟的 IT 底层生态，已与超过四百家企业达成合作。

据有关数据显示，2019 年飞腾拥有超过 10 亿元的订单，公司预计近 5 年每年都能实现翻倍的复合增速，到 2024 年营收将达到 100 亿元，并计划布局北京、上海、长沙、西安、沈阳等地。

(3) 华为鲲鹏 920。

2019 年 1 月，华为向业界发布了基于 ARM v8 指令集研发的高性能服务器处理器鲲鹏 920。从性能方面来看，华为鲲鹏 920 是业界性能最高的 ARM 架构服务器芯片。鲲鹏 920 处理器最多为 64 核，频率为 2.6 GHz，支持 8 通道 DDR4 内存，支持 PCIe4.0 及 CCIX，集成 100Gbe 网卡，SPEC 整数性能高达 930 分，比业界标准水平高出 25%；在内存带宽、I/O 带宽及网络吞吐量方面，鲲鹏 920 处理器同样高于其他 ARM 产品，内存带宽提升 46%，I/O 带宽提升 66%，网络吞吐量是业界标准的 4 倍；从架构方面来看，鲲鹏已获得 ARM v8 架构的永久授权。处理器核、微架构和芯片均由华为自主研发设计，鲲鹏计算产业兼容全球 ARM 生态，二者共享生态资源，互相促进、共同发展。

华为基于鲲鹏处理器打造了"算、存、传、管、智" 5 个子系统的芯片族。历经 10 多年，目前已累计投入超过 2 万名工程师，并提出量产一代、研发一代、规划一代的策略。此外，华为还致力于打造基于鲲鹏处理器构建的全栈 IT 基础设施、行业应用及服务的鲲鹏计算产业生态，从硬件、软件、行业应用三个关键领域发展鲲鹏产业。在硬件领域，开放服务器主板和 PC 主板，优先支持广大整机厂商发展自有品牌服务器和 PC；在基础软件领域，华为建立了 openeuler.org 社区，通过开源 OS 源代码，并开放经过调优的鲲鹏处理器驱动代码、编译器、JDK、软件库等基础工具等方式达到统一代码来源的目的,从而缩短厂家构建基于 openEuler 的发行版 OS 的开发周期;在行业应用领域,华为通过产业联盟、开源社区、openlab、行业标准组织等一起完善产业链,打通行业全栈。

(4) 海光。

天津海光在 2014 年成立,现在是中科曙光的下属子公司。海光拥有两个与 AMD 合资的子公司,分别是成都海光微电子技术有限公司和成都海光集成电路设计有限公司,并通过这两个子公司获得了 AMD 的 x86 授权以及专利。

2016 年,天津海光获得了 AMDx86 和 SoCIP 芯片开发的授权,花费 2.93 亿美元(加上特许权使用费)。2018 年 7 月,Dhyana(禅定)x86 处理器开始生产,这正是基于此协议研发的首款定制处理器。

2019 年 6 月,美国商务部将中科曙光以及其 3 家子公司——天津海光、成都海光集成电路、成都海光微电子技术列入实体名单,意味着包括 AMD、英特尔等在内的美国公司以及使用美国技术占比超过 25%的公司均不能与中科曙光及其子公司进行产品和技术的交易。

2019 年 6 月,AMD 宣布不再向其中国合资公司授权新的 x86IP 产品,这意味着 AMD 在中国与海光成立的合资企业开发的后续产品,将停留在第一代锐龙(Ryzen)和霄龙(EPYC)所依赖的 Zen 架构,而无法继续得到新的 Zen 2 架构。海光目前还无法对 x86 架构完全消化,后续研发预计面临较大的困难。

此外,海光流片受到合作方美国公司"格罗方德"限制,流片等后续加工环节需要转移。

(5) 兆芯。

上海兆芯集成电路有限公司是成立于 2013 年的国资控股公司,专注于研发通用处理器、ARMSOC、3D 图形以及高速外设等芯片产品。

兆芯 x86 架构授权来自台湾威盛电子。兆芯 x86 专利技术除自主研发外,部分源自台湾威盛电子(VIA)。20 世纪 90 年代末,台湾威盛电子收购美国 Cyrix 公司,进而获得 x86 专利及技术。2013 年上海市国资委与威盛电子联合成立上海兆芯,兆芯也因此获得威盛电子所有 x86 专利授权,且收购了威盛 CPU、GPU 和芯片组的相关技术团队。

目前兆芯公司产品覆盖 CPU、芯片组、手机 SoC 和机顶盒 SoC 等各个领域。兆芯本质上是 x86 芯片,且团队研发经验已有 16 年时间,因此在性能和应用生态上具有较强优势。兆芯通过股权关系实现了与 Intel、AMD 的 x86 专利交叉授权,但目前在产品性能和市场定位上处于相对尴尬的境地,在信创领域份额较小,主要在上海地区具有相对优势。

(6) 申威。

2003 年,国家高性能集成电路(上海)设计中心在科技部和上海市的支持下成立,花了 16 年时间,先后研制出"申威"三代 15 款处理器芯片,形成了"申威 64"架构及自主指令系统。

申威系列产品现如今主要应用在超级计算机和服务器两个领域,但有趣的是,申威的微处理器开发其实最早起源于军事领域。"神威·太湖之光"超级计算机正是申威最著名的应用之一。"神威·太湖之光"超级计算机系统在 2016 年 6 月 20 日登上 TOP500 组织在法兰克福世界超算大会(ISC)的榜单之首，这也标志着它成为世界上首台运算速度超过 10 亿亿次的超级计算机。在信创领域，申威得益于在军事领域的经验，在军队领域获得了较大的优势，但由于市场化能力较弱，申威的整体市场份额较小。

伴随着技术的进步和产业的发展，集成电路的设计和制造工艺也会变得越来越繁杂，对资本和高精尖人才的需求也越来越大，在多种因素的影响下，芯片产业"技术密集、资本密集、人才密集"的特点将会更加突出，这多种因素的高度密集进一步导致产业表现出"高集中度"的特性。一方面，从全球产业发展规律来看，尽管由于各区域的不同优势，产业链也在全球各地存在不同分工的侧重，但是各细分环节集中度还是比较高；另一方面，从长期可持续发展来看，随着"造芯热""地方产业园建设热"的退潮，产业逐渐回归冷静，市场集中度很有可能会进一步集中到行业的头部企业。

(1) 技术密集。集成电路产业的研发投入占比较高，据 BCG 和 SIA 发布的行业分析数据，全球半导体产业 R&D 投入占产业销售额比例高达 22%，远高于软件和计算机服务业的 14%和硬件设备业的 7%。

(2) 资本密集。2019 年半导体行业(集成电路占比 83%)在全球价值链所有活动中的研发投入约为 900 亿美元，资本支出约为 1100 亿美元，二者约占全球半导体销售额的 50%，远大于其他行业。

(3) 人才密集。我国集成电路人才总量存在比较大的缺口，在技术密集度高的环节(比如 EDA 开发)，人才有比较严重的缺失，需要产、教、学、研各环节的共同努力来弥补这一缺口现象。

2. 基础硬件——存储

三大计算机 IT 核心基础设施板块是计算、存储和通信。作为三大核心板块之一，存储是计算和通信环节的开端和终点，所以说，存储板块在信息产业的发展中不仅仅具有环节的先导性，还具备着不可或缺的需求刚性。

目前我国存储产业布局主要有半导体存储、磁存储、光存储以及存储系统领域。半导体存储分为内存和固态硬盘。DRAM 作为内存条最主要的材料，占内存条成本的比重高达70%~80%，长期以来，全球范围内的 DRAM 供应基本由美光、海力士、三星垄断。内存的其他组成元器件为 PCB、电容、模组等。NAND Flash 是最主要的半导体存储型材料，也是 SSD 的核心存储介质及主要原材料，全球龙头为三星、铠侠、西数、美光、英特尔和海力士。主控是集成于固态硬盘内部的一块 CPU 芯片，负责执行内部固件算法，实现硬盘功能，全球龙头为美满、微芯。

磁存储产品主要包括磁带、机械硬盘两种。磁存储产品主要应用在企业级存储容量中，虽然占据较大的市场份额，但从总体来看，它并不是存储行业未来的主要发展方向，也不是目前国产化替代的重点领域。

光存储产品主要包括 CD、DVD、BD 三种。光存储相对于半导体存储来说，具有寿命更长、数据保存完整度更高的特点。

存储系统是为适配不同存储介质和产品、配合使用场景和其他基础硬件环境的存储控制软件，主要厂商包括各存储器品牌厂商及部分第三方 IT 服务厂商。

如果把目光放在全球市场规模上，会发现如今的存储器领域基本以半导体存储器分类下的 DRAM 以及 NAND Flash 两大类为主。DRAM 即动态随机存取存储器，是内存条的核心存储介质；NAND Flash 即 NAND 闪存，是固态硬盘的核心存储介质。如果将目光拉回我国的市场整体情况，会发现国内的头部厂商在 DRAM 及 NAND Flash 芯片设计领域已经取得了一定的成果，在中低端市场能够实现国产化替代，但是在高端产品设计及芯片制造方面，还是和国际龙头企业有一定的差距。

半导体存储产业是半导体产业的重要组成部分，它的产业上游其实和计算类芯片十分相似，都以设计、制造、封装或者测试这三大环节为主。按照以独立出售为常态的产品件和以集成在其他电子产品中出售为常态的集成件划分，同时具备四大类下游 IC 产品的 DRAM 和 NAND Flash 在产品件市场约占各自市场份额的 70%～80%，其中占比最高的下游用途是电脑和服务器，这也是存储类 IC 市场的重要组成部分。在信创产业的背景下，相较于消费电子产品而言，电脑和服务器是单位采购的主要电子产品，这就意味着内存条和固态硬盘作为电脑和服务器不可缺少的部件，在信创产业中具有十分重要的市场地位。从市场大环境来看，国内存储 IC 行业上游比较依赖于半导体产业的是能否稳定供给，而行业下游则重点在于服务器和计算机两大产品市场，存储芯片的国产化在 IT 核心基础设施的国产化替代进程中有着举足轻重的作用。

从全球范围来看，上文提到的 DRAM 和 NAND 芯片占据了存储类芯片最大的市场规模，这两者加起来大约占据超过 95% 的存储芯片市场，其中 DRAM 约占 55%，NAND 约占 40%。据国外咨询机构 Yole 统计，2019 年，美国和中国是全球最大的存储芯片直接消费市场，两国对于 DRAM 和 NAND 的消费量占全球市场的比例都高于 30%，而我们国家的市场更加偏向于 NAND。有关数据显示，2020 年我国 DRAM、NAND 芯片市场规模约为 3000 亿元，超过美国，成为全世界第一大市场，占全球市场的比例高于 40%。但是，在如此大的市场规模中，我们从厂商收入规模估算发现，同年 DRAM、NAND 芯片市场国产化率不足 5%。半导体存储在计算机产业下游中处于重要的基础地位，近年来大数据应用的蓬勃发展也刺激着半导体存储的发展。因此，目前半导体市场不仅仅具有需求刚性，还具有十分可观的增长活性。未来在政策引导和创新投入的驱动下，我们预计存储芯片的国产化具备中长期持续的成长性，根据有关数据预计，到 2025 年国产化率有望达到 40%～50%。

值得注意的是，国内厂商实现存储硬件国产化的产业进程目前还面临四个方面的问题：

(1) 技术决定着产品的性能和质量。国内厂商在芯片设计、制造和封装等环节中与国外相比并未取得较大的优势，尤其是芯片制造商方面，仍然受制于境外代工厂。

(2) 缺乏品牌效应，无法深度打入市场。国际 ICT 龙头在硬件领域凭借着在市场的多年投入和累积，获得了较好的品牌效应，这在一定程度上构成了品牌壁垒，而打破品牌壁垒实际上需要较长时间进行市场积累和孵化，我国产品想要深度进入市场还需要长期的努力。

（3）缺乏行业标准。规范市场行为离不开行业标准的构建；目前纵观我国信创产业的发展，存储器行业统一的行业标准相对比较缺乏。希望未来几年相关的行业标准能够得以完善，为厂商的技术创新指引方向，这也有利于促进国内领先厂商市场占有率的提升。

（4）生态布局是 IT 基础硬件产业终极竞争力的体现。从目前我国的 IT 基础设施产业生态来看，国内存储器产品的创新实际上也受到以 Intel 为主导的 CPU 技术标准演进的限制。要想突破这一限制并不容易，可能需要整个 IT 基础设施产业生态再发展 5～10 年乃至更长时间。

3. 中间件

中间件作为独立的系统级软件，连接操作系统层和应用程序层，将不同操作系统提供应用的接口标准化、协议统一化。中间件所处位置在操作系统、网络和数据库之上，应用软件之下，具有通信支持、应用支持和公共服务的功能。

中间件有三大类型，分别是基础中间件、集成中间件和行业领域应用平台，基础中间件又可以分为交易中间件、消息中间件和应用服务器中间件三种。交易中间件具有高效传递交易请求、协调事务各个分支的作用，可以用来保证事务的完整性，调度应用程序的运行，确保整个系统运行的高效；消息中间件用来屏蔽各种平台及协议之间的特性，实现在不同平台之间的通信、跨平台数据传输以及应用程序之间的协同，主要产品有东方通的 TongLINK、BEA 公司的 BEAeLink、IBM 的 MQSeries 等；应用服务器中间件处在客户浏览器和数据库之间，主要应用于 Web 系统，把商业逻辑或者应用暴露给客户端，同时服务于商业逻辑提供的运行平台和系统，并对数据库的访问具有管理功能。简而言之，应用服务器中间件为 Web 系统下的应用开发者提供了开发工具和运行平台。

国际市场上的主要中间件厂商包括 IBM、Oracle、Salesforce、Microsoft 和 Amazon。IBM、Oracle 占据国内中间件市场绝对领先地位，两者的市场占有率超过 50%。

国产中间件厂商主要包括东方通、普元信息、宝兰德、中创股份及金蝶天燕等。目前开源中间件技术栈较为完整的有阿里云/蚂蚁金服、华为等，可以在构建面向互联网的软件应用方面发挥作用，特别是阿里系中间件，大部分都具有大并发量的实际应用支撑。

4. 基础软件——操作系统

操作系统是管理计算机硬件和软件的计算机程序，是最基础、最底层的计算机软件，是连接硬件和数据库、中间件、应用软件的纽带，决定着产业链的主导权和价值的分配权，是计算机生态环境的重要组成部分。CPU 和操作系统是整个信创产业的根基，没有 CPU 和操作系统的安全可控，整个信创产业就是无根之木、无源之水。

目前的操作系统现状如何呢？从国产操作系统体系来看，已经初步建立了以麒麟、统信为核心的系统体系；从行业领域来看，基本完成了党、政、军等关键领域的操作系统国产化，开始试点推广到金融、交通等行业。国产操作系统作为推动信创产品市场化的重要力量，未来在配合基础硬件性能提升、国产软件生态的逐步构建方面将发挥更加重要的作用。

目前主流的操作系统主要包括 PC 端的操作系统 Windows、Linux、OSX 等，服务器操作系统 UNIX/Linux、Windows Server、OSX，嵌入式操作系统 μCLinux、μC/OS-Ⅱ、eCos、FreeRTOS 等。目前国产操作系统大多数是以 Linux 内核为基础进行的二次开发，我国主要操作系统产品对比如表 10-2 所示。

表 10-2　我国主要操作系统产品对比

国产操作系统 (OS)	主要产品	背景/股东	适配硬件	排名或资质
中标麒麟	桌面 OS、服务器 OS	CEC/中国软件 (50%)	兼容适配目前所有国产 CPU	中国 Linux 市场占有率第一
银河麒麟	桌面 OS、服务器 OS	CEC/中国软件 (36%)	适配飞腾、x86、ARM	通过公安部结构化保护级(第四级)测评，获得军方的军 B+级安全认证
普华软件	桌面 OS、服务器 OS	CETC/太极股份 (86.19%)	支持 x86、Open Power、国产龙芯、申威、兆芯	—
深度(Deepin)	桌面 OS、服务器 OS	诚迈科技、绿盟科技(8.8%)	兆芯、华为海思等	全球开源操作系统 (DistroWatch)排第 10 名左右
中科方德	桌面 OS、服务器 OS	中科院软件所	兆芯、支持主流 x86 平台	—
红旗 Linux	桌面 OS、服务器 OS	中科院软件所、赛迪	—	于 2013 年破产清算
中兴新支点	桌面 OS、服务器 OS	中兴通讯	龙芯、兆芯、ARM	通过四级安全认证
一铭	桌面 OS、服务器 OS	一铭软件	支持 x86、x86_64、龙芯、神威等硬件	—
起点操作系统 StartOS	桌面 OS	东莞瓦力	—	—
神威睿思 OS	服务器 OS	江南计算所	—	—
凝思	服务器 OS	北京凝思科技	—	军用信息安全产品军 B 级认证

1) 国产操作系统的技术流派

Linux 的发行版本主要分为两种：一种是以著名的 RedHat(RHEL)为代表的商业公司维护的发行版本；另一种是以 Debian 为代表的社区组织维护的发行版本。

国产操作系统也基于不同版本分成了不同的技术流派，如图 10-1 所示。

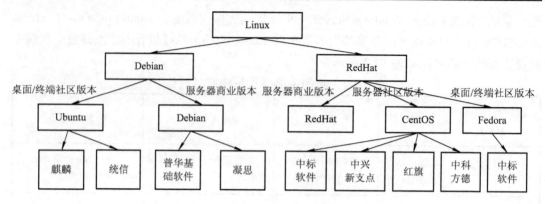

图 10-1　国产操作系统的不同技术流派

2) 主要的国产操作系统

(1) 中标软件——国产操作系统龙头。

中标软件作为国产操作系统的龙头，有桌面及服务器操作系统"中标麒麟"、移动终端操作系统"中标凌巧"以及 Office 办公软件"中标普华"几个代表性产品。

中标麒麟操作系统系列产品以操作系统技术为核心，全面支持国内外主流开放的硬件平台，覆盖服务器端和桌面端，已兼容适配超过 4000 款的软件和硬件产品。

(2) 天津麒麟——公安、军工、超算领域提供商。

天津麒麟主要包括银河麒麟操作系统、麒麟云以及集群软件三大类产品。银河麒麟操作系统目前在操作系统领域拥有核心竞争力，不仅支持以飞腾为代表的国产 CPU，还能兼容以 x86、ARM 为代表的国际主流 CPU。银河麒麟的高安全性位居国内领先地位，先后通过了公安部结构化保护级(第四级)测评以及军方的军 B+级安全测评认证。"天河一号"和"天河二号"均部署了银河麒麟操作系统，保障了千万亿次超级计算机的稳定、高速运行，这足以证明银河麒麟出众的高性能计算能力。

(3) 麒麟 OS——中标软件、天津麒麟整合打造操作系统新旗舰。

中标软件和银河麒麟目前是公认的党政、国防办公领域的国产操作系统龙头。中国软件官方公众号的数据显示，中标软件、天津麒麟两家企业在上述两个领域中占有国产操作系统九成以上的巨大市场份额。

2019 年 12 月，中国软件及其他股东以在中标软件和天津麒麟的出资作价设立新公司，中标软件和天津麒麟成为新公司的全资公司。

(4) Deepin——最受欢迎的民用国产操作系统。

Deepin 即深度科技，是一家专注于 Linux 架构下国产操作系统研究开发与服务的公司。截至 2019 年，Deepin 操作系统已经累计下载超过 8000 万次，提供 30 种语言版本，遍布全球六大洲的 33 个国家的一百多个镜像站点。据有关资料，Deepin 位列 2019 年度最受欢迎中国开源软件中的首位。

深度科技与武汉诚迈已一起成为了统信软件的全资子公司。

(5) 统信软件。

统信软件的王牌战略之一就是绑定华为。统信与华为的合作表现为三个方面：一是在华为 PC 端预装了深度操作系统；二是让旗下子公司深度科技为华为 TaiShan 硬件平台打造全线操作系统软件产品；三是陆续发布了三款针对华为鲲鹏平台的操作系统产品。统信软件的第二大王牌战略就是成为国产 UOS 操作系统的代言人。统信软件主要基于旗下的 Deepin 操作系统来打造 UOS 系统，目前已经正式通过了工信部的测试认证。作为国内领先的操作系统厂家，统信 UOS 扩招包括研发中心、适配中心、产品中心、服务中心在内的共计五千余个岗位，可见统信软件的发展态势向好。

3) 未来展望——通过上下游的生态构建，推动国产操作系统市场化拓展

操作系统的产业环境的独立性并不高，十分依赖上下游的生态环境。建设生态最关键的是硬件能否匹配、工具链是否完整，应用是否丰富、市场化程度是否足够高……这些方面都离不开技术、政策、商业的协同运作，更具体地说就是可以从以下几个方面入手：

(1) 打造国产操作系统生态体系。如果国产操作系统厂商携起手来，强强联合，共同致力于打造统一操作系统生态体系，实现在不同 CPU 平台上统一发布渠道、应用软件商店等，则对于操作系统市场化拓展就具有很大的推动力。这也是有先例可以学习的。早在 2019 年，UOS 统一操作系统就是由中兴新支点、CEC、中国电子、深之度等共同推行的，具有很好的借鉴效果。

(2) 整合信创上下游厂商生态。上下游生态整合具有重要驱动力，能够帮助信创产品进行商业化发展，帮助迭代优化市场反应。

(3) 搭建市场化生态。通过建立开发平台与社区，与国内优秀的核心友商共享源代码，并且通过开放操作系统代码，鼓励更多的优秀开发者和 ISV(独立软件开发商)在国产操作系统上运行程序，持续迭代软件版本。移动端的华为鸿蒙操作系统以 Linux 为内核，就是一个不错的例子，可以为其他国产操作系统的生态构建提供一些具有参考性的新思路。

5. 基础软件——数据库

数据库是按照一定的结构组织、存储和管理数据的仓库。数据库可以理解为一个电子化的文件柜，用户可以对文件中的数据像日常处理文件一样进行查询、增加、更新、删除等操作，其作用是业务数据存储和业务逻辑运算。

我们为什么需要数据库？从根本上看，计算机的本质就是解决数据计算和数据处理问题，而数据库就是计算机应用系统中专门用来管理数据资源的一种系统。数据的形式有很多种，不仅仅是文字、数字、符号，还包括图形、图像以及声音等多种类型。换句话说，几乎全部的计算机系统都需要处理数据。从计算机诞生到发展，如何解决计算机产生的大量数据的存储和管理问题，也是人们一直思考和想要解决的。早期的人们为了解决上述问题，将处理过程编成程序文件，然后将所涉及的数据按程序要求组织成数据文件，再以程序文件的方式来调出使用。这意味着，数据文件与程序文件保持着某种程度的对应关系。但在日新月异的发展中，这种文件式方法无法适应计算机应用快速发展的脚步。例如，文件的安全性问题得不到保障、数据查询和数据管理无法到位、不利于存放海量数据、更新不便等。

目前，越来越多的 IT 公司开始布局数据库细分领域，基本是先从计算场景的延伸和拓展入手。数据库的性能在不同的计算场景下会有所差异，所以在数据库产品的演进过程中，其基于的数据模型也随之在发生改变。根据数据模型的不同，可以将数据库分为关系型数据库和非关系型数据库两大类。关系型数据库的底层数据模型是关系模型；非关系型数据库是一个大类，涵盖的种类十分广泛，如面向海量数据访问的文档数据库、面向高性

能并发读写的 key-value 数据库和面向可扩展性的分布式数据库等。

1) 产业现状

(1) 国产厂商厚积薄发，占据近半市场份额。

通常可以从以下几个维度分析国产数据库软件的发展状况：

一是信创整体 IT 产业链角度。我国数据库产业在整体产业链中比较具有竞争力，整体已达到"好用"阶段，而且我国数据库在部分细分领域已经达到国际领先水平。

二是技术水平的角度。经过多年的探索和实践，我国的国产数据库已经不再处于学习摸索的阶段，而是迈进了服务市场甚至引领创新的全新阶段，目前已经取得了不少令人瞩目的世界级重大突破。

三是产业活力角度。目前，根据墨天轮收录的数据，我国数据库厂商数量达到 131 家，自信息技术创新发展以来达到了空前的规模，许多优秀的初创厂商不断涌现，给产业带来了巨大的活力。

四是市场份额角度。近年来，国产厂商的占比相较之前大幅提高，各大传统数据库厂商、云厂商、跨界 ICT 厂商在商业化方面都取得了较好的成绩。相关资料显示，2020 年国产厂商的市场份额(按营收)增至 47.4%，呈现急剧扩张的局面，未来仍将进一步扩展。

(2) 信创为国产厂商工程实践的积累提供了良好的环境。

通常可以从以下几个维度加以分析：

一是产品本身角度。数据库属于什么软件？它是基础软件，具有技术研发复杂、产品生命周期较长、稳定性和安全性要求较高的特点。

二是用户角度。数据库作为企业的核心 IT 资产，稳定性和安全性是用户首要关注的因素，因此，对于数据库厂商来说，他们在运行的全过程，包括前期和后期，都需要大量的工程演练和实践的积累，后期还需要根据客户的反馈对产品进行不断的迭代和优化。此前，为了加速产品成熟，更好地打磨自己的产品，建设更好的生态，部分云厂商和初创厂商如阿里、华为、PingCAP 等大多数会选择开源的方式。但是，在信创的大背景下，国产厂商可以选择除开源外的另一条有效路径，即在国家政策支持下利用企业的多种场景进行产品的打磨和优化。这为国产数据库厂商提供了更加宽容的成长环境和丰富的实践机会，更加有利于产品的加速迭代，实现产业的跨越式成长。

在 IT 架构中，数据库位于中间层，往上是各种应用软件的支撑引擎，往下需要调动计算、网络、存储等基础资源。因此，企业数据库的选型迁移不仅需要考虑与数据库自身的性能和功能相关的因素，更需要考虑是否与企业的 IT 环境与应用软件适配。虽然现在大部分政府、央企的部署环境是本地化要求，但未来随着我国数字化转型战略的推进和发展，对数据库提出支持云的新要求也不是不可能的，部分国产数据库厂商已经察觉到了这一点，并推出相应的云版本。从现阶段来看，国产数据库推进更困难的是什么呢？首要的就是如何与上层应用软件进行兼容的问题。在上一轮信息化建设中，大部分企业的业务系统都采用了 SAP、Oracle 等国外厂商的产品，部分 Oracle 数据库由应用厂商嵌入在业务系统中，这就意味着如果替换下层的数据库，就可能造成上层业务系统的运行困难，进而影响企业业务的正常开展。

2) 推进难点

(1) 原应用软件的兼容性问题。

　　站在企业的角度，对 Oracle 等国外数据库进行信创建设就不可避免地需要考虑与业务深度绑定的应用系统兼容问题，这并不是一个相对孤立的、简单的改造行为。如果仅对数据库层进行替换，则需要额外考虑该国产数据库对企业原业务系统是否兼容的问题。这就意味着，如果某企业不仅采购了基于 Oracle 的国外应用软件，而且基于这个系统开发了自己的软件，那么在替换国产数据库后，企业还需要对应用系统进行相应的改造。

　　(2) 国产应用软件的适配问题。

　　由于国际形势的影响，我国的信息技术应用创新在近几年才刚刚进入加速期。与国外厂商相比，国内数据库厂商还存在着一些缺陷，比如生态建设并不完善，与应用软件和服务商的适配或者合作不够体系化等，这些对企业信创建设也增加了额外的难度。

　　(3) 人才储备不足的问题。

　　信创建设是整体化的过程，不是单一的、独立的，不可避免地会影响企业整体技术架构的变化。Oracle 和 MySQL 等国外厂商经过几十年的发展，不仅积攒了庞大的用户群体，与其适配的 IT 人才也相对较多，相比之下，国产数据库相关人才储备就显得十分不足，这也增加了额外的培训、学习成本。

　　3) 国产数据库的产业布局

　　国产数据库主要分为传统数据库、云数据库和开源数据库三大类，国内四大传统数据库厂商包括人大金仓、神州通用、南大通用和武汉达梦，云数据库厂商主要包括阿里 OceanBase、腾讯云、百度云和华为 GaussDB，开源数据库厂商主要包括瀚高科技、优炫软件、星环科技和巨杉数据库。

　　云数据库 RDS 与自购服务器搭建数据库在服务可用性、数据可靠性、系统安全性等方面的优势和特点存在一定差异，如表 10-3 所示。

表 10-3　云数据库 RDS 与自购服务器搭建数据库的对比

比较项目	云数据库 RDS	自购服务器搭建数据库
服务可用性	99.95%	需自行保障、自行搭建主从复制、自建 RAID 等
数据可靠性	99.99%	需自行保障、自行搭建主从复制、自建 RAID 等
系统安全性	防 DDoS 攻击，具有流量清洗功能；可及时修复各种数据库安全漏洞	自行部署，价格高昂，自行修复数据库安全漏洞
数据库备份	自动备份	自行实现，但需要寻找备份存放空间以及定期验证备份是否可恢复
软硬件投入	无软硬件投入，按需付费	数据库服务器成本相对较高，对于 SQL Server 需支付许可证费用
系统托管	无托管费用	每台 2U 服务器每年超过 5000 元(如果需要主从，两台服务器超过 10 000 元/年)
维护成本	无须运维	需招聘专职 DBA(数据库管理员)来维护，要花费大量人力成本
部署扩容	即时开通，快速部署，弹性扩容，按需开通	需硬件采购、机房托管、部署机器等工作，周期较长

下面对国内主要数据库厂商加以介绍。

(1) 传统数据库厂商——人大金仓。

人大金仓成立于 1999 年，由中国人民大学最早一批从事数据库研究的专家发起创立。目前该公司作为太极股份的子公司，大约 38.18%的股权被太极股份所持有，先后承担了国家"863""核高基"等重大专项。

人大金仓的核心产品主要有三类：数据存储计算、数据采集交换和数据应用分析。

金仓交易型数据库 KingbaseES 不仅是入选国家自主创新产品目录的数据库产品，也是国家级、省部级实际项目中应用最广泛的国产数据库产品。

(2) 传统数据库厂商——南大通用。

天津南大通用数据技术股份有限公司成立于 2004 年，是国内技术成熟、业务范围最广的国产数据库公司，是一家数据库产品和解决方案供应商，服务于数据分析、数据挖掘、商业智能、海量数据管理等领域，应用于金融、电信、政府、交通、军工、电力等上百个行业系统。

(3) 传统数据库厂商——神舟通用。

天津神舟通用数据技术有限公司隶属于中国航天科技集团公司，提供关系型通用数据库、海量数据管理系统以及数据库系统的调优和运维等，主推产品为 HTAP、大数据集群平台和专业化数据挖掘平台，形成了与其他友商不一样的竞争体系，为用户提供专业化大数据处理和大数据挖掘服务，主要服务于政府、电信、能源等领域的客户。

(4) 传统数据库厂商——武汉达梦。

武汉达梦是中国电子信息产业集团(CEC)旗下的基础软件企业，于 2000 年成立，主要产品包括达梦 HTAP 数据库管理系统 DM8、达梦大数据集群软件 DMMPP 等，主要应用于金融、电力、航空、通信、电子政务等 30 多个行业领域。

武汉达梦主要研发混合型数据库 HTAP，他们希望研发一种能够处理客户所有数据库需求的数据库模式，以便为业务广、数据量大的综合型客户提供服务。武汉达梦目前已掌握的核心前沿技术集中在数据管理与数据分析领域，拥有全部源代码，具有完全自主知识产权。

(5) 云数据库厂商——腾讯 CynosDB。

CynosDB 作为新一代企业级分布式数据库，拥有全面兼容 MySQL 和 PostgreSQL、支持存储弹性扩展、支持一主多从共享数据的特点，在性能上更是大大优于 MySQL 和 PostgreSQL 两大开源数据库。

CynosDB 采用的是 share storage 架构，它的弹性扩展和高性价比来源于一款腾讯云自主研发的用户态分布式文件系统，即 CynosDB File System(简称 CynosFS)。

CynosDB 的优势在于能够帮助企业摆脱在传统架构中"上云"的问题，帮助企业规避传统架构云数据库数据备份较慢、可用性不高、维护成本不低、拓展性受限、IT 基础设施部署复杂等缺点。

(6) 云数据库厂商——阿里系数据库 OceanBase。

OceanBase 最开始创立于 2010 年，是由蚂蚁金服、阿里巴巴完全自主研发的分布式关系型数据库，主要应用在支付宝全部核心业务以及阿里巴巴淘宝业务中。从 2017 年开始，OceanBase 也开始服务外部客户。

OceanBase 作为分布式关系型数据库，非常适合金融、证券等涉及交易、支付和账务等金融属性的场景，因为这些应用场景对高可用、强一致以及性能、成本和扩展性有较高要求。

(7) 云数据库厂商——阿里系数据库 PolarDB。

PolarDB 是阿里云自主研发的下一代关系型云数据库，适用于互联网教育、互联网电商领域企业多样化等数据库应用场景，具备以下特点：一是兼容性好，能够兼容 MySQL、PostgreSQL、Oracle 引擎；二是存储量大，存储容量最高可达 100 TB，单库最多可扩展到16 个节点；三是基于 CloudNative 设计理念，具备高并发、高可用、弹性扩展、迁移上云的优点。

(8) 云数据库厂商——华为 GaussDB。

华为 GaussDB 是一款企业级 Al-Native 分布式数据库，不仅能为非常大规模的数据管理提供性价比更高的通用计算平台，也能用于支撑各类数据仓库系统、BI(Business Intelligence)系统和决策支持系统，服务于上层应用的决策分析。

GaussDB 200 作为一个关系型数据库，采取分布式并行处理技术，不仅能够处理互联网的高并发数据，并且支持行存储和列存储。它所具备的 PB 级数据负载能力，可以支撑它利用内存分析技术对海量数据的入库和查询进行并行操作，适合安全、电信、金融、物联网等行业使用，比如用于详单查询业务等；它可以利用自身的百 TB 级数据支撑能力来高效处理百亿多行表格的连接查询，比较适合操作数据存储、企业数据仓库、数据集市等应用场景；它还可以对海量数据进行查询、统计，对涉及的事务进行分析处理；行列混存技术可以一边处理联机事务，一边进行联机分析，分布式并行数据库集群也能满足 PB 级结构化大数据的分析。

(9) 开源式数据库厂商——瀚高科技。

瀚高科技于 2005 年成立，是国内首家实现全国市场支撑体系建设的数据库厂商。旗下的瀚高数据库 HighGoDB 是一款结构化关系型开源数据库。这个数据库引进了国际上最先进的开源数据库 PostgreSQL 的内核技术，并在此技术的基础上进行了一系列的研发、升级和优化。

(10) 开源式数据库厂商——优炫。

北京优炫软件股份有限公司成立于 2009 年，为数据安全、管理、挖掘提供卓越的产品、服务及全方位的解决方案，是核心数据保护细分龙头，主要客户覆盖政府、金融、能源、国防、企业等领域。

优炫拥有自主研发的 UXDB 新型开源式数据库，具备伸缩性、高可用性、高安全性。UXDB 在多节点的集群中也能均衡负载，并且能够保证事务的 ACID 特性。此外，UXDB采用了内存融合技术，可以保障集群的高可用性，并且提供故障容错和无缝切换功能，这可以最小化硬件和软件错误造成的影响。

优炫具有操作系统安全增强系统，不仅具有完整的用户认证、访问控制和审计功能，而且还可以通过安装在服务器的安全内核保护服务器数据，通过截取系统调用实现对文件系统的访问控制，以此来加强操作系统的安全性。

(11) 开源数据库厂商——巨杉。

巨杉数据库是国内领先的新一代分布式数据库厂商，专注于新一代大数据基础架构研发。巨杉数据库 SequoiaDB 是由巨杉自主研发的关系型开源数据库，支持结构化、半结构化和非结构化数据的全覆盖，是一款金融级数据库。

(12) 开源数据库厂商——星环。

星环信息科技有限公司是一家专注于数据库、大数据、云计算与人工智能基础平台的研发和服务的供应商。星环获得过"全球最具有前瞻性的数据仓库及数据管理解决方案厂商""中国大数据市场领导者"等称号和荣誉。2018 年，星环科技通过了 TPC-DS 测试和官方审计，成为 12 年来全球首个完成测试的数据库厂商。

数据库信创建设是企业数字化转型的整个战略框架中举足轻重的一环，绝不是一个简单孤立的项目。数据库的国产替代应该与上云建设、无纸化办公、分布式改造乃至业务创新、组织变革等结合起来，这样才有利于实现产业的新一轮战略升级。数据库作为数据的基础和核心载体，是企业建立数字资产所要踏出的第一步，也是"信创数字化转型"的重要节点。在下一轮新的信创建设中，把握数据库建设，有利于向下改善 IT 基础资源架构，向上为业务的数字化赋能。

6. 云服务——信创云

"信创云"的主体是国产化的 IT 基础软硬件解决方案。

"信创云"是近两年在信创背景下提出的，它是个概念化的产物，并不是区别于其他云的专业化云产品。从实际应用的角度理解，信创云关注的是搭建云体系的软硬件的国产化或基于稳定产品的深度开发。那么，搭建云体系的软硬件包括什么呢？其中就囊括了云服务器及其组成部件、云平台软件、云桌面操作系统以及上层应用软件，在实际操作中甚至涵盖了 PC、办公设备等"非云"硬件。事实上，完整的全国产化信创云的范围还延伸到了 IT 系统各方各面的主要组件。从目前的发展阶段来看，许多相关技术还未能实现全面的国产化，但是随着数字化转型的深入，云计算正在逐步成为企业和政府机构的"标准配置"，可以将信创云定义为国产化的 IT 基础软硬件解决方案，而非某种独立于其他 IT 领域和其他信创领域的专门产品或服务。

"信创云"易被理解为一种与各种行业云并列的垂直领域云服务；事实上，这一概念强调的是软硬件国产化基础上的云服务。目前政府机构是信创云的主要用户，但信创云并不限于政务云。在业务实践中，近年来政府机构大力投入政务数字化，而部署(私有)云几乎是政府机构进行数字化改革的必然选择。私有云的部署涵盖了从基础硬件到上层应用软件在内的全方位的 IT 服务，因此现阶段政府部署信创云的业务实质可以看作是基于国产软硬件的一体化政务数字化升级。放眼其他行业，信创云可被理解为一种国产化 IT 基础软硬件的解决方案。

现阶段信创云的核心特征是实现云基础硬件和主要软件的国产化替代，以及信息的安全防护。

政府是信创云的主要客户，政务云是信创云的主要应用领域，金融、能源等八大重点行业也将逐步使用信创云。从云技术角度来看，信创云并不必然以公有化或者私有化形式部署，然而由于其主要应用于国计民生的重点行业，所以信创云实际上绝大多数以私有化形式部署。

信创云服务商为企业提供端到端全栈式服务，这是信创云的生态价值。

信创云向行业迈进主要得益于技术的成熟。政务云市场形势大好，起到了非常有效的带头示范作用，金融、电信、能源、电力、医疗、教育、交通、公共事业等行业也逐渐加入到信创云市场中。金融行业目前在八大行业中对信创云的改造相对领先，主要原因是该行业的数字化基础较好，也有稳定的 IT 投资和充足的市场规模增长空间。我们从中也得到了一些新的思考，金融行业的数字化建设在一定程度上也反映了诸多传统行业在数字化转型过程中会面临的一些关键需求和问题，比如如何满足对 IT 系统高并发、高可用、灵活性的需求，以及对异构 IT 环境的支持等。在云计算固有的高效 IT 资源基础上，信创云厂商整合行业上下游的优势产品，形成全栈式的 IT 解决方案，为企业提供端到端部署和完善的配套服务，在提高 IT 系统的一致性和可靠性的同时，也降低了企业的部署成本。

华为云是目前国内市场上典型的具备综合服务能力的云厂商。华为花了 8 年时间来构建服务终端全场景的华为云擎天架构。华为云是华为最主要的业务部门之一，不仅有华为十分完善的产品体系和强大的研发能力作为后盾，还可以利用华为自主研发的鲲鹏 CPU、TaiShan 服务器、鸿蒙 OS 以及 GaussDB 等产品为华为云拓展国产化业务提供品牌和市场双方面的支撑。同时，华为云通过与国内操作系统、数据库、IT 综合服务、应用软件等基础软硬件厂商进行广泛的生态合作，在政务云、金融云、数字城市等现阶段信创云主要覆盖的市场范围有着丰富的经验和优势渠道。华为还具备提供覆盖底层基础设施、AI 和大数据平台以及行业应用等全方位云服务的专业能力。

7. 应用软件

应用软件作为信创产业中的一个节点，之前已经在金融行业率先进行了试点，可以算得上是信创建设中比较成熟的环节之一，但是，信创建设并不是相互独立的，在应用软件现阶段需要解决的问题中，生态建设滞后排在首位。作为贴近客户的使用端，应用软件在行业中有着重要的牵引作用，有利于拉动产业整体的发展。

(1) 产业现状——办公软件发展较为成熟，具备较强的竞争力。

应用软件是直接面向用户层的软件，它包括日常办公软件、业务软件、政务软件、社交软件等类型，还可以进一步细分为面向具体应用的软件，如浏览器、邮件等常用软件。国内软件厂商凭借多年的业务积累和技术创新，部分软件产品不仅率先达到好用的效果，而且进一步朝着个性化领域快速发展，适配不同业务与行业的应用需求。综上所述，信息技术应用创新的开展为应用软件行业带来了新市场的增加，未来随着国产化替换的稳步推进，将会有更多的应用软件厂商参与竞争。

(2) 市场变局——适配是应用软件行业的长期任务，不同类型厂商间合作紧密。

随着信息技术应用创新的逐渐深入，应用软件的各大厂商正在积极开展适配工作。那么，客户选择产品的重要指标有哪些？较为重要的影响因素应该是应用软件的适配和案例数量。厂商适配的产品或方案越多，在招投标时的优势就越大。客户更倾向于与能解决实际问题的企业合作，所以说对于适配过程中产生的问题具有良好的解决方法，是企业能被客户选择的重要隐形优势。另外，完成适配的厂商通常会互相合作，通过代理与推广扩大宣传和销售渠道。现阶段，通用性的应用软件与主流厂商的适配已经基本完成，个性化应用软件的适配在稳步进行中。对于应用软件厂商来说，适配将成为一个非常重要且在产业发展中长期持续的工作。

(3) 痛点与发展趋势——信创环境下软件生态缺失，用户体验不佳。

现阶段，应用软件的替换主要集中在办公软件领域，这是因为一些核心业务软件对稳定性的要求非常高，所以信创建设前期会把基础办公软件放在第一位，以免影响正常生产经营；其次，前文已经提到，信息技术应用创新的软件生态并不完善，而办公软件则是目前市场上发展较为成熟的领域。现阶段客户反映的问题主要集中在软件性能仍需提高、使用感不佳两方面上，这也就意味着现在的市场非常需要建立业务软件、社交软件、行业软件等更多软件生态。当我们将目光放在应用软件的发展上时会发现，其实现在更多的厂商增加竞争优势的方式是选择地方化落地、收购与合并等，而随着中小规模厂商逐渐参与进来，应用软件市场的整体竞争将更加激烈。应用软件在我国非信创环境市场已经发展得比较成熟，未来，应用软件厂商也将会在信创市场继续发挥技术优势，促进生态建立，优化用户体验。在这样的前提下，需要建立更加标准化、规范化、良性竞争的信息技术应用创新市场，才能让更多的应用软件厂商从中受益。

(4) 生态价值——提升软件能力，拓宽应用领域，拉动产业发展。

从产业链各环节发挥的作用来看，应用软件已成为信创产业建设发展的重要突破口之一。这是因为只有当应用软件运行在真正的国产化应用场景、本土化使用环境下，并通过客户的持续反馈来打磨产品，从而带动生态中各个软硬件产品成熟度的提升，才能让信创产业焕然一新，出现崭新的发展成果。在基础办公软件基本能够满足客户正常使用的环境下，应用软件领域下一步应该做什么呢？我们觉得应该往更贴近办公实际需求的社交软件、工业软件、业务软件方向发展，逐步实现国产化替换。这个过程不仅能够提升产品生态的丰富度，还能加强客户对软件的使用深度和提高使用频率。应用软件在信创建设中有着十分重要的牵引作用，可以在提高用户体验的过程中，通过不断改进实际问题，从而带动产业链各个节点更加完善，推动产业整体发展。总而言之，应用软件将在信创产业的后续发展中受到越来越多的关注。

(5) 流版签软件。

① 流式软件。

· 定义：以 Word 文档、PowerPoint 演示文稿为代表的流式软件是一种编辑工具，用户可以借此方便地对文档进行操作，该类软件可编辑性较强，但安全性相对较弱。流式软件编辑的结果可以固化为版式文件。

· 特点：流式文件在不同的软硬件环境中，显示效果可能会发生变化，俗称"跑版"现象，所以流式文件不适合作内容高度严肃、版面高度精确的文档的载体，如电子公文、电子证照、电子凭据等。

· 主要国产厂商：金山办公、永中 Office、中标普华。

② 版式软件。

· 定义：版式软件是编辑和阅读版式文档的办公软件。版式文档在跨平台、多系统下维持固定版面效果，可编辑性较弱，阅读性、安全性较强。OFD 是中国统一的版式电子文件标准。

· 特点：版式文档非常适合作对版面精确、禁止修改、数据真实完整可靠、长期保存等方面有较高要求的文档的载体，如电子公文、电子合同、电子证照、数字出版、电子凭据等。

· 主要国产厂商：福昕软件、数维网科。

③ 电子签章。

• 定义：签章软件将电子图章和数字签名相结合，以电子化形式来代替传统的纸质盖章签名效果。软件融合了数字签名技术，重现现实中签署合同、归档文件的效果，同时也保证了签章后电子文档的完整性和法律效力。

• 特点：电子签章的使用常见于政府机关中的公文流转等场景，对于企业来说，常用于合同相关场景。电子签章的作用不仅仅是确保电子文书的法律效力，还可以助力企业由传统办公模式向信息化办公模式转型。

• 主要国产厂商：书生电子(启明星辰子公司)、安证通、金格科技等。

(6) 国产办公套件龙头——金山办公。

金山办公是国内 Office 套件的龙头厂商，公司主要产品也较为大家所熟知，如 WPS Office 办公软件、金山词霸等。金山办公软件可在 Windows 等众多主流操作平台上应用。

公司主营收入来源主要包括基于 WPS Office PC 端及 WPS Office 移动端产品的办公软件授权业务、办公服务订阅业务及互联网广告推广业务。

金山 WPS 在政企领域占有绝对优势，将成为信创办公套件领域最大的受益者。图 10-2 展示了金山办公产品及服务矩阵。

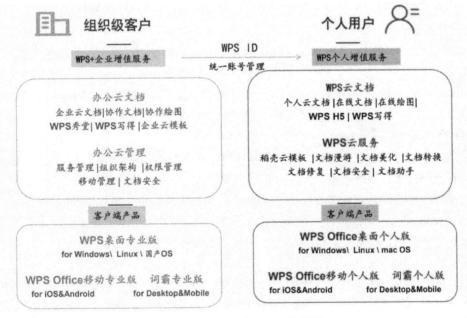

图 10-2　金山办公产品及服务矩阵

(7) 其他 Office——永中 Office 和中标普华 Office。

永中软件股份有限公司是国内基础办公软件开发和服务商，以永中 Office 为核心，提供桌面办公、移动办公、云办公和文档转换服务等多种专业的产品和解决方案。

永中 Office 套件主要包含文字处理、电子表格和简报制作等应用，可以在 Windows、Linux 等多个不同操作系统上运行。随着云计算和移动互联时代的来临，永中也推出了永中云办公系统。

中标软件有限公司是中国 Linux 操作系统和办公软件产品提供商和服务商，公司先后推出了中标麒麟可信操作系统、中标麒麟安全云操作系统、中标麒麟高级服务器操作系统、中标普华 Office 等。依托于中标麒麟操作系统产品，中标普华 Office 在审计、财税、工商等领域得到了应用，可以同时运行于 Windows 和 Linux 平台，有普通版、教育版、藏文版等版本。

(8) 国内 PDF 龙头厂商——福昕科技。

福昕科技成立于 2001 年，是国际化运营的 PDF 电子文档解决方案供应商。2018 年公司海外收入占比达到 92.6%，其中北美占比 58%，欧洲占比 24%，海外其他市场占比 10.6%，中国大陆收入占比为 7.18%。其主要产品包括电子文档套件和 PDF 技术功能模块在内的通用产品、SDK 开发工具，并提供 PDF 整体解决方案，是全球为数不多能够提供 PDF 全方位解决方案应用产品的规模性高科技企业之一。

福昕科技是国际 PDF 标准组织核心成员、中国版式文档 OFD 标准制定成员。公司拥有自主研发的核心代码，专注于电子文档技术的研究和开发，综合技术水平仅次于行业龙头 Adobe，在特定领域具有相对优势，如安全性强、产品小巧、独有的高压缩处理技术。福昕在亚洲、美洲、欧洲和澳洲设有多家分公司，直接用户已超过 5.6 亿人，企业客户数达 10 万以上，拥有的企业级客户资源不逊于微软、亚马逊、松下、英特尔、IBM、索尼、IKB 银行、纳斯达克股票交易所、摩根大通、百度和 360 等知名企业。

8. 信息安全

随着网络信息安全技术的发展，信息安全产业与网络安全产业概念高度融合。信息安全产品与服务贯穿于整个信创产业链，并且是目前国产化程度最高的，是较早实现由强政策驱动向业务驱动的环节。未来，安全厂商将持续受益于等保 2.0(全称为网络安全等级保护 2.0)政策，将研发资源向信创倾斜，主动完成信创上下游厂商的适配工作，打造我国信息安全底座。

(1) 产业现状——全球。

信息安全即对搭建在计算机系统上的软硬件、系统数据及相关业务进行保护，通常使用的手段有密码技术、网络技术、信息对抗等。随着 IT 产业迅速扩张，各国政府和企业对安全的重视程度逐渐提升。有关数据显示，2021 年全球信息安全支出达 1500 亿美元，约占全球 IT 支出的 3.7%，相比 2017 年增长 8.7 个百分点。2021 年全球信息安全产品规模增速前三的分别是云安全、数据安全和基础设施保护。我国也不例外，这几个细分市场近年来都是金融投资热点。IDC 在 2021 年 3 月 17 日发布的《2020 年第四季度中国 IT 安全硬件市场跟踪报告》显示，2020 年第四季度中国 IT 安全硬件市场厂家整体收入约为 14.12 亿美元(约合人民币 94.1 亿元)，第四季度厂家收入规模较 2019 年同期实现高速增长，涨幅为 27.4%。

(2) 产业现状——中国。

信息安全产业是国产化程度最高的环节。

信息安全产品及服务具有很高的行业渗透性。安全是每个行业都重点关注的环节，特别是 IT 建设中的关键环节。近年来因为下游需求增加以及政策支持的驱动，我国信息安全产业规模不断扩大。根据有关资料，我国信息安全产品和服务在 2020 年实现收入 1498 亿元，同比增长 10.0%，不仅如此，安全相关厂商的数量也在不断增加。信息安全产业的发展与地区经济发展水平和地方政策存在一定的相关性。从 2019 年我国信息安全产品和服务收入的分布城市来看，北京作为全国政治、文化中心，信息安全收入规模及安全厂商数量显著领先，山东、辽宁、江苏等地紧跟其后，川渝则是我国信息安全产业的西部中心。从 2020 年全国新增网络安全厂商的城市分布可以看出，以北京、山东等东部地区为中心的信息安全产业正向东南、中部等地区铺开。

(3) 驱动因素——政策与业务双轮驱动信息安全产业迈向市场化。

我国信息安全产业发展经历了多个阶段，从总体来看，主要分为业务驱动、政策驱动和双轮驱动三个阶段。从信息技术应用创新的角度看，中国的信息安全具有以下几个特点：一是产业起步晚，所以导致并没有完全掌握信息安全技术，产业整体规模及增长幅度有限；二是国产化水平比较高，之前的信息安全主要集中在国防、科技、军事等行业，现在已经延伸到金融、能源、交通、医疗等多个领域。未来随着《网络关键设备安全通用要求》等行业标准的稳步落实、各行业主体对信息安全重视程度的提高，信息安全领域的增长动力将非常充足。

(4) 产品矩阵——多产品组合才能构成整体保护措施与体系。

信息安全厂商十分活跃，在信息技术创新产业链的各个环节都有他们的身影。因此，信息安全十分重要，是软硬件层重要的安全保障，活跃的信息安全厂商数量多，长时间共存会不会出现相互蚕食的可能性？答案是短期内不会。一是因为我们的信息安全市场现阶段集中度比较低；二是产品体系丰富。按网络通信七层协议划分，安全产品主要部署在链路层、网络层、传输层及应用层等。由于信息安全技术相对复杂，行业客户会选择不同厂商的优势产品，实现信息和资源的互联互通，保证计算机软硬件的安全性，也就避免了恶性竞争。但是，对强大丰富的安全产品、优秀的协调能力对于信息安全厂商十分重要，缺一不可。未来信息安全支持厂商服务模式将更多以"标准化安全软硬件+定制化解决方案"的形式落地，针对不同行业客户的业务板块、性能、保密协议要求的不同(比如银保监会与军队)，持续打磨产品体系，增强行业的落地能力，进一步强化信息安全底座。

(5) 信创终端安全——安全保密产品市场确定性最强。

信创终端包括涉密计算机和非涉密计算机。涉密计算机需要安装专门的安全保密产品，即涉密计算机及移动存储介质保密管理系统，简称"三合一"；非涉密计算机一般情况下也要选配安装主机审计、身份认证等产品。

(6) 信创网络安全——为传统安全厂商带来增量业务机会。

从需求角度来看，政府、电信、金融等领域是信息安全产品的最大需求方，而这三个领域也是信创推进最快的领域。随着信创的全面推开，意味着基于国产软硬件基础的信息安全产品需求将大量增加，有望为传统信息安全厂商带来可观的增量业务机会。预计信创网络安全市场将维持传统信息安全市场的竞争格局。

(7) 未来发展——孵化行业标准，以资源整合、生态构建带动安全产业升级。

我国信息安全产业在早前出现过供需不平衡的困境，主要原因是产品性能无法满足客户需求。而今，我国主流信息安全厂商已整合发布的安全产品及服务，具备成熟完善的供应链。从整个信创产业链来看，还需解决以下三大信息安全产业痛点：

① 从国家层面的角度，信息安全投入水平仍落后于国际水平，政策的驱动力还不够强大，而且并未形成具有一定体系的行业标准；

② 从信创的角度，产业链的全面自主创新是实现我国信息安全的先决条件，但是从目前来看，包括芯片、操作系统、电子元器件等在内的核心技术在研发和生产环节仍被美

国、日本、韩国等发达国家垄断；

③ 从安全行业的角度，由于市场不集中，行业客户采购具有分散性，当前市场上没有能够做到全产业链的综合性产品与解决方案厂商。

(8) 信息安全产业发展的几方面关键要素。

· 标准：信息安全产业对标准具备高依赖性，只有满足多方标准的信息安全产品才能够适用于各行各业。

· 性能：当前信息安全产品还处在基本满足客户需求的阶段，高端需求的满足仍需要努力，并且安全技术的创新发展也需要得到重视，避免某些问题的发生，比如安全产品的二次封装可能造成计算机整体性能的损失。

· 资源：产业链国产化适配是诸多厂商研发资源倾向的方向，也是未来技术创新的重点。跨行业的资源共享、安全厂商间的合作加深能够持续赋能信息安全产业。

· 生态：创造构建良好的信创产业发展生态，主要包含三方面内容，① 联合需求端，发挥业务驱动作用；② 联合供给厂商，推动信创产品的适配调优；③ 联合教育机关，建设多层次信息安全人才队伍，推动信息安全产业可持续发展。

10.6　信创发展助力青年发展

2020 年是信创产业全面推广的起点，之后的三年，即 2020—2022 年，是信创产业的黄金发展期。在这个阶段，形成了新的计算产业链，并推动了全球计算产业快速发展，从而带动全球数字经济走向繁荣。据《中国新创产业发展白皮书 2021》和 IDC 预测，到 2023 年，全球计算机产业投资空间为 1.14 万亿美元，中国计算机产业投资空间为 1043 亿美元，即 7300 亿元人民币，接近全球的 10%，是全球计算产业发展的主要推动力和增长引擎。

近年来中国数字经济的发展、自主创新的深层次需求带动了信息技术应用创新产业的快速发展。产业发展，人才先行。从中长期来看，信创领域各类专业技术人才的需求将达到千万量级，如图 10-3 所示。

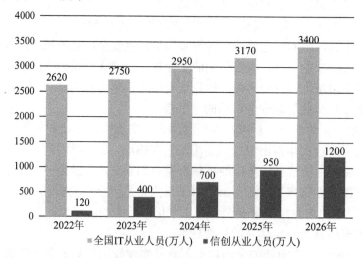

图 10-3　近年来 IT 从业人员数量变化趋势图

　　党的十八大以来，习近平主席在多次参加青年活动中讲到，创新是民族进步的灵魂，是国家兴旺发达的不竭源泉，也是中华民族最深沉的民族禀赋。正所谓"苟日新，日日新，又日新"，青年人应该走在创新创造的前列，做锐意进取、开拓创新的时代先锋。

　　作为新时代的青年学生，应该树立信创事业是国家大业的思想认识，树立信创事业与我息息相关的责任意识，树立信创事业必将成功的民族自信，刻苦学习、积极投身国家的信创事业。

　　信创领域涵盖多个产业类别，产业链长，行业内代表性企业多，涉及的岗位类别多，管理岗如决策人员、规划人员和执行人员，专业技术岗如总工程师、架构师、基础软件开发人员、应用软件开发人员、硬件工程师、网络工程师、测试工程师、系统工程师、质量工程师、运维工程师、安全工程师和知识产权人员，人才的就业面广、可选择性大。

　　高等院校是信创人才补充的中坚力量。从长远来看，IT 产业的发展需要更多院校的力量参与进来，开展更多产、教、学、研的合作，为产业输送源源不断的动力。

　　近年来，国家政策大力扶持信创行业，信创产业作为朝阳行业，将得到蓬勃发展，其市场空间巨大。相比信创产业的发展速度与发展空间，信创产业专业人才的需求存在着很大缺口，人才供不应求，就业前景好。信创领域属于信息技术行业，薪资水平相对较高，且职业发展前景较好，未来薪资水平上涨空间大，可以获得较好的薪酬收入。

 项目任务

任务 1　今昔对比看发展

任务描述

　　目前，信息技术创新在我国的发展已经取得了一定成效，在信创各个领域实现了从无到有、从可用到好用的发展，与国际水平差距逐渐缩小。作为新时代青年和新时代的建设者，你是否注意到信息技术创新给我国信息产业带来的自主可控的变化呢？

任务实施

　　试从日常生活体验或者通过网络等途径对外界信息的接触和感悟中，以回顾、调查和讨论等方式分析目前你所了解和接触到的信息技术创新的内容，以及信创所带来的变化，同时谈谈你的想法，并将调查和思考的结果和内容填入表 10-4 中。

表 10-4　信创调研信息表

你观察到的信创	自主可控前	自主可控后	你的想法

任务 2　信创案例收集与讨论

 任务描述

你在日常生活中是否遇到过因还未形成自主可控的信息技术应用而遭遇的技术制约、信息安全等问题的例子？这些例子当时产生了怎样的影响？你认为这对开展信息技术应用创新具有哪些意义？试分享一下你的看法。

任务实施

通过观察生活、网上搜索、资料查找、自由采访等方式，收集没有自主可控的信息技术所带来弊端的案例，并进行讨论。

 项目小结与展望

本项目介绍了信息技术应用创新的概念及来源，介绍了我国信息技术领域拥有关键技术国产化能力在技术制约、信息安全下的紧迫性和必要性，以及在国际竞争力和产业基础下的战略性和可行性；介绍了目前我国信创产业的发展历程和市场布局，从我国信创产业的芯片、存储、中间件、操作系统、数据库、信息安全等多个领域进行了基本的探索，对我国信创产业的企业布局也有一定的涉及。

信创建设并非一蹴而就，促进我国信息技术产业的发展是长久之计。我国信创建设的前期主要是靠政策驱动力，这驾马车为国产 IT 厂商提供了发展的动力，也为信创的发展开拓了一片沃土。在全社会各方因素的共同努力下，现阶段我国信息技术产业呈现出百花齐放、融合应用、技术创新、人工涌动的特点，市场释放出前所未有的活力。

2020 年是信创产业全面推广的起点，2020—2022 年是信创产业的黄金发展期。在政策驱动的市场机会下，在上下游全产业链厂商的协同下，在新时代青年的学习和奋斗下，共同推动中国基础软硬件的崛起，重构基于我国自主 IT 标准的产业生态，进一步面向市场，走向国际，实现新一轮信息技术和产业的创新和发展。

课后练习

1. 选择题

(1) 信息技术应用创新工作委员会成立于(　　)。

A. 2016 年 3 月 4 日　　　　　　　　B. 2016 年 6 月 4 日

C. 2018 年 10 月 4 日　　　　　　　　D. 2018 年 3 月 6 日

(2) 下列选项中，(　　)不是我国国产四大传统数据库厂商。

A. 武汉达梦　　　　　　　　　　　　B. 人大金仓

C. 神州通用　　　　　　　　　　　　D. 巨杉数据库

(3) (　　)是信创产业的根基。

A. CPU、数据库　　　　　　　　　B. CPU、操作系统

C. 数据库、信息安全　　　　　　　D. 基础软件和应用软件

(4) 下列选项中，不是流式软件的特点的是(　　)。

A. 可编辑性强　　　　　　　　　　B. 安全性相对较弱

C. 会出现"跑版现象"　　　　　　D. 适合作版面高度精确文档的载体

(5) 下列说法正确的是(　　)。

A. "2+8 标准体系"的提出标志着我国信创产业的起步

B. 半导体存储分为内存、固态硬盘及磁存储

C. 麒麟 OS 是业界性能最高的 ARM 架构服务器芯片

D. 计算、存储、通信是三大计算机 IT 核心基础设施板块

2. 应用题

(1) 课程调研活动：通过网络、现场等形式，调研信息技术应用创新在你所学习专业领域的应用现状。

(2) 信息技术应用创新畅想：召开小组或班级研讨会，畅想信息技术应用创新还有哪些应用场景和发展前景。

项目 11　数字经济

　项目背景

　　小李因公司有突发状况需要加班与同事开会讨论方案，无法抽身去楼下吃饭，于是就决定点外卖大家一起吃。小李打开某外卖软件 App，显示有一个优惠活动，即在线支付立减 5 元或者 3 元。小李快速搜到附近的类似店铺，页面详情中有"4 人套餐""8 人套餐"等推荐套餐选择，小李选择了"4 人套餐"。之后界面显示套餐费用，同时显示"在线支付立减 5 元"，小李点击下单，并获取验证码后进行了提交，然后用微信支付了相关费用，随后就开始等待外卖员在预定的时间将套餐送到指定的地点。在等待的过程中，小李可以通过软件实时查看外卖配送情况，如距离和送达时间。

　　在数字经济时代，电子商务作为数字经济的重要载体，其快速、便捷的交易形式被越来越多的人所接受，线上订餐也即顺势而出，出现了众多的点餐平台。数字经济已经渗透到了我们日常的衣食住行、教育培训、医疗健身等方方面面，让我们足不出户就可以办理许多事务，极大地方便了我们的工作、学习和生活。

项目延伸

　思维导图

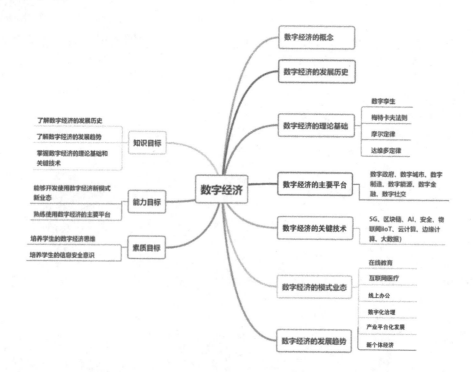

11.1　数字经济的概念

项目微课

　　目前，数字经济在国内外尚无统一的定义，数字经济主要涉及科技、金融、博弈学、政治、经济等众多学科。从学术角度看，数字经济是由大数据、智能算法、算力平台等三大要素构成的一种新兴经济形态，主要以算力平台为基础，然后运用智能算法对大数据进行存储、处理、分析和知识发现等，进而服务于各行各业的资源优化配置、转型升级，促进经济的高质量发展。这三大要素是数字经济不可分割的组成部分：没有大数据，数字经济便是"无米之炊"；没有智能算法，数字经济则不能"创造价值"；没有算力平台，数字经济将"不复存在"。从经济学角度看，数字经济是一种继农业经济、工业经济之后的主要经济形态，是以数据资源为关键要素、以现代信息网络为主要载体、以信息通信技术融合应用和全要素数字化转型为重要推动力，促进公平与效率更加统一的新经济形态。

　　数字经济包括基础型数字经济、融合型数字经济、效率型数字经济、新生型数字经济和公益型数字经济等类型。传统的信息产业是数字经济的内核，构成了基础型数字经济；信息采集、传输、存储、处理等设备持续地融入传统产业的生产、销售、流通、服务等各个环节，形成了新的生产组织方式，传统产业中的信息资本存量带来的产出增长份额，构成了融合型数字经济；信息通信技术在传统产业的普及，促进全要素生产率提高而带来产出增长份额，构成了效率型数字经济；信息通信技术的持续发展催生出新技术、新产品、新业态，称为新生型数字经济；信息通信技术的普及带来消费者剩余和社会公益等正向外部效应，构成了公益型数字经济。

　　数字经济的特征可以概括为"一要素，二部分，三基础，四形态"。"一要素"是指数据成为新的生产要素，对数据的价值挖掘是数字经济发展的源泉；"二部分"是指数字经济由数字产业化和产业数字化两部分构成，数字产业化主要是指信息产业，而产业数字化是指数字技术对其他产业的改造，即"互联网+"；"三基础"是指数字经济的基础设施由互联网扩展到"云—网—端"三位一体；"四形态"是指经济组织呈现出平台化、共享化、多元化和微型化形态。

　　总之，数字经济以数据为核心，以数字技术作为其经济活动的标志和驱动力，以数字性思维取代工业化思维，在运行模式、产权制度、分配方式等方面注入新思想，采用现代创新引擎改造传统工业经济，构建新的经济发展形态。

11.2　数字经济的发展历史

　　人类社会的发展经历了四次迁徙、二次地理大发现、四种文明、三类经济形态，这些经历无不与"数字"有关。

第一次大迁徙发生在史前，人类先祖从非洲热带迁徙到更适合生存的温带；第二次大迁徙发生在近代，人类从非洲、亚洲迁徙到欧美；第三次大迁徙发生在现代，人类从贫穷的乡村迁徙到富裕的城市；第四次迁徙伴随着从工业社会向信息社会的发展，人类正在从物理空间迁徙到数字空间。

第一次地理大发现是哥伦布、麦哲伦们为了重新找到通往亚洲的贸易之路，无意间发现了美洲新大陆，大大拓宽了人类社会的物理空间，为欧洲大陆带来了无尽的财富。第二次地理大发现是发现了人类社会的数字空间，数字化的发展规律遵循摩尔定律，发展速度遵循指数级增长，发展效率遵循零边际成本。在数字空间里，人类社会的财富增加值将会是物理空间的十倍或者几十倍。

四种文明包括原始文明、农耕文明、工业文明和数字文明。在原始社会，人类与自然界处于物我不分、混为一体的混沌状态，原始人类尚不具备改天造物的能动性，人类居住在原始森林，称之为原始文明；随着加工工具的进步，农耕文明开始诞生，人类主要利用人力、畜力、风力和水力等可再生能源；18世纪60年代，蒸汽机作为动力机被广泛使用，人类进入蒸汽时代，第一次工业革命拉开序幕，开创了以机器代替手工劳动的时代，第二次工业革命以电力、内燃机为代表，标志着人类进入电气时代，利用煤炭、石油、天然气等不可再生能源，科学和技术在生产力中的作用日益凸显，称之为工业文明；20世纪70年代，第三次工业革命以计算机为代表，人类进入了信息时代，开启了数字文明时代。

三类经济形态包括农业经济、工业经济和数字经济。从农业经济到工业经济，再到今天的数字经济，网络是最重要的。农业经济时代是水网，使用的是犁、锄、刀、斧等手工生产工具和马车、木船等较为原始的交通运输工具，主要从事第一生产——农业，辅以手工业，土地和水网是农业发展的重要基础，生产的分配主要是按劳动力资源的占有或通过体力占有的劳动力资源来进行的；工业经济是交通网，采用拖拉机、机床等代替手工生产工具，汽车、货车、轮船和飞机代替了原始的交通工具，形成了较为完整的交通网，利用铁矿石、煤、石油等作为生产的主要资源，生产的分配主要按自然资源(包括通过劳动形成的生产资料)的占有来进行；数字经济是信息通信网，以数据资源为生产资料，以现代信息网络为主要载体，以新一代信息通信技术为重要推动力，以区块链作为技术手段调节生产关系和分配方式。

数字经济活动起源于20世纪50年代，大致经历了以下三个阶段。

第一阶段：技术准备期。

从20世纪50年代开始到2000年，IBM个人计算机、微软操作系统等的出现，为数字经济提供了技术，数字服务领域开始萌芽，包括银行计算机数据服务、光纤构建骨干网，奠定了互联网的雏形。

第二阶段：快速繁荣期。

2000年至2012年，电子商务、搜索引擎、社交媒体等新兴商业模式的出现，Amazon、Google、Facebook、PayPal等互联网科技巨头的诞生，为数字经济提供了丰富的数据，拓展了应用场景。

第三阶段：大数据与人工智能时代。

2012 年至今，全球范围都在加速推进数字产业化，美国甚至将大数据定义为"未来的新石油"，出台了《大数据研究和发展计划》和《国家人工智能研发战略计划》，与此同时还将大数据与人工智能提升到国家战略的高度。美国、西欧、日本等先进经济体将现代信息技术广泛应用于传统行业，产业数字化进程加快，促使数据分析成为开展各项业务的基础支撑。

我国数字经济的发展得益于人口红利的先天优势，网民规模的高速增长为互联网行业的崛起提供了天然的优质土壤。其主要商业模式从信息传播到电子商务，从网络服务到智能决策，新模式和新企业不断涌现，商业模式重心向用户端倾斜，技术成为行业核心的驱动力，但争夺流量和积累用户规模仍然是商业模式成功的关键要素。我国数字经济发展大致经历了以下三个时期：

(1) 萌芽期。1994 年，中国正式接入国际互联网，进入互联网时代。到 2002 年，伴随着互联网用户数量的快速增长，互联网行业三大门户网站新浪、搜狐、网易先后创立，阿里巴巴、京东等电商网站进入初创阶段，百度、腾讯等搜索引擎和社交媒体得到空前发展。在这个阶段，中国数字经济的商业模式比较单一，以新闻门户、邮箱业务、搜索引擎为代表，以信息传播和获取为增值服务的中心。萌芽期的初创企业模仿国外成功商业模式的现象极为普遍，流量争夺和用户积累成为竞争的核心内容。

(2) 高速发展期。从 2003 年到 2012 年，中国数字经济步入高速增长期。以网络零售为代表的电子商务最先发力，带动着数字经济从萌芽期进入新的发展阶段。2003 年上半年，阿里巴巴推出个人电子商务网站"淘宝网"，成功地迫使 eBay 退出中国市场，并逐渐发展为全球最大的 C2C 电子商务平台；2003 年下半年，阿里巴巴推出支付宝业务，成为第三方支付的龙头。同时，"博客""微博"等自媒体的出现，使网民个体对社会经济产生深刻的影响，社交网络服务(Social Networking Site，SNS)的普及，促使人际联络方式发生重大变革，社交网络与社交关系紧密结合在一起。截至 2012 年底，中国手机网民规模达到 4.2 亿人，使用手机上网的网民首次超过台式电脑，表明中国数字经济发展进入新阶段。

(3) 成熟期。从 2013 年至今，互联网行业迎来移动端时代，中国数字经济迈入成熟期。在这一阶段，以信息互通为基础，数字经济业态主要有两大特征：① 传统行业互联网化，以网络零售为基础，辐射生活的方方面面，诞生了滴滴打车、饿了么、美团外卖等交通、餐饮服务平台；② 基于互联网的模式创新不断涌现，以美团、青桔为代表的共享出行业态，突破了原有共享单车的"有桩"模式，为中国数字经济注入了新活力。此外，4G、5G网络的出现和发展催生了网络直播模式，直播经济正在成为一种强有力的变现模式。

11.3 数字经济的理论基础

数字化好比"一条长河"，它从过去走向未来，来势不可阻挡且所向披靡。数字经济将成为未来产业的核心，为了保证数字经济健康有序地发展，就要知道其核心驱动力和底层逻辑，以及其理论基础。

"大历史"学派创始人大卫·克里斯蒂安(David Christian)教授认为，历史的起点在物理世界、化学世界和生物世界。在物理世界，只有两样东西恒久不变，即能量和信息。能量包括核能、机械能、化学能、电能、光能等，这些不同形式的能量之间可以通过物理效应或化学反应而相互转化；信息指人类社会传播的一切内容，但若想推动人类进步，必须将信息转化为有效知识，进而形成一种潜在的能量。举例来说，假定有两个人，让他们搬动一块很大的石头，一个人体力很强但搬不动，即使增加饭量、增加运动依然搬不动；但另一个人体力没那么强，只因懂得杠杆原理，用了一根木棒就撬动了石头，所以说知识是潜在的能量。

因此数字经济的本质是能将信息转化为有效知识，让数据在数字经济的价值流动中实现数据(Data)—信息(Information)—知识(Knowledge)—智慧(Wisdom)的价值生产链条。下面介绍知识生产所经历的四个阶段。

第一阶段：科学实验生产新知识。远古时候，知识往往从实践中产生，钻木取火和伽利略的比萨斜塔实验是典型代表。当击打野兽的石块与山石相碰而产生火花时，燧人氏受到启发，以石击石生出火来，这是通过实践观察生产新知识。亚里士多德曾说，物体越重，下落速度越快，因此当伽利略将 45.4 kg 和 0.454 kg 的两个球从比萨斜塔上扔下去而结果是两个球几乎同时落地的时候，不但推翻了已有的知识，而且开创了近代科学实验的新纪元。

第二阶段：理论推理生产新知识。在这个阶段，知识从公理公式中产生，牛顿微积分就是典型代表。俗话说，"工欲善其事，必先利其器"。微积分就是数据家手里的"利器"，以微积分为基础，通过理论推理生产新知识。

第三阶段：仿真计算生产新知识。仿真计算基于已知对物理世界的仿真建模，知识从规模计算中产生。因为物理世界是由千亿级的各类数据构成的，所以在虚拟世界中的仿真即是对各类数据的仿真，即数字孪生。

第四阶段：数字原生生产新知识。这个阶段的核心是面向答案求解不确定过程，知识从海量数据关联中产生。意大利"隐身作家"埃莱娜·费兰特(Elena Ferrante)说过一句话：书写完之后，就不再需要作者了。的确，一本书一旦数字化，信息的生产、传输、内容分发与口碑舆论的形成等一系列动作就都在数字世界发生，因此就有了"一千个人眼中有一千个哈姆雷特"，而真正的哈姆雷特到底是什么，反而需要从海量数据的关联中去产生了。

数据孪生是我们试图用已有的认知和知识结构解决虚拟数字世界里的问题，用我们的知识白盒构建一个模型，做高性能计算推理。而数字原生是生产人类认知之外的新知识，就像 AlphaGo 从黑白落子的行为数据中，面向答案(输赢)学习中间不确定性的过程，生产出新的知识。可以说，数字原生是由"以物理世界为重心"向"以数字世界为中心"迁移的思考问题的方式，数字原生是数字经济真正的推动者。同时，数字经济发展受到三大定律的支配：

第一个定律是梅特卡夫法则。该法则认为网络的价值等于其节点数的平方，即网络上联网的计算机数量越多，则每台计算机拥有的价值就越大，其"增值"将以指数级变大。

　　第二个定律是摩尔定律。该定律认为计算机硅芯片的处理能力每 18 个月就翻一番，而价格以减半数下降。

　　第三个定律则是达维多定律。该定律认为进入市场的第一代产品能够自动获得约 50% 的市场份额，所以任何企业在本产业中必须第一个淘汰自己的产品，其突出体现就是网络经济中的马太效应。

11.4　数字经济的关键技术

　　数字经济技术经历了从"两化"(数字产业化、产业数字化)到"三化"(数字产业化、产业数字化、数字化治理)，最终演进到"四化"(数据价值化、数字产业化、产业数字化、数字化治理)的过程。

　　(1) 数字经济的三层架构：数字经济的最底层是以数字货币为核心的基础设施；中间层是数字金融和数字资产(包括资产数字化和数据资产化)构成的平台和生态；最上层是数字商业、数字产业(包括产业数字化和数据产业化)、数字法制、数字政府、数字生活和数字社会，像数字城市、社区、医疗、制造、教育、文化、体育、交通和政府等。

　　(2) 数字经济的三大机制：数字经济包括技术保障机制(为数字经济提供技术支撑和保障)、经济激励惩罚机制(为数字经济提供经济激励和奖罚支撑与保障)和社会组织治理机制(为数字经济相应组织治理提供支撑和保障)，三个机制互相支撑和作用，共同打造数字经济的基础、生态和体系。

　　(3) 数字经济的八大支撑技术：5BASICED(5G、区块链、AI、安全、物联网 IoT、云计算、边缘计算、大数据)等技术，特别是与大数据、云计算、人工智能、区块链等技术融合，会对生活、产业和社会带来巨大的变化和影响，推动经济和社会的发展，不仅仅从量上，而且会从质上带来根本变化和提高。

　　数字经济要想发挥其巨大作用，安全可信是数字经济的双核心保障。安全(Security)指 CIA(Confidentiality、Integrity、Availability，即私密性、完整性和可用性)，不仅包括业务安全和风险管控以及合规，而且数据安全和隐私保护也是重中之重。数据只有被流转、分享和使用，才能充分发挥其巨大价值，而其中的关键就是安全、隐私保护和公正(破除数字鸿沟)；可信(Trustworthiness)也是数字经济的核心之一，无信不立，诚信、信誉和信用是一切商业和社会活动的基础保障。同时，不能只求效率而不顾公平，数字经济关系到个人、企业、行业、地域和国家的安全、主权和协作。没有安全可信，就不可能有数字经济的大发展，因为它带来的潜在危险也是巨大的。数据创造价值，安全保护价值，可信放大价值，它关系到个人、企业、行业、组织、地域、国家和全球的命运。

　　安全可信是当今社会和商业的核心基础。"安全"需要贯穿商业、社会和生产周期的各个环节，并实施安全流程；"可信"需要确保"按说的做，按做的说"，也就是言行一致，言必行、行必果。安全是非常不容易做到的事情，可信就更加困难，因为缺乏清晰定义和相应的验证方法。为保障安全可信，需要大家通力合作、开放、透明，以及跨越国家、地区、行业、组织、部门、政府、机构、企业和社会的国际标准和流程，大家都在其中扮演着重要的角色和作用，承担着相应的责任和义务。

　　数字经济需要各行业、全社会以及国际社会的多方合作，秉持开放和透明的理念，遵循共同的标准和法规与规范。在安全可信的前提下流转使用，充分发挥数据的价值；在发展过程中做到安全可信，保护隐私和安全，特别是加强对数据科技巨头的监管，避免数据垄断和霸权以及数据滥用；在自由流转过程中，充分尊重国家主权和各方利益。这些都需要共同努力，才能推进经济和社会的高质量发展，实现共赢和共享。

11.5　数字经济的主要平台

　　从平台角度来看，数字经济包括数字政府、数字城市、数字制造、数字能源、数字金融、数字社交等平台。

1. 数字政府

　　数字政府是指在现代计算机、网络通信等技术支撑下，政府机构日常办公、信息收集与发布、公共管理等事务在计算机网络环境下进行数字化管理的国家行政管理形式，包括政府办公自动化、政府实时信息发布、各级政府间的可视化远程会议、公民随机网上查询政府信息、电子化民意调查和社会经济数据统计、电子选举(或称"数字民主")等，是一种遵循"业务数据化，数据业务化"的新型政府运行模式。

　　数字政府以新一代信息技术作为支撑，重塑政务信息化管理架构、业务架构和技术架构，通过构建大数据驱动的政务新机制、新平台、新渠道，进一步优化调整政府内部的组织架构、运作程序和管理服务，在经济调节、市场监管、社会治理、公共服务、环境保护等领域全面提升政府的履职能力，形成"用数据对话、用数据决策、用数据服务、用数据创新"的现代化治理模式。

　　数字政府是一个正在发展中的新型治理模式，其内涵与外延也在不断拓展。数字政府(Digital Government)在早期主要是电子政府或者说电子政务，随着新一代信息技术和政府营商环境改革，数字政府越来越展现出自己独特的含义，成为电子政府的一种发展形式。

　　电子政务的发展经历了五个阶段：办公自动化阶段，即准备阶段(20世纪80年代—1993年)；"三金工程"阶段，即启动阶段(1993年3月—1997年4月)；政府上网工程阶段，即展开阶段(1997年4月—2000年1月)；"三网一库"阶段，即发展阶段(2000年1月—2012年)；数字政府阶段(2012年至今)。数字政府阶段的代表性成果便是"一网、一门、一次"改革，通过跨部门数据共享与标准化，实现了政务服务线上"一次登录、全网通办"，线下"只进一扇门"，企业和群众"最多跑一次"。

　　近年来，随着人工智能、大数据等新技术的发展，数字政府进一步进入智能时代，有学者将其称为"智慧政府""智能政府""数字政府2.0"，甚至称为"数字政府3.0"。这一阶段以人工智能和大数据为技术核心，以行政智能化为主要目标，以自动化决策、智慧城市等特征应用为代表，目前这一阶段仍然处于快速发展中，大量新应用不断涌现。2022年的政府工作报告中提出加强数字政府建设，受访的多位全国人大代表以及专家学者提炼出三个关于数字政府建设的关键词——共享、互通和便利。数字政府建设呈现平台化、系统化、生态化特点，数字政府平台分为数据平台与业务平台。数据平台由自然人库、法人库等各类数据库按照一定的结构形成，是业务平台的基础，其各项建设在法律层面的重点主要涉及数据的共享与开放问题；业务平台则直接承载行政管理与服务的各项应用，是数字政府各项功能的直接体现。

对内业务主要是数字化协同政务办公平台。数字化协同办公系统是一套基于电子政务云 SaaS(Software as a Service)化部署建设的集约化协同办公信息系统，利用政务微信、钉钉等平台的连接能力，打造统一的通信录，提供办公应用，实现政府部门间跨部门、跨组织、跨地域、跨系统、跨层级的即时通信和移动办公。数字化协同政务办公平台着力解决政府机关日常办公不便捷、协同办公效率低、业务联动能力不足等问题。以广东省"粤政易"、浙江省"浙政钉"等为代表的数字化协同政务办公平台，实现了一个平台贯通省内、横纵多个部门机关，将百万公职人员串联起来，掌上即可完成沟通与协同办公的设想。

对外业务主要是一体化在线政务服务平台。一体化在线政务服务平台是通过政务服务平台的规范化、标准化、集约化建设和互联互通，打破政务网站的碎片化，解决政务服务平台建设管理分散、办事系统繁杂、事项标准不一、数据共享不畅、业务协同不足等问题，将各级政府部门业务信息系统接入统一的政务服务平台，落实网上政务服务统一实名身份认证，最终形成政务服务"一张网"，将传统分散零碎的各级政府部门的政务服务资源和网上服务入口予以整合，从"线下跑"向"网上办""分头办"向"协同办"转变，实现政务服务"一次登录、全网通办"，大幅提高政务服务的便捷性。

数据是数字政府的基础要素，拥有相对丰富、真实的数据是支撑数字政府各项应用的前提。数字政府建设涉及数据的采集、保管、分享、开放、加工、利用等多个环节。数据共享是数据在政府内部的流动，主要涉及政务数据，即政府机关在行政管理、行政执法或者向社会公众提供公共服务的过程中所采集、制作或者获取的各种数据资源。政务数据是现有社会数据资源中数量最庞大、种类最齐全、质量最优异、价值最可观的部分。充分利用好政务数据，加快政府数字化转型，能够有力推动数字政府建设，助力政府快速提升政务行政效率、社会治理能力和公共服务水平。

数据开放主要对应的是政务数据的对外流动，数据开放制度具有显著的政治、经济和社会价值。在政治方面，政府数据开放利用的价值体现在有助于增强政府透明度、加强问责、提升政府公共决策水平、强化工作效能；在经济方面，政务数据和社会数据相比，在权威性和时效性上存在天然的优势，具有巨大的开发潜力和利用价值；在社会方面，通过政府数据开放，社会和公众能够更为充分地获取信息，缓解政府和社会信息不对称的问题，同时能促进社会公众参与政府的社会治理和公共服务。

和数据共享一样，数据开放中同样形成了"以开放为原则，不开放为例外"、目录管理等原则与制度。数据共享是数据的内部流动，而数据开放关系到数据的外部流动，因此在数据安全、个人信息保护等方面应当拥有更高标准。如何在高标准保护的同时尽可能激励政府部门更加有效地实现有意义的数据开放，将是未来数据开放制度探索的重点。

以 20 世纪 90 年代推行的电子政务建设为起点，行政机关借助技术手段不断对行政活动的内容与方式进行优化，实现了部分甚至是全部行政程序的电子化、网络化、非现场化、自动化与智能化。这"五化"均属于信息化的具体部分，相互关联又层层推进，共同再造了行政流程，带来了行政程序变革。电子化、网络化变革在前些年已经逐步完成，在当前的数字政府建设中，行政活动的非现场化、自动化与智能化是程序变革的重点领域。

2. 数字城市

数字城市经常与智慧城市、感知城市、无线城市、智能城市、生态城市、低碳城市等区域发展概念相交叉，甚至与电子政务、智能交通、智能电网等行业信息化概念发生混杂。数字城市是传统城市的数字化形态，它是数字地球的一个重要组成部分。数字城市是应用计算机、互联网、3S(遥感、地理信息系统、全球导航卫星系统)、多媒体等技术将城市地理信息和城市其他信息相结合，数字化并存储于计算机网络上所形成的城市虚拟空间。数字城市建设通过空间数据基础设施的标准化、各类城市信息的数字化，整合多方资源，从技术和体制两方面为实现数据共享和互操作提供了基础，实现了城市 3S 技术的一体化集成和各行业、各领域信息化的深入应用。数字城市的发展积累了大量的基础和运行数据，同时也面临着诸多挑战，包括城市级大量信息的采集、分析、存储和利用问题，多系统融合问题，以及城市发展异化问题。

智慧城市则是广泛采用物联网、云计算、人工智能、数据挖掘、知识管理、社交网络等技术工具，构建有利于创新涌现的制度环境，以实现智慧技术的高度集成、智慧产业的高端发展、智慧服务的高效便民，使城市形态在数字化基础上进一步实现智能化。

通过对比，可发现数字城市和智慧城市主要存在以下六方面的差异：

(1) 数字城市基于互联网形成初步的业务协同；智慧城市则更加注重通过泛在网络、移动技术等实现无所不在的互联和随时随地的智能融合服务。

(2) 数字城市关注数据资源的生产、积累和应用；智慧城市则更关注用户视角的服务设计和提供。

(3) 数字城市通过城市地理空间信息与城市各方面数字化信息在虚拟空间再现传统城市；智慧城市则注重在此基础上进一步利用传感技术、智能技术实现对城市运行状态的自动、实时、全面透彻的感知。

(4) 数字城市通过城市各行业的信息化提高了各行业管理效率和服务质量；智慧城市则更多地强调从行业分割、相对封闭的信息化架构，迈向作为复杂巨系统的开放、整合、协同的城市信息化架构，发挥城市信息化的整体效能。

(5) 数字城市致力于通过信息化手段实现城市运行与发展各方面的功能，提高城市运行效率，服务城市管理和发展；智慧城市则更强调通过政府、市场、社会各方力量的参与和协同实现城市公共价值塑造和独特价值创造。

(6) 数字城市注重利用信息技术实现城市各领域的信息化以提升社会生产效率；智慧城市则更强调人的主体地位，更强调开放创新空间的塑造及市民参与、用户体验，以及以人为本实现可持续创新。

3. 数字制造

《中国制造 2025》经国务院总理李克强签批，由国务院于 2015 年 5 月印发的部署全面推进实施制造强国的战略文件，是中国实施制造强国战略第一个十年的行动纲领。《中国制造 2025》可以概括为"一二三四五五十"的总体结构。

　　"一"是指制造业大国向制造业强国转变，最终实现制造业强国这一目标。

　　"二"是指通过两化融合发展来实现这一目标。党的十八大提出了用信息化和工业化两化深度融合来引领和带动整个制造业的发展，这也是我国制造业所要占据的一个制高点。

　　"三"是指通过"三步走"的战略，大体上每一步用十年左右的时间实现我国从制造业大国向制造业强国转变的目标。

　　"四"是指确定了四项原则。第一项原则是市场主导、政府引导；第二项原则是既立足当前，又着眼长远；第三项原则是全面推进、重点突破；第四项原则是自主发展和合作共赢。

　　"五五"是指有两个"五"。第一个"五"是有五条方针，即创新驱动、质量为先、绿色发展、结构优化和人才为本；第二个"五"则是实行五大工程，包括制造业创新中心建设的工程、强化基础的工程、智能制造工程、绿色制造工程和高端装备创新工程。

　　"十"是指十大领域，包括新一代信息技术产业、高档数控机床和机器人、航空航天装备、海洋工程装备及高技术船舶、先进轨道交通装备、节能与新能源汽车、电力装备、农机装备、新材料、生物医药及高性能医疗器械等重点领域。

　　《中国制造 2025》是开展数字制造、制造业数字化转型的依据和指导性文件，和美国工业互联网、德国工业 4.0 相比，中国制造 2025 的侧重点是提高国家制造业创新能力，推进信息化与工业化深度融合，强化工业基础能力，加强质量品牌建设，全面推行绿色制造，大力推动重点领域突破发展，深入推进制造业结构调整，积极发展服务型制造和生产性服务业，提高制造业国际化发展水平；德国工业 4.0 的侧重点是通过建立信息物理系统网络，实现虚拟网络世界与现实物理世界的融合，将资源、信息、物体以及人紧密联系在一起，从而创造物联网及相关服务，并将生产工厂转变为一个智能环境；美国工业互联网的侧重点是以政府战略为推动，通过各产业之间的联盟打通技术壁垒，借助网络和数据的力量提升整个工业的价值创造能力，更好地促进物理世界和数字世界的融合。无论"中国制造 2025"战略，还是"德国工业 4.0"战略，或者是"美国工业互联网"战略，核心方向都是面向新时代，面向未来，面向第四次工业革命的国家制造业转型升级战略，都是为了能在新时代占据智能制造的先机，成为新时代的智造强国。

　　智能制造则是在数字制造的基础上发展起来的，数字制造强调将制造过程中的产品、工艺、资源等信息进行数字化处理和分析，智能制造更强调制造过程的自动化和利用人工智能技术对各类数据信息进行处理，从而实现对生产过程和操作的智能推断、分析、决策与控制。由此可以看出，数字制造是智能制造的基础，智能制造是数字制造的延伸和升级。但是，智能制造过程以知识和推理为核心，而数字制造过程以数据和信息处理为核心，两者之间存在如下本质区别：

　　(1) 数字制造系统处理的对象是数据；而智能制造系统处理的对象是知识。

　　(2) 数字制造系统处理的方法主要停留在数据处理层面；而智能制造系统处理的方法基于新一代人工智能。

　　(3) 数字制造系统建模的数学方法是经典数学(微积分)方法；智能制造系统建模的数学方法是非经典数学(智能数学)方法。

　　(4) 数字制造系统的性能在使用中是不断退化的；而智能制造系统具有自优化功能，

其性能在使用中可以不断优化。

(5) 数字制造系统在环境异常或使用错误时无法正常工作；而智能制造系统具有容错功能。

智能制造是一个大概念、大系统，它是先进制造技术与新一代信息技术的深度融合，贯穿于产品制造、服务全生命周期的各个环节，以及相应系统的优化集成，实现制造的数字化、网络化、智能化，不断提升企业的产品、质量、效益、服务水平。智能制造在西方发达国家是一个串联式的发展过程，我们不能走西方发展的老路，必须充分发挥后发优势，采取"并联式"的发展方式，即采取数字化、网络化、智能化并行推进、融合发展的技术路线。

"中国制造2025"以两化融合为抓手，以工业互联网平台为依托，以智能制造为主攻方向；制造业数字化平台包括 ERP、PLM、PLD、MES 及工业互联网平台。下面重点介绍工业互联网平台。

工业互联网是新一代信息通信技术与工业经济深度融合的新型基础设施、应用模式和工业生态，通过对人、机、物、系统等的全面连接，构建起覆盖全产业链、全价值链的全新制造和服务体系，为工业乃至产业数字化、网络化、智能化发展提供了实现途径。它是第四次工业革命的重要基石，以网络为基础、平台为中枢、数据为要素、安全为保障，既是工业数字化、网络化、智能化转型的基础设施，也是互联网、大数据、人工智能与实体经济深度融合的应用模式，同时也是一种新业态、新产业，将重塑企业形态、供应链和产业链。当前，工业互联网融合应用向国民经济重点行业广泛拓展，形成了平台化设计、智能化制造、网络化协同、个性化定制、服务化延伸、数字化管理六大新模式，赋能、赋智、赋值作用不断显现，有力地促进了实体经济提质、增效、降本、绿色、安全发展。目前主要的工业互联网平台有卡奥斯 COSMOPlat、INDICS、根云 RootCloud、汉云、用友精智、美云智数、Cloudiip、Fii Cloud、FusionPlant、supET、TECO 等。

4. 数字能源

为了共同解决全球气候问题，彰显大国责任与担当，我国于 2020 年 9 月明确提出"碳达峰"与"碳中和"目标，力争 2030 年前实现"碳达峰"，2060 年前实现"碳中和"。数字能源是物联网(IoT)技术与能源产业的深度融合，通过能源设施的物联接入，并依托大数据及人工智能，打通物理世界与数字世界、信息流与能量流的互动，实现能源品类的跨越和边界的突破，放大设施效用，品类协同优化，是支撑现代能源体系建设的有效方式，其主要载体是能源互联网。

"十四五"是"碳达峰"的关键期、窗口期，构建能源互联网是充分适应我国资源禀赋特征、加快推动能源低碳转型的可行方案。在技术上，能源互联网以智能电网为骨干，通过新能源、储能、智能调控和多能转换等技术，实现清洁能源广泛接入与终端供能网络相互联通，以先进信息网络为纽带，通过数字孪生、5G、"云大物移智链"、超算等数字信息技术对传统能源系统进行智慧赋能，实现能源的精准配置和高效利用；在形态上，能源互联网分层耦合、结构灵活，实现大范围资源优化配置的广域能源互联网络、就地就近的分布式能源高效利用的局域能源互联网络、支撑能源系统经济高效安全运行的高速信息网络，这些网络形式都是能源互联网的有机组成部分；在功能上，能源互联网具有强大的资源配置能力，通过智能调度实现电力供给侧和需求侧的纵向灵活互动，通过电、气、热、冷的综合能源服务实现不同能源品类的横向动态互补。

国家电网为响应国家战略，提出了建设"三型两网"能源互联网企业的战略，具体架构如图 11-1 所示。

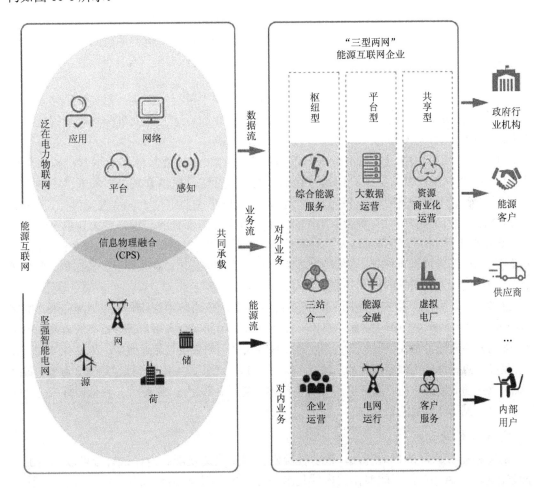

图 11-1　"三型两网"能源互联网架构

5. 数字金融

与数字经济相伴相生，数字金融作为一种金融新业态，成为引领金融行业创新发展的重要力量，不断拓展着金融行业的边界，在加速经济发展方式转变，推进数字产业化和产业数字化进程，助力更高水平的对外开放，强化系统性风险防控，更好地满足人民群众对美好生活的向往等方面发挥着不可替代的作用。

数字金融以数据为基础，以技术为驱动，通过信息流和技术流来加速资金流、产业流的流动，不仅能够激发各类市场主体活力，还可以更高效地为生产、分配、流通、消费各个环节提供资源配置，不断推动实现供给与需求之间更高水平的动态平衡，推动经济体系优化升级，助推我国经济社会向低碳、绿色、高效、集约的发展模式转变。

数字金融能够推进数字产业化和产业数字化进程，充分发挥数据要素价值，加大对双循环"卡脖子"领域的金融支持力度，为科技创新企业提供精准、安全、高效、全面的金融服务。此外，在农业、工业、服务业等各个行业的数字化进程中，数字金融能够与其进行深度融合，通过延长产业链条、丰富应用场景、拓展新兴市场，不断催生数字化新模式、新业态，加快实现数字产业化和产业数字化。

数字金融能够强化系统性风险防控，充分利用大数据、云计算等先进技术建设数字化、智能化、透明化、精细化的"穿透式"数字金融安全网，健全风险预防、预警、处置、问责制度体系，能够有效防范跨行业、跨市场、跨地域的风险传递，从而为监管部门提供更加科学、精准的决策支持。

我国数字金融进程中有三件大事：第一件是我国网上银行的诞生；第二件是移动银行或移动支付的普及；第三件是第三方支付服务机构的兴起。这三件大事标志着我国数字金融基础设施建设的大体完成，即搭建了数字金融的舞台。

数字人民币是由中国人民银行发行的数字形式的法定货币，由指定运营机构参与运营，并向公众兑换，以广义账户体系为基础，支持银行账户松耦合功能，与纸钞、硬币等价，具有价值特征和法偿性，支持可控匿名。数字人民币主要定位于现金类支付凭证(M0)，将与实物人民币长期并存，主要用于满足公众对数字形态现金的需求，助力普惠金融。

2020年8月14日，商务部印发《全面深化服务贸易创新发展试点总体方案》，在"全面深化服务贸易创新发展试点任务、具体举措及责任分工"部分提出：在京津冀、长三角、粤港澳大湾区及中西部具备条件的地区开展数字人民币试点。

2022年1月4日，数字人民币(试点版)App上架各大安卓应用商店和苹果AppStore，数字人民币(试点版)App是中国法定数字货币——数字人民币面向个人用户开展试点的官方服务平台，提供数字人民币个人钱包的开通与管理、数字人民币的兑换与流通服务。2022年4月，微信支持在试点地区使用数字人民币。2022年4月6日，京东线上绑定子钱包超350万个，数字人民币累计超200万人进行了330万笔交易，累计交易金额超过2.2亿元。百信银行成为首家开通数字人民币子钱包的银行。

6. 数字社交

随着移动互联网的日益普及，数字社交媒体得到快速发展。为什么抖音可以成为国内外最受欢迎的App？抖音能够在国内外几乎同时"抖"起来，是互联网发展从读文时代走向读图时代、从系统化变为碎片化、从主动观看长视频到被动观看短视频的必然产物。TikTok的出现和火爆，本质上是技术进步的结果。如同无线电技术和收音机的出现催生了广播电台，显像管和摄像机的出现孕育了电视台，互联网造就了网站，智能手机、4G/5G和WiFi的带宽共同培育了短视频媒体平台的诞生。

除了抖音之外，还有如下几大数字社交媒体：

(1) FaceBook/Meta。2012年，FaceBook(现Meta)的用户达到10亿人，从0到5亿人用户花去了公司6年时间，而从5亿用户到10亿用户仅用了两年时间，这也是为什么作为全球最大社交平台，FaceBook/Meta一直受到投资者追捧。2021年10月28日，FaceBook首席执行官马克·扎克伯格(Mark Zuckerberg)在FaceBook Connect大会上宣布，FaceBook将更名为"Meta"，该词来源于"元宇宙"(Metaverse)。作为下一个平台和媒介，元宇宙将是更加身临其境和具体化的互联网，我们将置身于体验之中，而不仅仅是作为旁观者，我们称之为元宇宙，如图 11-2 所示。

图 11-2 元宇宙

（2）Twitter。Twitter 是一家美国社交网络及微博客服务公司，致力于服务公众对话。2006 年，博客技术先驱 Blogger 创始人埃文·威廉姆斯(Evan Williams)创建的新兴公司 Obvious 推出了 Twitter 服务。在最初阶段，这项服务只是用于向好友的手机发送文本信息。2006 年年底，Obvious 对服务进行了升级，用户无须输入自己的手机号码，就可以通过即时信息服务和个性化 Twitter 网站接收和发送信息。

（3）Instagram。FaceBook 于 2012 年完成对 Instagram 的收购，使其成为旗下子公司。Instagram 是一款运行在移动端上的社交应用，以一种快速、美妙和有趣的方式将随时抓拍下的图片分享给彼此。它是一款支持 iOS、Windows Phone、Android 平台的移动应用，允许用户在任何环境下抓拍自己的生活记忆，选择图片的滤镜样式，一键分享至各个平台上。

（4）YouTube。YouTube 是一个视频网站，早期公司位于加利福尼亚州的圣布鲁诺，注册于 2005 年 2 月 15 日，由美国华裔陈士骏等人创立，该网站支持用户下载、观看及分享影片或短片。

11.6 数字经济的模式业态

国家发展和改革委员会等 13 个部门于 2020 年 7 月 15 日发布《关于支持新业态新模式健康发展，激活消费市场带动扩大就业的意见》，提出支持 15 种新业态新模式的发展，包括在线教育、互联网医疗、线上办公、数字化治理、产业平台化发展、传统企业数字化转型、"虚拟"产业园和产业集群、"无人经济"、培育新个体经济支持自主就业、发展微经济鼓励"副业创新"、探索多点执业、共享生活、共享生产、生产资料共享及数据要素流通。下面选择其中的六种加以介绍。

1. 在线教育

该平台分为小学、初中和高中。平台创建的目标是实现宽带网络校校通、优质资源班班通、网络学习空间人人通，建设教育资源公共服务平台和教育管理公共服务平台，功能包括一对一学习、双向辅导化教育、家校互通、互动大班模式等。

2. 互联网医疗

根据卫生部颁布的《关于在公立医院施行预约诊疗服务工作的意见》，网络挂号是公立医院以病人为中心开展医疗服务的重要改革措施，对于方便群众就医、提高医疗服务水平具有重大意义。挂号网主要包括十八大子功能模块，如地区库及地区管理子系统、医院库及医院管理子系统、科室库及科室管理子系统、医生库及医生管理子系统、个人会员库及用户中心、医院医生搜索子系统、预约挂号管理子系统、系统维护与客服管理、医院后台管理子系统、预约挂号前台操作界面等等，同时提供分级权限设置和加密功能，可以实现地区、时间、姓名、病名、医院、科室、医生等多种任意字段的查询统计，对于未审核的处理信息系统提供自动提醒功能，方便医务人员的管理。该网络平台具有操作简单、预约快捷、安全性高、维护方便、性价比好等功能特点。

3. 线上办公

钉钉(Ding Talk)是阿里巴巴集团专为中国企业打造的免费沟通和协同的智能移动办公平台，帮助中国企业通过系统化的解决方案，全方位提升中国企业的沟通和协同效率。腾讯会议是腾讯云旗下的一款音视频会议产品，于2019年12月底上线，具有300人在线会议、全平台一键接入、音视频智能降噪、美颜、背景虚化、锁定会议、屏幕水印等功能；该软件提供实时共享屏幕，支持在线文档协作。2020年1月24日起腾讯会议面向用户免费开放300人的会议协同能力，直至疫情结束，此外，为助力全球各地抗疫，腾讯会议还紧急研发并上线了国际版应用。3月23日，腾讯会议开放API接口。

4. 数字化治理

健康码是以实际真实数据为基础，由市民或者返工返岗人员通过自行网上申报，经后台审核后，即可生成属于个人的二维码。二维码作为个人在当地出入通行的一个电子凭证，实现一次申报、全市通用。健康码的推出，让复工复产更加精准、科学、有序。2020年12月10日，国家卫健委、国家医保局、国家中医药管理局联合发布《关于深入推进"互联网＋医疗健康""五个一"服务行动的通知》，明确要求各地落实"健康码"全国互认、一码通行。

5. 产业平台化发展

城市大脑是为城市生活打造的一个数字化界面，市民凭借它触摸城市脉搏，感受城市温度，享受城市服务；城市管理者通过它配置公共资源，作出科学决策，提高治理效能。以杭州为例，城市大脑包括警务、交通、文旅、健康等11大系统和48个应用场景，日均数据可达8000万条以上。杭州城市大脑起步于2016年4月，以交通领域为突破口，开启了利用大数据改善城市交通的探索，如今已迈出了从治堵向治城跨越的步伐，取得了许多阶段性的成果，目前杭州城市大脑的应用场景不断丰富，已形成11大系统、48个场景同步推进的良好局面。

2020年3月31日，习近平总书记在杭州城市大脑运营指挥中心观看"数字杭州"建设情况，了解杭州运用健康码、云服务等手段推进疫情防控和复工复产的做法。习近平说，城市大脑是建设"数字杭州"的重要举措。通过大数据、云计算、人工智能等手段推进城市治理现代化，大城市也可以变得更"聪明"。从信息化到智能化再到智慧化，是建设智慧城市的必由之路。

6. 新个体经济

"饿了么"是上海拉扎斯信息科技有限公司于 2008 年创立的本地生活平台，主营在线外卖、新零售、即时配送和餐饮供应链等业务。"饿了么"以 "Everything 30 min" 为使命，致力于用科技打造本地生活服务平台，推动了中国餐饮行业的数字化进程，将外卖培养成中国人继做饭、堂食后的第三种常规就餐方式。"饿了么"整合了线下餐饮品牌和线上网络资源，用户可以方便地通过手机、电脑搜索周边餐厅，在线订餐、享受美食。"饿了么"向用户传达一种健康、年轻化的饮食习惯和生活方式，为用户创造价值，同时率先提出 C2C 网上订餐的概念，为线下餐厅提供一体化运营的解决方案。

11.7　数字经济的发展趋势

当前，以新一代信息技术为代表的新技术快速发展，以数字化知识和数字化信息为关键生产要素的数字经济一日千里，新技术、新平台、新模式、新业态不断涌现，成为全球经济走向复苏的强大引擎。全球大多数国家将发展数字经济作为推动实体经济、重塑国家核心竞争力的重要手段，并推动数字经济和实体经济各个领域融合发展，围绕新一轮科技和产业制高点展开积极布局。未来的数字经济发展趋势如下。

(1) 数字化知识和数字化信息成为各国经济发展的关键生产要素。随着数字化和信息化的不断推进，人类学习、工作、生产、生活及治理的数据基础和信息环境正在走出信息孤岛，走向共享融合，移动互联网和物联网快速普及应用，智能终端和传感器应用全方位渗透，人、机、物快速交互融合，全面数字化进程与经济增长和社会发展相关的各种活动从被动转向主动、从碎片转向连续、从单一分散转向融合协同，海量数据呈现爆炸式增长，蕴含着巨大的价值和潜力。数据已成为与资本、土地和石油同等重要的关键生产要素，随着数据不断被分析、挖掘、加工和运用，价值持续得到提升、叠加和倍增，有效促进了全社会全要素生产率的优化提升，为国民经济社会发展和转型提供了新动能。

(2) 数字经济与实体经济深度融合成为各国经济发展的第一选择。随着全球疫情不断反复，全球经济仍处于脆弱的复苏状态，以先进制造业为代表的实体经济将仍为各国主要增长动力，并在与数字经济的深度融合中不断焕发新的生机。随着疫情走向缓和，全球国家和地区将加大力度推进数字经济战略，将大数据、人工智能和区块链等新一代信息技术赋能先进制造业，积极推动从生产要素到创新体系，从业态结构到组织形态，从发展理念到商业模式的全方位变革，创造出个性化定制、智能化生产、网络化协同、服务型制造等新模式、新业态，形成数字与实体深度交融、物质与信息耦合驱动的新型发展模式，提升全要素生产率，有效推动全球经济增长的质量变革、效率变革、动力变革。

(3) 数字经济平台化、共享化和生态化成为各国经济发展的新模式。各国企业之间的竞争重心正从技术竞争、产品竞争、供应链竞争向平台化的生态体系竞争转变，用户基数庞大、技术积累丰富、资金实力雄厚的龙头企业开始平台化运营，通过提供开源系统、营造开放环境、促进跨界融合、变革组织架构、重塑商业模式、孵化创新团队等多种方式，持续构建和完善资源集聚、合作共赢的生态圈。快速发展的新一代信息科技、广覆盖的在线社交和日趋完善的信用评价体系，为社会上大量未能得到完全有效配置的资源提供了低成本共享平台和渠道，实现了共享者数量的指数级集聚，生产和生活资料从重"所有权"向重"使用权"转变，从而创造出大量的新供给和新需求，激发了共享经济的快速发展。

（4）数字经济加快全球各国重塑以开放协同为导向的全球创新体系。在数字经济时代，创新是推动经济数字化发展的第一源动力，在技术开源化和组织方式去中心化的双重推动下，知识传播的壁垒逐渐破除，大大降低了创新研发成本，加快了创造发明的速度，集群、全链条、跨领域的创新成果不断涌现，形成了颠覆性、革命性创新与迭代式、渐进式创新并存的模式。创新主体、机制、流程和模式不再受到现有组织边界的束缚，依托互联网展开，跨地域、多元化、高效率的众筹、众包、众创、众智平台的资源运营和成果转化模式井喷式爆发，全球开放、高度协同的创新特质凸显，支撑全球各国构造以数据开发协同、以增值为核心竞争力的数字经济生态系统。

（5）数字经济新型基础设施向数字化、网络化、智能化不断持续升级。新型基础设施持续提升各国获取数据的速度和频率，极大地丰富了数据传输的通道和方式，扩大了数据的存储和使用空间，不断增强了数据的加工能力和创新数据的使用能力，促进了数字经济的蓬勃快速发展；网络架构的基本形态朝万物互联和人机物共融方向发展，各国基础设施的规划与部署朝扩域增量、共享协作、智能升级的方向演进；数字经济新型基础设施将电网、水利、公路、铁路、港口等传统基础设施与大数据、人工智能、区块链等新一代信息技术深度融合，并朝着智能电网、智能水务、智能交通、智能港口等方向转型升级，持续提升各国的能源利用效率和资源调度能力，支撑各国数字经济健康、可持续发展。

（6）数字经济发展将各国核心竞争力从物理空间延伸到数字空间。

随着数字经济的不断发展，全球各国核心竞争力的构成要素向数字化方向发展，各国的传统产业开始向数字化、网络化、智能化转型升级，大数据、人工智能、物联网和区块链与实体经济加深融合。人类社会从社会空间、物理空间的二元结构向社会空间、物理空间、数字空间的三元结构转变，各国的竞争和博弈的重心从土地、人力、机器的数量和质量的竞争转向为数字化发展水平的竞争，从物理空间延展到数字空间，未来将是以数字空间为主的竞争和博弈，呈现强者愈强、弱者愈弱的局面，因此，掌握数字空间核心竞争优势的国家，将在新一轮国际分工竞争中抢占先机。

（7）数字经济发展依托数字技能和素养，推动消费者能力升级。在数字经济新时代，各种数字化产品、应用和服务不断涌现，并形成规模巨大的消费市场，对消费者提出了新的能力要求，只有具备数字化技能和素养，才能更好地发掘数据价值、使用数字化产品和享受数字化服务。消费者的数字化资源获取、理解、处理和利用能力将影响数字化消费的增长速率和水平，影响各国数字经济的整体发展质量与效益。目前，发达国家日益重视公民数字素养的培养和形成，将提升公民数字素养上升到建设国家数字经济战略竞争力的高度，作为推动数字消费、扩大内需市场、强化内生动能的重要抓手。

（8）数字经济发展引领各国依靠数字技术持续改善社会福利水平。不断满足人类对美好生活的向往和追求成为各国数字经济发展的重要动力。提高公共资源供给效率，提升公共服务效益，推动教育、医疗、福利等公共事业的便捷化、普惠化、均等化，成为数字经济发展的关键着力点和突破口；搭建多种类型、多个领域的网络化、智能化的教育资源公共服务平台，持续扩大优质教育资源覆盖面；基于人工智能的互联网远程诊疗将成为高精准度的常规医疗方式，有效缓解全球性的医疗资源紧张；区块链技术在公共福利事业项目过程中的大规模应用，可以有效强化互信关系，减少交易成本，进行资金溯源，保障公共福利事业的公正、透明、有效、可追溯和不可篡改。

(9) 数字经济发展推动数字城市与现实城市同步规划建设和管理。随着数字经济的不断发展，新一代信息技术在城市运营和治理中被广泛应用，新型基础设施规模不断扩张、功能持续升级，产生了大量完整、连续、系统、具备一致性、关联性、价值性的城市数据，为与物理城市精准映射、智能交互、虚实融合的数字孪生城市的构建提供了基础。全球具备良好技术、人才集聚、产业规模与创新能力基础的现代化城市开始尝试同步规划、建设和管理数字城市与物理城市，构建数字城市运行管理决策的系统级平台，从而形成可推广复制的标准体系。

(10) 数字经济发展推进各国持续提升社会治理体系的数字化程度。随着数字经济的不断发展，新一代信息技术在政府构建社会治理体系中被广泛使用，政府可以快速全面地感知社会态势、畅通信息获取渠道、实现科学决策，从而更好地服务和管理公众事务，不断提升社会治理能力的现代化水平。政府服务依托网络化的系统架构，不断优化事务流程，构建统一、共享、开放的数据平台，将实现跨层级、跨区域、跨行业的协同管理和服务，提升政府服务的便捷性和综合服务能力，实现政府社会治理决策的精准化、高效化。同时，不断涌现的各类网络化、智能化信息平台将鼓励和引导社会公众积极参与社会治理的全过程，从而形成共建、共享、共用的良好生态。

 项目任务

任务 1　今昔对比看地图

任务描述

目前，我国每年大概有三千多万民众旅游出行，在这个过程中，地图是查看路径的常用工具。过去使用传统的纸质地图了解出行路径，如今，广泛使用智能地图了解出行路径，凭借着方寸大小的手机屏幕就可以快速找到自己想要去的地方。

任务实施

三个人一组，选择一个目的地，三个人分别使用高德地图、百度地图和腾讯地图导航到达指定目的地，然后分别从功能、导航算法、优缺点几方面对比三款智能导航地图，并将结果填入表 11-1 中。

表 11-1　三款地图软件的使用结果对比

地图名称	功能	导航算法	优点	缺点
高德地图				
百度地图				
腾讯地图				

任务 2　线 上 会 议

任务描述

2019 年以来新冠肺炎疫情大规模流行，为配合学校的防疫管理要求，严格防控疫情，避免线下人群聚集，同时为了满足师生在疫情防控期间各类工作、学习和会议需求，一般采用线上视频会议软件召开(参与)线上会议。

任务实施

组织全班同学用腾讯会议召开一次班级视频会议，用 PPT 汇报各自对于数字经济的学习心得体会。

 项目小结与展望

本项目介绍了数字经济的基本概念、发展历史、理论基础、关键技术、主要平台、模式业态和发展趋势，了解了以下相关知识：数字经济活动大致经过了三个阶段，数字经济包括数字政府、数字城市、数字制造、数字能源、数字零售、数字金融、数字社交等平台；数字经济技术经历了从"两化"到"三化"最终演进到"四化"的过程；数字经济的八大支撑技术推动经济和社会发展，数字经济新业态新模式大力涌现。当前，新一代信息技术加速发展创新，以数字化的知识和信息作为关键生产要素的数字经济蓬勃发展，新技术、新业态、新模式层出不穷，成为全球经济复苏的新引擎。各主要国家纷纷将发展数字经济作为推动实体经济提质增效、重塑核心竞争力的重要举措，并进一步推动数字经济取得的创新成果融合于实体经济各个领域中，围绕新一轮科技和产业制高点展开积极竞合。

 课后练习

1. 选择题

(1) 数字经济类型包括基础型数字经济、(　　)、效率型数字经济、新生型数字经济和福利型数字经济。

A. 融合型数字经济　　　　　　　　B. 复合型数字经济

C. 混合型数字经济　　　　　　　　D. 复杂型数字经济

(2) 数据在数字经济的价值流动中实现了(　　)的价值生产链条。

A. 数据(Data)—知识(Knowledge)—信息(Information)—智慧(Wisdom)

B. 信息(Information)—数据(Data)—知识(Knowledge)—智慧(Wisdom)

C. 数据(Data)—信息(Information)—智慧(Wisdom)—知识(Knowledge)

D. 数据(Data)—信息(Information)—知识(Knowledge)—智慧(Wisdom)

(3) 下列不是数字经济的大支撑技术的是( )。

A. 5G

B. 区块链

C. AI

D. 网络

(4) 关于数字孪生和数字原生,正确的说法是( )。

A. 数字原生是由"以物理世界为重心"向"以数字世界为中心"迁移的思考问题方式

B. 数字原生是由"以数字世界为中心"向"以物理世界为重心"迁移的思考问题方式

C. 数字原生"以物理世界为重心"

D. 数字孪生"以数字世界为中心"

(5) 下列关于数字人民币,正确的说法是( )。

A. 数字人民币不是数字形式的法定货币

B. 数字人民币主要定位于M0,也就是流通中的现钞和硬币

C. 数字人民币主要定位于现金类支付凭证(M1)

D. 数字人民币将取代实物人民币

2. 应用题

(1) 课程调研活动:试通过网络、现场等形式,调研数字经济在日常学习和生活中的使用情况。

(2) 数字经济畅想:召开小组或者班级研讨会,畅想数字经济的新模式新业态。

参 考 文 献

[1] 谢建华，程聪. 虚拟现实应用技术基础[M]. 大连：大连理工大学出版，2019.

[2] 沈昌祥，左晓栋. 网络空间安全导论[M]. 北京：电子工业出版社，2018.

[3] 蒋亚军，詹增荣，王伟，等. 网络安全技术与实践[M]. 北京：人民邮电出版社，2012.

[4] 林子雨. 大数据导论：数据思维、数据能力和数据伦理[M]. 北京：高等教育出版社，2020.

[5] 张平，张建华，戚琦，等. Ubiquitous-X：构建未来 6G 网络[J]. 中国科学(信息科学)，2020，50：913-930.

[6] 廖希，周晨虹，王洋，等. 面向无线通信的轨道角动量关键技术研究进展[J]. 电子与信息学报，2020，42(7)：1666-1677.

[7] 赵彦. 浅析物联网网关技术研究[J]. 信息通信，2019(10)：125-126.

[8] 孙克. 促进数字经济加快成长：变革、问题与建议[J]. 世界电信，2017(3)：31-36.

[9] 卢永真，杜天佳，王佳佳，等. 实体与数字经济融合助推高质量发展[J]. 国家电网，2019(2)：24-25.

[10] 倪晓炜，张海峰. 中国数字经济发展路径[J]. 中国电信业，2018(8)：75-77.

[11] 许旭. 我国数字经济发展的新动向、新模式与新路径[J]. 中国经贸导刊(理论版)，2017(29)：49-51.

[12] 司晓，孟昭莉，王花蕾，等. 数字经济：内涵、发展与挑战[J]. 互联网天地，2017(3)：23-28.

[13] 陈畴镛. 把握数字经济机遇培育发展新动能的建议[J]. 决策咨询，2017(1)：11-12.

[14] 康伟，姜宝. 数字经济的内涵、挑战及对策分析[J]. 电子科技大学学报(社科版)，2018，20(5)：12-18.

[15] 马化腾. 数字经济与实体经济的分野终将消失[J]. 中国经济周刊，2017(18)：82-83.

[16] 邬贺铨. 数字经济就是实体经济[J]. 南方企业家，2016(12)：18.

[17] 孙一琳. 物联网：感知能源 触碰未来[J]. 风能，2019(2)：32.

[18] 李国成. 基于物联网技术的配网主动运维系统研究与应用[D]. 青岛：山东科技大学，2020. DOI：10.27275/d.cnki.gsdku.2020.000484.

[19] 牛春诚. 物联网安全与隐私问题研究[D]. 长春：长春工业大学，2013.

[20] 中关村网络安全与信息化产业联盟、数据安全治理专业委员会. 数据安全治理白皮书. 2022：20-45.

[21] 中国电子技术标准化研究院，可见光通信标准化白皮书(2016 版).

[22] IMT2030 推进组，6G 总体愿景与潜在关键技术白皮书. 2021.6.

[23] IMT2030 推进组，6G 网络架构愿景与关键技术展望白皮书. 2021.6.

[24] IMT2030 推进组，太赫兹通信技术研究报告. 2021.9.

[25] IMT2030 推进组，智能超表面技术研究报告. 2021.9.

[26] IMT2030 推进组，超大规模天线技术研究报告. 2021.9.

[27] 详解物联网的前世今生[EB/OL]. https://www.sohu.com/a/121008681_568924，2016.

[28]　可穿戴设备的创新要素: 传感器[EB/OL]. http://www.mems.me/mems/ overview_201310/ 822.html，2022. 7.

[29]　Blockchain and Federated Learning for Privacy-Preserved Data Sharing in Industrial IoT 笔记[EB/OL].https://zhuanlan.zhihu.com/p/450081201，2022. 7.

[30]　MELL P, GRANCE T. The NIST definition of cloud computing[J]. National Institute of Science and Technology, 2011, Special Publication 800-145：6-7.

[31]　TALWANA J C, HUA H J. Smart world of Internet of Things (IoT) and its security concerns[C]//2016 IEEE international conference on internet of things (iThings) and IEEE green computing and communications (GreenCom) and IEEE cyber, physical and social computing (CPSCom) and IEEE smart data (SmartData). IEEE，2016：240-245.